Andreas Solymosi
Peter Solymosi

Effizient Programmieren mit C# und .NET

Andreas Solymosi

Peter Solymosi

Effizient Programmieren mit C♯ und .NET

Eine Einführung für Programmierer mit Java- oder C++ Erfahrung

Die Deutsche Bibliothek – CIP-Einheitsaufnahme
Ein Titeldatensatz für diese Publikation ist bei
Der Deutschen Bibliothek erhältlich.

1. Auflage August 2001

Der Verlag Vieweg ist ein Unternehmen der Fachverlagsgruppe BertelsmannSpringer.
www.vieweg.de
vieweg@bertelsmann.de

Gedruckt auf säurefreiem und chlorfrei gebleichtem Papier

Konzeption und Layout des Umschlags: Ulrike Weigel, www.CorporateDesignGroup.de

ISBN-13: 978-3-528-05778-7   e-ISBN-13: 978-3-322-86855-8
DOI: 10.1007/978-3-322-86855-8

Inhaltsverzeichnis

Vorwort

C♯ (sprich: „ßi scharp"), Microsofts neueste objektorientierte Programmiersprache, bezieht ihren Namen aus der Musikwelt. Ähnlich wie bei C++ der Operator aus der Sprache C indiziert, dass die Originalsprache „inkrementiert" (im Sinne von „mit neuen Fähigkeiten versehen") wurde, deuten die zusammengeschobenen +-Zeichen bei C♯ – das Kreuzzeichen aus der Musik, nicht das Zeichen # auf der Tastatur – an, dass die Sprache C „erhöht" wurde: Der Ton C liegt um einen halben Ton tiefer als C♯ (auf Deutsch *Cis*, auf Englisch *C sharp*). Der Ausdruck „sharp" deutet – ähnlich wie der deutsche „scharf" – auf ein höherwertiges Programmiererlebnis hin.

Im Gegensatz zu C++ ist jedoch C♯ keine Erweiterung von C. Während in C++ (fast) alle Elemente der (sehr alten) Programmiersprache C unterstützt werden, ist C♯ eine Neuentwicklung. Sie sieht nur C ähnlich, damit auch C-Programmierer für die Sprache gewonnen werden können. Sie trägt aber nicht mehr den Ballast von C (im Gegensatz zum C++) und ist somit besser geeignet, „gute" (sichere) Software zu schreiben.

Die Idee ist nicht neu: Vor einigen Jahren wurde die Sprache Java genau nach diesen Prinzipien entwickelt und hat sich sehr schnell verbreitet. Ihre große Stärke, die Plattformunabhängigkeit (somit als Internet-Sprache geeignet), widerspricht aber der Firmenstrategie von Microsoft. Deswegen wurde C♯ als Konkurrent zu Java entworfen, die neben der Plattformunabhängigkeit auch in eine sprachunabhängige Umgebung eingebettet wurde: In C♯ geschriebene Programme können sehr einfach mit Programmen, geschrieben in *Visual Basic*, *JScript* oder in *C++* (genauer genommen: in der Microsoft-Version, genannt *Managed Extensions for C++*), kommunizieren.

Dies wurde erreicht, indem – im Gegensatz zu Java – keine eigenen Standardbibliotheken entwickelt wurden, sondern C♯ wurde in die moderne Infrastruktur .NET von Microsoft eingebettet, die auch weitere Sprachen unterstützt. Sie enthält Klassenbibliotheken, die Programmierern in Visual Basic, JScript und Visual C++ bekannt vorkommen. Diese Spezialisten müssen sich jedoch mit den neuen Sprachelementen, mit der rein objektorientierten Denkweise der Sprache C♯ auseinandersetzen, wenn sie auf C♯ umsteigen wollen, um sicherere Programme zu schreiben.

Dieses Buch wendet sich an alle, die C♯ lernen wollen. Hierbei sind Programmierer, die Java- oder C++ kennen, im Vorteil: Es wird immer wieder Bezug auf diese beiden Sprachen genommen. Den Java-Programmierern ist die Denkweise bekannt, sie müssen nur einige Sprachelemente (die teilweise aus C++ stammen) lernen. Den C++-Entwicklern werden diese Sprachelemente und die Standardbibliotheken aus .NET bekannt vorkommen (deren Aufbau und Gebrauch sich erheblich von denen aus Java unterscheiden); sie müssen sich mit dem rein objektorientierten Paradigma auseinandersetzen.

Obwohl C# von Microsoft noch nicht endgültig verabschiedet wurde, ist die Sprache – wie die im Juni 2001 veröffentlichte zweite β-Version zeigt – seit über einem Jahr sehr stabil. In der verbindlichen Version sind keine großen Veränderungen gegenüber der jetzigen zu erwarten – lediglich die dazugehörige Software (Compiler, Entwicklungsumgebung usw.) sowie die Dokumentation müssen noch reifen. Daher arbeiten schon viele Programmierer mit der Sprache. Da es aber nach wie vor an einer wirklich praxistauglichen systematischen Einführung für erfahrene Programmierer fehlt, füllt dieses Buch eine Lücke. Der Vorteil des Werkes ist, dass die jahrelange Programmiererfahrung mit C++ und Java den Zugang zur Thematik erleichtert und insbesondere solchen Lesern geholfen werden soll, die über Vorerfahrungen mit den genannten Sprachen verfügen.

Im Buch wird nicht nur C# vorgestellt, sondern ein allgemeiner, nach Meinung der Autoren vernünftiger und sauberer Programmierstil, wobei auch Ideen aus anderen Sprachen (wie Pascal, Ada oder Eiffel) angewendet werden. Es enthält *sehr viel* Information. An manchen Stellen ist es sehr konzentriert geschrieben; viele Querverweise (mit Seitenanzahl) sollen aber das Verständnis erleichtern. Die Vorstellung der Sprachelemente und der Standardklassen wurde sauber getrennt; die letzteren werden ohnehin eher verändert oder können ersetzt werden.

Eine Zielsetzung des Buchs ist es auch, eine sachlich richtige deutsche Sprache zu benutzen und der Veramerikanisierung des Informatik-Deutsch entgegenzuwirken. Gerade bei Neuentwicklungen wie C# ist dann die Überlegung nötig, ob für die neuen Begriffe das Originalwort (wie z.B. *Delegat*) nur dann zu übernehmen ist, wenn parallele Sprachkonstrukte wie *Diktat, Kombinat* schon eingedeutscht wurden.

Die neu vorgestellten Begriffe im laufenden Text wurden kursiv gesetzt; typischerweise kommen sie dann im Sachwortverzeichnis mit der aktuellen Seitenzahl vor.

Die Programme aus dem Buch (ausgetestet mit der β2-Version Nr. 7.00.9243 des Compilers) können im Internet unter der Adresse

```
http://www.apsis.net/CSharp
```

gefunden werden. Hier – auf der Seite der APSIS GmbH – gibt es die Bedienungsanleitung und Aktualisierungen für die neueren .NET-Versionen, Ergänzungen und Korrekturen zum Buch, weitere Programmbeispiele, Kursangebote, Internetadressen, eine Hypertext-Grammatik für C# und vieles mehr.

Die Autoren sind für Anregungen, Ergänzungen, Hinweise und Fehlerkorrekturen über die elektronische Postadresse (*e-mail*)

```
andreas@solymosi.com oder PeterSolymosi@APSIS.net
```

dankbar.

Danksagungen

Für die Hilfe, die wir während des Verfassens dieses Lehrbuchs erhalten haben, sind wir unseren Studenten des Wahlpflichtkurses *C♯ mit .NET* im Sommersemester 2001 an der *Technischen Fachhochschule Berlin* dankbar. Sie haben einen Teil der Arbeit übernommen, indem sie ihre Kenntnisse aus anderen Gebieten in diese Umgebung umgesetzt, Konzepte und Beispielprogramme entwickelt sowie Teile des Manuskripts durchgelesen und mit ihren kritischen Bemerkungen konstruktiv zu seiner Qualität beigetragen haben.

Besondere Anerkennung gebührt unseren Familien (Ehepartnern und insgesamt sechs Kindern), die die Belastung durch das schnelle Entstehen des Manuskripts ertragen und mitgetragen haben. Unser gemeinsamer Glaube an Jesus Christus gab uns allen die Grundlage dazu.

Die Autoren

1. Einführung

1.1. Der Übersetzer

Die einfachste Entwicklungsumgebung für C♯ wird von Microsoft als das *Rahmenwerk* (*framework*) .NET zur Verfügung gestellt. Dieses Produkt enthält alles Notwendige, um C♯-Programme übersetzen und laufen lassen zu können. Nur zwei Dateien sind hierzu mindestens notwendig:

Datei	*Zweck*
csc.exe	Compiler
mscorlib.dll	Laufzeitumgebung

Tabelle 1.1: Dateien für C♯

Wenn diese Dateien auf dem Suchpfad (Umgebungsvariable PATH des Betriebssystems) liegen, kann mit Hilfe des Kommandos (im DOS-Fenster)

```
> csc CisProgramm.cs
```

die Datei CisProgramm.cs übersetzt werden. Wenn die Datei den Quellcode eines gültiges C♯-Programms mit einer Main-Methode enthält, produziert der Compiler die Datei CisProgramm.exe, deren Inhalt wie ein DOS-Programm ausgeführt werden kann:

```
> CisProgramm
```

Wenn das C♯-Programm auch Standardbibliotheken (z.B. für eine Windows-Oberfläche, s. Kapitel 7. auf Seite 211) benutzt, müssen auch die sie enthaltenden .dll-Dateien bei der Übersetzung angegeben werden:

```
> csc /r:System.Windows.Forms.dll CisProgramm.cs
```

1.1.1. Kommandozeilenoptionen

Der Compiler kann aus der Kommandozeile in folgender Form aufgerufen werden:

```
> csc /Kommandozeilenoptionen Programmdateien
```

Als Programmdateien können also mit einem Compileraufruf mehrere C♯-Quellprogrammdateien (durch Kommata getrennt) übersetzt werden. Die Kommandozeilenoptionen sind folgende:

1. Ausgabedateien (Ergebnisse der Übersetzung, in MSIL oder XML)

Option	*Bedeutung*
`/out:<Datei>`	Name der Ausgabedatei (sonst aus dem Namen der ersten Quelldatei abgeleitet)
`/target:exe` `/t:exe`	Ausführbares DOS-Programm (`.exe`) erzeugen (Standardwert)
`/target:winexe` `/t:winexe`	Ausführbares Windows-Programm erzeugen
`/target:library` `/t:library`	Bibliothek (`.dll`) erzeugen
`/target:module` `/t:module`	Modul (`.netmodule`) erzeugen, das von einem anderen Übersetzungslauf benutzt werden kann
`/define:<Symbolliste>` `/d:<Symbolliste>`	Symbole wie mit **#define** definieren (s. Kapitel 1.2.7. auf Seite 7)
`/doc:<Datei>`	Ausgabedatei Dokumentation in XML-Format (`.xml`) (s. Kapitel 1.4.1. auf Seite 12)

2. Eingabedateien (C#-Programmquellen oder Übersetzungsergebnisse in MSIL)

`/main:<Klasse>` `/m:< Klasse >`	Klasse für `Main` definieren (alle anderen `Main`s werden ignoriert; nicht nötig, wenn nur ein `Main`)
`/recurse:<Joker>`	Alle Dateien aus dem Verzeichnis und Unterverzeichnissen (entsprechend der Angabe als `Joker`) dazubinden
`/reference:<Dateiliste>` `/r:<Dateiliste>`	Angegebene Dateien (`.dll`) übernehmen
`/addmodule:<Dateiliste>`	Die angegebenen Module (`.netmodule`) dazubinden
`/lib:<Dateiliste>`	Zusätzliche Verzeichnisse für externe Referenzen

3. Ressource-Dateien (`.res`)

`/win32res:<Datei>`	Ressource-Dateien einschließen
`/win32icon:<Datei>`	Die Ausgabedatei erhält ein Icon aus `<Datei>`
`/resource:<Resinfo>` `/res:<Resinfo>`	Die angegebene Ressource einbetten
`/linkresource:<Resinfo>` `/linkres:<Resinfo>`	Die angegebene Ressource dazubinden

4. Codegenerierung

`/debug[+|-]`	Debug-Information ein/ausschließen (Standardwert: -)
`/debug:{full|pdbonly}`	Debug-Typ definieren (Standardwert: `full`; ein Debugger kann zu einem Programm hinzugefügt werden)
`/optimize[+|-]` `/o[+|-]`	Optimierungen ermöglichen
`/incremental[+|-]` `/incr[+|-]`	Inkrementelle Übersetzung ermöglichen

5. Fehler und Warnungen

`/warnaserror[+|-]` `/w[+|-]`	Warnungen wie Fehler behandeln (Abbruch der Übersetzung); Standardwert: -
`/warn:[0|1|2|4]`	Pegel der Warnungen setzen (0-4)
`/nowarn:<Warnungsliste>`	Einzelne Warnungen ausschalten

6. Sprache

`/checked[+|-]`	Über- und Unterlaufprüfung ein-/ausschalten
`/unsafe[+|-]`	**unsafe** Code zulassen

7. Sonstiges

`@<Datei>`	Weitere Optionen aus der angegebenen Datei einlesen
`/help /?`	Optionen auflisten
`/nologo`	Firmenlogo als Compilerausgabe unterdrücken
`/noconfig`	Keine Konfigurationsdatei einschließen
`/baseaddress:<Adresse>`	Basisadresse der zu erzeugenden Bibliothek
`/bugreport:<Datei>`	Meldung über Compilerfehler für Microsoft erzeugen
`/codepage:<n>`	Codepage beim Öffnen der Quellprogrammdateien
`/fullpaths`	Vollständige Pfade generieren
`/nostdlib[+|-]`	Ohne Standardbibliothek (`mscorlib.dll`) übersetzen
`/utf8output`	Compilerausgabe in UTF8-Format
`/filealign:<n>`	Anpassung der Ausgabedateien

Tabelle 1.2: Kommandozeilenoptionen des Compilers `csc`

Kommandozeilenoptionen werden auch aus zwei Dateien namens `csc.rsp` eingelesen und ausgewertet. Die erste kann im Verzeichnis liegen, wo sich `csc.exe` befindet, die zweite im aktuellen Verzeichnis.

Beispiele für Kommandozeilen für die Übersetzung befinden sich z.B. im Kapitel 2.2.2. auf Seite 27 und im Kapitel 7. auf Seite 211.

1.1.2. Dokumentation

Die Dokumentation der Standardklassen befindet sich in der *übersetzten HTML*-Datei cpref.chm (*compiled html*) oder *übersetzten Hilfe*-Datei cpref.HxS im Paket .NET. Sie können mit einem Internet-Browser (z.B. MS Internet Explorer, ab Version 5.5) gelesen werden.

Im Paket .NET wurden folgende Dokumentationsdateien freigegeben, die für C#-Programmierer wichtig sind:

Datei	*Zweck*
csref	Spezifikation der Sprache C#
cscon	Einführung in die Programmierung mit C#
cpref	Dokumentation der .NET-Klassen
cpappendix	Spezifikation des Rahmenwerks .NET
cpguide/nf	Hilfe für Entwickler mit .NET
cpsamples	Liste und Beschreibung der .NET-Beispielprogramme
cptools	Werkzeuge und Hilfsprogramme
cptutorials	Beispiele für sprachübergreifende Kommunikation

Tabelle 1.3: Dokumentationsdateien im .NET

1.2. Syntax

Die Syntax von C# und Java ist sehr ähnlich und unterscheidet sich von C++ nicht wesentlich.

Die Unterscheidung zwischen Klein- und Großbuchstaben ist in allen drei Sprachen relevant. Bei der Bildung von benutzerdefinierten Bezeichnern (Namen) gelten dieselben Regeln; die Verwendung aller Unicode-Zeichen (z.B. ä oder ö in Bezeichnern) – im Gegensatz zu C++ – ist erlaubt. Die Trennung zwischen Sprachelementen (*white space*) wie etwa Zwischenraum (*blank*), Tabulator oder Zeilenwechsel ist gleich.

Eine ausführliche kontextfreie Grammatik der Sprache C# befindet sich im Kapitel 10. auf Seite 250.

1.2.1. Elemente der Sprache

Jedes Programm setzt sich aus vordefinierten und benutzerdefinierten Zeichenfolgen zusammen. Die vordefinierten Zeichenfolgen sind *Schlüsselwörter* (*keyword*), *Literale* und andere Zeichen. Die Schlüsselwörter und benutzerdefinierten Wörter werden durch die anderen Zeichen (am häufigsten durch Zwischenräume und Zeilenwechsel) voneinander getrennt.

1.2.2. Die Schlüsselwörter

Die Schlüsselwörter von C++, die in C♯ vorkommen, haben weitgehend dieselbe Bedeutung. Die folgenden Schlüsselwörter haben in C♯ und in Java dieselbe Bedeutung:

```
break, byte, case, catch, char, continue, default, do, double, else, false,
finally, float, for, if, int, interface, null, long, private, public, return,
short, static, switch, this, true, try, void, while
```

Bei den folgenden Schlüsselwörtern kann man zwischen C♯ und Java von einer weitgehenden Übereinstimmung sprechen:

```
abstract, class, new, protected, throw
```

Die folgenden Schlüsselwörter von C♯ haben in Java keine Entsprechung:

```
as, checked, decimal, delegate, enum, event, explicit, fixed, foreach, goto,
implicit, in, internal, is, lock, operator, out, override, params, ref, sbyte,
sizeof, stackalloc, struct, uint, ulong, unchecked, unsafe, ushort, virtual
```

Zwischen einigen Schlüsselwörtern von C♯ und Java besteht eine etwaige Entsprechung:

C♯	Java	Entsprechung
base	super	fast
bool	boolean	fast
const	final	etwa
extern	native	etwa
namespace	package	weitgehend
object	Object	fast
readonly	final	etwa
sealed	final	etwa
string	String	fast
typeof	instanceof	etwa
using	import	etwa

Tabelle 1.4: Schlüsselwörter in C♯ und Java

In diesem Buch drucken wir die Schlüsselwörter zur Unterscheidung von den Bezeichnern fett.

Die Wörter **set**, **get** und **value** (s. Kapitel 4.1. auf Seite 80) befinden sich zwar nicht in der Liste der reservierten Wörter, sie werden jedoch als solche benutzt.

1.2.3. Literale

Die Regeln für *Literale* sind in allen drei Programmiersprachen sehr ähnlich. In C♯ (wie in Java und C++) gibt es folgende Arten von Literalen:

- *Ganzzahlliterale* wie 5 oder 5e3
- *Bruchliterale* wie 5.0 oder 5.0e3
- *Zeichenliterale* wie 'a'
- *Zeichenkettenliterale* wie "Zeichenkette"
- Literale als Schlüsselwörter wie **false**, **true** oder **null**

Wir werden diese Literale im Kapitel 2.1.4. auf Seite 18 untersuchen.

1.2.4. Andere Zeichen

Die Operatoren und sonstige Zeichen (*punktuators*) haben (weitgehend) dieselbe
Bedeutung wie in Java und C++:

```
{     }     [     ]      (       )
.     ,     :     ;
+     -     *     /      %     &     |      ^      !      ~
=     <     >     ?      ++    --    &&     ||     <<     >>
==    !=    <=    >=     +=    -=    *=     /=     %=     &=
|=    ^=    <<=   >>=    ->
```

Einige dieser C#-Zeichen werden teilweise in anderen syntaktischen Positionen als in
Java benutzt, wie z.B. der Doppelpunkt : anstelle von **extends** oder die Tilde ~ für
einen Destruktor (**finalize** in Java). Das Zeiger-Zeichen -> hat in Java keine Bedeutung (auch in C# nur wenig, im Gegensatz zu C++).

1.2.5. Bezeichner

Die benutzerdefinierten Zeichenfolgen heißen *Bezeichner* (*identifier*). Sie bestehen
aus Buchstaben, Ziffern und Unterstreichungen _, sind beliebig lang und dürfen
nicht mit einer Ziffer beginnen. Schlüsselwörter dürfen nicht als Bezeichner benutzt
werden. Wenn ihnen jedoch ein @ vorangestellt wird, sind sie gültige Bezeichner;
dies mag bei der Kommunikation mit anderen Sprachen wichtig sein: Z.B. @class
entspricht dem Bezeichner **class**.

Bezeichner mit zwei Unterstreichungen am Anfang können mit vom Compiler benutzten Bezeichnern kollidieren, daher sollten sie nicht verwendet werden.

In diesem Buch benutzen wir vorwiegend deutschsprachige Bezeichner, wenn wir
sie selbst definiert haben. Dadurch können sie von den durch Bibliotheken vorgegebenen Bezeichnern unterschieden werden. Dies ist eine empfohlene Vorgehensweise für Programme, die vorwiegend nur in einem (nicht englischen) Sprachraum
gelesen werden.

1.2.6. Übersetzungseinheiten

Wie in Java und C++, können in einer Datei mehrere *Typen* (Klassen, Schnittstellen,
Strukturen, Delegate oder Aufzählungen) als eine *Übersetzungseinheit* vorhanden

sein. In Java hat dies keine syntaktische Bedeutung, d.h. dieselben Klassen können auf mehrere Dateien aufgeteilt werden und der Compiler produziert dasselbe Ergebnis. In C♯ dagegen können Typen auf die mit **internal** gekennzeichneten Elemente (*member*) der anderen Typen derselben Übersetzungseinheit zugreifen. Somit bildet eine Übersetzungseinheit (d.h. der Inhalt einer Quellprogrammdatei) in C♯ einen ähnlich geschlossenen Zugriffsraum wie **package** in Java. Während Java aus einem Quellprogramm, das mehrere Klassen enthält, mehrere .class-Dateien erzeugt, übersetzt der C♯-Compiler (ähnlich wie in C++) eine Quelldatei in genau eine Zieldatei (.exe oder .dll oder .netmodule).

1.2.7. Bedingte Übersetzung

Die *Präprozessoranweisungen* werden nicht zur Laufzeit, sondern vor der Übersetzung vom *Präprozessor* ausgewertet. Sie werden ähnlich wie in C++ verarbeitet, ihre Verwendung ist jedoch deutlich eingeschränkt. Es gibt kein **#include** und auch **#define** wird nicht für Makros, sondern nur für *bedingtes Übersetzen* verwendet.

Die bedingte Übersetzung wird mit der Präprozessoranweisung **#if** bewerkstelligt. Mit ihrer Hilfe kann man aus einem Quellprogramm unterschiedliche Übersetzungsergebnisse produzieren:

```
#if KONSOLE
    System.Console.WriteLine("Anweisung wird ausgeführt");
#else
    System.Windows.Forms.MessageBox.Show("Anweisung wird ausgeführt");
#endif
```

Wenn am Anfang der Programmdatei die Präprozessoranweisung

```
#define KONSOLE
```

befindet, oder der Compiler mit der Kommandozeilenoption /define:KONSOLE (s. Kapitel 1.1.1. auf Seite 1) aufgerufen wurde, wird im laufenden Programm die erste, ansonsten die zweite Version ausgeführt. **#if** fragt also ab, ob ein bestimmtes Symbol definiert wurde oder nicht. Kommandozeilenoption /define:KONSOLE kann mit der Präprozessoranweisung

```
#undef KONSOLE
```

unwirksam gemacht werden. **#define** und **#undef** müssen also vor allen C♯-Programmcode stehen.

#if und **#endif** können auch geschachtelt werden. Um die Schachtelungstiefe zu reduzieren, kann **#elif** im Sinne von **#else #if** benutzt werden.

Der Präprozessor von C♯ verarbeitet noch die Anweisungen **#error**, **#warning** und **#line**, mit dessen Hilfe der Verlauf der Übersetzung dokumentiert werden kann: Der Compiler csc gibt die Zeilen auf der Konsole aus. Die Makros **#region** und **#endregi-**

on werden nicht vom C#-Präprozessor, sondern ggf. von anderen Programmen verarbeitet. Sie sind geeignet, Programmabschnitte zu markieren.

Die wohl häufigste Präprozessoranweisung in C++ ist #include, womit die Spezifikation eines Moduls (einer Funktionsbibliothek) in ein C++-Programm textuell eingebunden wird. In Java und C# ist dies nicht nötig, weil der Compiler die benötigten Bibliotheken direkt aus ihrer übersetzten Form einliest. Anstelle von Makros (in C++ #define) werden Konstanten (in Java final, in C++ und C# const, s. Kapitel 2.1.10. auf Seite 24) verwendet.

1.3. Das Laufzeitsystem

C# ist bei der Ausführung von Programmen auf das Laufzeitsystem angewiesen, das von der Infrastruktur .NET zur Verfügung gestellt wird. Es basiert auf einer Technologie genannt *NGWS* (*Next Generation Windows Services*). Der C#-Compiler csc ist auf die Benutzung dieses Laufzeitsystems eingerichtet. Das Zielprogramm, das der C#-Compiler für das Laufzeitsystem generiert, wird *verwalteter Code* (*managed code*) genannt.

Ausführliche Kenntnisse über das Laufzeitsystems sind zwar für die Programmierung mit C# nicht notwendig, jedoch nützlich. In diesem Kapitel geben wir einen groben Überblick über seine Mechanismen.

Neben der Ausführung von Programmen bietet es eine Reihe von Diensten an, die die Erstellung von Programmen vereinfachen:

* sprachübergreifende Kommunikation von Programmen (über eine gemeinsame Spezifikation)
* automatische Speicherverwaltung (*garbage collection*)
* Behandlung von *Ausnahmen* über Sprachgrenzen hinweg
* Sicherheitsüberprüfungen, inklusive Typsicherheit
* Unterstützung von *Versionen*
* Kommunikation zwischen *Komponenten*

1.3.1. Die Zwischensprache und die Metadaten

Der C#-Compiler erzeugt keine Maschinenbefehle (wie C++), sondern das Abbild des Programms auf der Sprache *MSIL* (*Microsoft Intermediate Language*). Dieser Zwischencode dient als Eingabe für die Ausführung unter dem Laufzeitsystem. Ähnlich wie in Java ist dadurch das Compilat unabhängig vom Prozessortyp; es erfordert aber auf dem ausführenden System einen Interpreter (den „JIT-Compiler", der diesen Code in Maschinenbefehle umsetzt.

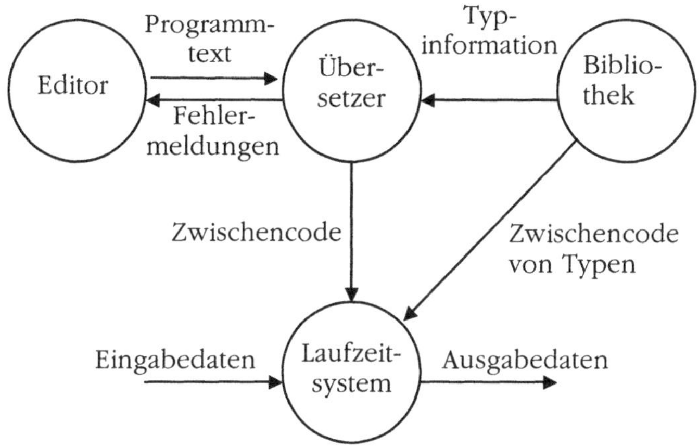

Abbildung 1.5: Übersetzen und Interpretieren

Der C#-Compiler generiert zusammen mit dem verwalteten Code auch *Metadaten*, die u.a. die Typen beschreiben und dem Laufzeitsystem zusätzliche Information liefert, z.B. die Signatur einer Methode. Die Metadaten enthalten ähnliche Information wie Typbibliotheken und Registrierungseinträge für COM; diesmal aber in derselben Datei wie der MSIL-Code: Die Metadaten werden zusammen mit dem Programm in der ausführbaren Datei gespeichert. Daher enthält eine .exe-Datei nicht mehr reinen Maschinencode (wie von C++ gewohnt), sondern auch Metadaten. Diese Dateien benutzen das sog. *PE-Format* (*portable executable*).

Beim Laden einer solchen Datei wird der MSIL-Code und die Metadaten vom Laufzeitsystem herausgelesen. Das Laufzeitsystem kann dann auch für Sicherheit sorgen. Aus den in den Dateien gespeicherten Metadaten ermittelt es z.B., ob Bibliotheken und andere Dateien in der *Version* vorliegen, die erwartet wird. Dadurch entstehen seltener Probleme mit unkompatiblen Versionen. Durch die Speicherung von Metadaten in der ausführbaren Datei stehen Typinformationen mit dem Code zusammen zur Verfügung: Dies ist vorteilhaft bei der Registrierung unter MS-Windows.

Eine der Stärken von .NET liegt in der Integration von Programmen auf unterschiedlichen Programmiersprachen. Diese Integration ist so mächtig, dass z.B. C#-Klassen von Visual-Basic-Objekten – unter bestimmten Voraussetzungen – erben können (s. Kapitel 8. ab Seite 231).

Eine weitere Stärke ist die *automatische Speicherverwaltung*, wie Java-Programmierer sie kennen. Sie sorgt dafür, dass nicht mehr benötigte (d.h. referierte) Objekte freigegeben werden; daher entstehen keine „Speicherleichen".

1.3.2. Der JIT-Compiler

Das Ergebnis der Übersetzung wird vom C#-Compiler (wie auch von anderen Compilern, die verwalteten Code erzeugen) als MSIL-Code gespeichert; ein solches Programm ist aber erst nach einer weiteren Übersetzung in Maschinenbefehle ausführbar. Dies wird vom *JIT-Compiler* (*Just In Time Compiler*) durchgeführt. Der Name deutet darauf hin, dass er nicht das gesamte MSIL-Programm übersetzt, sondern erst diejenigen Methoden, die tatsächlich aufgerufen werden (ähnlich wie der JIT-Compiler von Java).

Der Lader des Laufzeitsystems setzt beim Laden eines Typs vor jede Methode (die auf der Sprache MSIL vorliegt) den Aufruf des JIT-Compilers (auf Maschinencode) ein. Wenn die Methode zum ersten Mal aufgerufen wird, wird er angesprungen, übersetzt den Methodenrumpf von MSIL in Maschinensprache und ersetzt seinen eigenen Aufruf mit dem Ergebnis. Bei weiteren Aufrufen der Methode werden die Maschinenbefehle also ohne Übersetzung ausgeführt.

Unterschiedliche JIT-Compiler implementieren unterschiedliche Strategien:

*   geringer Übersetzungsaufwand für einmalige (aufwändige) Ausführung: Das MSIL-Programm wird sehr schnell in Maschinenbefehle übersetzt und das Ergebnis wird im Arbeitsspeicher gelagert. Der Maschinencode ist nicht optimiert. Das Laufzeitsystem wirft bei Engpässen die am längsten nicht aufgerufene Methode weg.
*   höherer Übersetzungsaufwand für mehrmalige (optimierte) Ausführung einer Methode: Der JIT-Compiler erzeugt einen gepackten, optimierten Maschinencode. Der Compiler hat einen relativ hohen Bedarf an Betriebsmitteln, insbesondere an Speicherplatz und Zeit für die Optimierungen.
*   sehr hoher Übersetzungsaufwand für die Installation einer gesamten Komponente: Der MSIL-Code einer gesamten *Komponente* (gegebenenfalls viele Typen und viele Methoden) wird in verwalteten Maschinencode übersetzt, ohne zu wissen, ob sie jemals aufgerufen werden. Hier wird also der Aufwand auf die erstmalige Verwendung verlagert; anschließend kann aber die so installierte Komponente sehr schnell geladen und ausgeführt werden.

1.3.3. Die gemeinsame Sprachspezifikation

In der *gemeinsamen Sprachspezifikation CLS* (*Common Language Specification*) wurden die Regeln definiert, wie sprachübergreifende Kommunikation innerhalb von .NET abläuft. Folgende Konzepte werden dabei berücksichtigt:

*   Die im .NET definierten Typen können bei Parameterübergabe benutzt werden.
*   In CLS wird das Format von Metadaten definiert, die die vom .NET unterstützen Typen – unabhängig von der Programmiersprache – beschreiben.

- Das .NET-Laufzeitsystem ist eine Implementierung von CLS; es kann die Programme laden und ausführen, die sich an die CLS-Konventionen halten.

In CLS werden die Typen von vielen (auch nicht-objektorientierten) Programmiersprachen beschrieben. Die verschiedenen Sprachen enthalten typischerweise weitgehend ähnliche, jedoch nicht kompatible Datentypen. Das einfachste Beispiel stellen Ganzzahlen dar, die in Visual Basic (als der Typ `Integer`) mit 16 Bits, in C++ (als der Typ `int`) mit 32 Bits gespeichert werden. Komplexe Typen wie Datum, Ereignisse, Eigenschaften oder persistente Daten weisen noch stärkere Inkompatibilitäten zwischen den Sprachen auf. Das Typsystem definiert eine Schnittstelle zwischen diesen unterschiedlichen Implementierungen.

Die *Metadaten* beschreiben in erster Linie die .NET-Typen, aber auch die selbstdefinierten. Sie beinhalten die Information, die das Laufzeitsystem zu folgenden Zweck braucht:

- Finden und Laden von Typen
- Erzeugen von Objekten dieser Typen
- Aufrufen von Methoden
- Übersetzen von MSIL-Code in Maschinenbefehle
- Sicherheitsprüfung
- Errichten der Grenzen eines Programms (z.B. Sichtbarkeit, Verfügbarkeit und Lebensdauer von Objekten).

Die *Ausführungsmaschine* (*Execution Engine, EE*) von .NET ist eine Implementierung der gemeinsamen Sprachspezifikation CLS. Die EE führt die Anwendungen aus, die in C♯ geschrieben und übersetzt wurden. Außer den erwähnten Funktionalitäten (JIT, Laden, Sicherheitsprüfung, Speicherverwaltung, Ausnahmebehandlung) sorgt sie für Profiling und Debugging, Verwaltung von *Vorgängen* (*thread*) und Fernzugriffen (*remote call*). Sie entspricht einem Java-Interpreter wie `java` oder `appletviewer`.

1.4. Dokumentation

Der Benutzer einer Klasse ist am Programmcode nicht interessiert; typischerweise wird er als „Betriebsgeheimnis" vom Entwickler gar nicht freigegeben. Der Benutzer möchte nur die Information, wie er die für seine Bedürfnisse notwendige Klasse finden und sie benutzen kann: Welche Methoden mit welchem Profil sie enthält und welche Funktionalität sie anbieten. Hierzu braucht er die *Dokumentation*.

Wir müssen dabei zwei Arten von Dokumentation erzeugen: die äußere (für die *Benutzer* der Klasse) und die innere (für zukünftige *Entwickler*, die das Programm verstehen wollen). Wir müssen auch zwischen zwei Arten von Benutzern unterscheiden: Der *Kunde*, der die Klasse ausprägt (mit `new`), ist an ihrer öffentlichen (`public`) Schnittstelle interessiert. Der *Erbe*, die die Klasse erweitert, möchte auch ihre geschützten (**protected**) Elemente kennen. Die internen und privaten Elemente der Klasse werden in die Dokumentation nicht übernommen.

Die verschiedenen Dokumentationsarten von Klassen können folgendermaßen hierarchisiert werden:

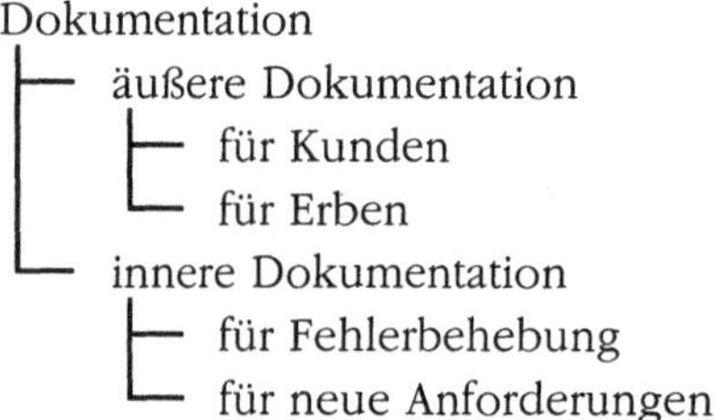

1.4.1. Äußere Dokumentation

Bei der Entwicklung und beim Vertrieb von Klassen und Bibliotheken ist die geeignete Dokumentation für ihre Qualität von entscheidender Bedeutung. Der konventionelle Weg, eine Klasse nachträglich per Hand zu dokumentieren, hat sich in der Praxis als ungeeignet erwiesen: Änderungen am Quellcode wurden oft in die Dokumentation nicht nachgetragen, und ihre Aktualität konnte auch nicht überprüft werden.

Der selbstdokumentierende Quellcode („*single source philosophy*") hat sich dagegen bewährt: Das Programm enthält seine eigene Dokumentation, die extrahiert werden kann.

In Java steht das Dienstprogramm `javadoc` zur Verfügung, das aus dem Programmtext die Dokumentation in HTML-Format ähnlich herausliest, wie der Compiler den Bytecode:

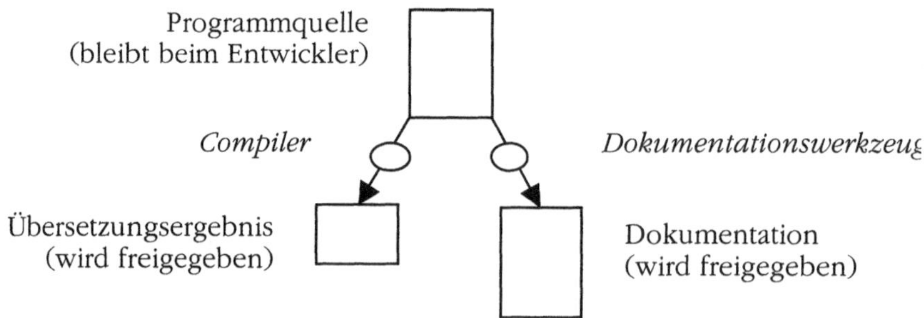

Abbildung 1.6: Übersetzen und Dokumentieren

In C♯ muss der Compiler `csc` mit der Option `/doc` aufgerufen werden, um aus dem Programmtext die Dokumentation zu extrahieren. Er stellt dann eine Datei in XML-Format (*extensible markup language*, eine Verallgemeinerung von HTML, *hypertext markup language*), die die nach außen sichtbaren Elemente der Klasse(n) enthält. Die

Dokumentationskommentare (wie /** in Java) werden in C# bei den Zeilenkommentaren mit einem dritten Schrägstrich gekennzeichnet:

```
// innerer Kommentar (wird von csc /doc ignoriert)
/// Dokumentationskommentar (wird in die XML-Dokumentation übernommen)
```

Spezielle Dokumentationsanweisungen (wie @param in Java) werden vom C#-Compiler nicht verarbeitet. Statt dessen können XML-Anweisungen in Dokumentationskommentare eingefügt werden:

```
/// <summary> Allgemeine Beschreibung der Methode
/// </summary>
/// <remarks> weitere Bemerkungen </remarks>
/// <param name = "Parameter"> Beschreibung des Parameters </param>
/// <seealso cref = "Eintrag">
///     Der Compiler überprüft, ob Eintrag existiert </seealso>
/// <returns> Beschreibung des Funktionsergebnisses </returns>
```

Der Compiler, wenn er mit der /doc-Option aufgerufen wird, gibt eine Warnung für öffentliche Elemente ohne Dokumentationskommentar aus.

Diese XML-Anweisungen werden von einer beliebigen XML-Anwendung ausgewertet. Folgende XML-Anweisungen werden üblicherweise zu Dokumentationszwecken verwendet:

`<summary>`	Kurze Beschreibung des Elements
`<remarks>`	Ausführliche Beschreibung
`<c>`	Formatzeichen innerhalb vom Text
`<example>`	Beispiel zur Verwendung
`<code>`	Programmtext im Kommentar
`<exception cref= "Ausnahmeklasse">`	Ausnahme
`<list type = "bullet" | "number" |"table">`	Aufzählung, Nummerierung oder Tabelle
`<listheader>`	
`<item>`	
`<para>`	Paragraph
`<param name = 'Parameter'>`	Parameter
`<paramref name = "Parameter">`	
`<permission cref= "Element">`	Genehmigung für ein Element
`<returns>`	Ergebnis einer Methode
`<see cref = "Element">`	Verweis auf einen XML-Eintrag
`<seealso cref = "Element">`	
`<value>`	Wert einer Eigenschaft
`<include file='Datei'>`	Einfügen einer XML-Datei

Tabelle 1.7: XML-Anweisungen zu Dokumentationszwecken

Die so generierte XML-Datei kann mit Hilfe einer geeigneten XSL-Datei (*extensible stilesheet language*) in einem XSL-fähigen Browser dargestellt werden.

1.4.2. Innere Dokumentation

Neben der Dokumentation für den Benutzer ist auch die Dokumentation für die Weiterbearbeitung der Klasse wichtig. Ein zukünftiger Entwickler, der das Programm modifiziert, um

- Fehler zu beheben, oder
- neuen Anforderungen gerecht zu werden,

muss den Programmtext leicht verstehen können. Hierbei ist einer der wichtigsten Leitsätze der Entwicklung von Programmen mit hoher Qualität:

- Programme zu schreiben ist leicht, Programme zu lesen ist schwer.

Programme werden jedoch einmal geschrieben und typischerweise sehr oft gelesen: Ein beträchtlicher Anteil des Softwareentwicklungsaufwands wird in das Lesen und Verstehen von Programmen anderer investiert. Das Schreiben lesbarer Programme reduziert daher die Kosten der Folgeentwicklungen enorm. Hier gelten folgende Empfehlungen.

1. Die Wahl der Programmiersprache

Ältere Programmiersprachen sind für das Schreiben gut lesbarer Programme weniger geeignet als modernere. Hier liegen C♯ und Java gut im Rennen, wenn auch andere Sprachen wie Ada oder Eiffel mehr Gewicht auf Lesbarkeit legen. Programme in älteren Sprachen (C oder Fortran) sind typischerweise schwer verständlich.

2. Die Wahl der Bezeichner

Durch einen gut gewählten Bezeichner (wie z.B. Kundendaten) assoziiert der Leser die Idee, die der Programmierer bei der Wahl des Bezeichners im Kopf hat. Er soll weder zu kurz noch zu lang sein (ca. 5-15 Zeichen). Kryptische (I2346XYb6) und „mnemotechnische" (BZ) Bezeichner sind ungeeignet. In der Schriftweise der Bezeichner sollen Konventionen konsequent eingehalten werden: In C♯ ist es üblich, Namensräume, Typen und Methoden mit Großbuchstaben, Variablen mit Kleinbuchstaben zu schreiben.

3. Geeignete Kommentare

Kommentare dienen dazu, dem Leser den Sinn des Programms nahe zu bringen. In C♯ gibt es – wie in Java und C++ – Zeilenkommentare (//) sowie mit /* und */ geklammerte Kommentare.

Ein gutes Programm enthält weder zu wenige noch zu viele Kommentare; der Umfang dürfte etwa dem Umfang des sonstigen Programms entsprechen. Wichtig ist, beim Schreiben von Kommentaren die Zielgruppe vor Augen zu halten:

3.1. Bediener: Er startet das Programm, bedient die Oberfläche und beobachtet die Wirkung. Er liest die Kommentare im Programmtext nicht, sie können ihm aber auf anderem Wege (z.B. als Hilfetext) verfügbar gemacht werden. In der Kommunikation mit dem Bediener soll auf programminterne Bezeichner verzichtet werden: "Bitte x eingeben" ist keine gute Eingabeaufforderung.

3.2. Kunde: Er programmiert andere Klassen, möchte die Leistung der aktuellen Klasse nur in Anspruch nehmen. Er ist nicht daran interessiert, wie diese Leistung erbracht wird, d.h. er möchte nichts über die Details des Programms erfahren. Er ist daran interessiert, wozu und wie er die Klasse benutzen kann.

3.3. Programmierer: Er möchte verstehen, wie das Programm funktioniert. Er ist an allen Details des Programms interessiert, nicht aber an allgemein bekannten Fakten (z.B. an Regeln der Programmiersprache).

4. Strukturierung des Programmtextes

Der Programmtext soll nach einer geeigneten Konvention strukturiert werden. Dies beinhaltet die konsequente Verwendung von Einrückungen (Tabulatoren), Zeilenwechsel (mit nicht zu langen Zeilen und einer Anweisung pro Zeile), Leerzeichen und Leerzeilen. Insbesondere die Einrückung soll die Anfertigung der früher üblichen Struktogramme überflüssig machen.

Die konsequente Platzierung der Klammern { und } (in diesem Buch am Ende der Zeile) ist auch wichtig für die Lesbarkeit.

2. Klassische Sprachelemente

Die klassischen Sprachelemente werden in der *Programmierung im Kleinen* gebraucht. Hierunter verstehen wir den Gebrauch von Sprachelementen wie Verzweigungen und Schleifen sowie der primitiven Datentypen wie `int` und `bool` – im Wesentlichen das, was innerhalb eines Methodenrumpfs (zwischen { und }) programmiert wird. In diesem Bereich ist der Unterschied zwischen C#, C++ und Java sehr gering: Die meisten klassischen Sprachelemente wurden in alle drei Sprachen direkt aus C übernommen.

2.1. Datentypen

Alle primitive *Datentypen* von Java sind auch in C# enthalten; Javas `boolean` heißt in C# aber `bool`.

2.1.1. Ganzzahltypen

In C# gibt es zusätzlich zu den Java-Typen einige weitere Ganzzahltypen wie `sbyte` (wie `byte` aber ohne Vorzeichen) sowie `ushort`, `uint` und `ulong` (`short`, `int` und `long` ohne Vorzeichen):

C#	Java	Platzbedarf	Wertebereich
sbyte	-	8 Bits	-128 bis 127
byte	+	8 Bits	0 bis 255
short	+	16 Bits	-32768 bis 32767
ushort	-	16 Bits	0 bis 65535
char	+	16 Bits	'\u0000' bis '\uffff', d.h. 0 bis 65535
int	+	32 Bits	-2147483648 bis 2147483647
uint	-	32 Bits	0 bis 4294967295
long	+	64 Bits	-9223372036854775808 bis 9223372036854775807
ulong	-	64 Bits	0 bis 18446744073709551615

Tabelle 2.1: Ganzzahltypen in C#

Wie in C++, können mit `enum` Ganzzahlkonstanten abgekürzt werden:

```
enum Farbe { Rot, Grün, Blau };
enum Flag { a = 1, b = 2, c = 4, d = 8 };
```

Im Gegensatz zu C++ sind jedoch `enum`-Werte keine `int`-Konstanten, wenn auch sie zu `int` konvertiert werden können (allerdings nur explizit, s. Kapitel 2.1.9. auf Seite 22).

2.1.2. Bruchtypen

In C♯ gibt es den *Bruchtyp* `decimal` für Berechnungen mit kalkulierbarem Fehler:

C♯	Java	Speicherplatzbedarf
`float`	+	32 Bits
`double`	+	64 Bits
`decimal`	-	128 Bits

Tabelle 2.2: Bruchtypen in C♯

Reihungen (*array*) werden in C♯ genauso wie in Java benutzt. Der einzige Unterschied ist, dass ihre Länge nicht mit `length` sondern mit `Length` abgefragt wird.

2.1.3. Standardklassen für Datentypen

Ein wesentlicher Unterschied zwischen Java und C♯ ist, dass Java für die primitiven Datentypen *Hüllenklassen* (*wrapper class*) vorsieht, in C♯ werden sie selber wie Klassen behandelt: Das Schlüsselwort `char` ist nur eine Abkürzung für eine Klasse (genauer: Struktur, s. Kapitel 3.1.1. auf Seite 56) namens *System*.`Char`. Dies bedeutet, dass für eine Variable (wie `char` `zeichen`) auch Methoden aufgerufen werden können (z.B. `zeichen.IsLetter()`). Statische Methoden können auch direkt aus dem Datentyp heraus aufgerufen werden (z.B. `int.Parse()`).

Selbst für Literale können Methoden aufgerufen werden: `3.ToString()` bedeutet, das für das `int`-Literal (dass einem Objckt dcr Struktur *System*.`Int32` entspricht) die von *System*.`Object` (abgekürzt `object`) geerbte Methode `ToString` aufgerufen wird. Die Zusammenführung der primitiven Datentypen mit Klassen heißt *Typsystemvereinheitlichung* (*type system unification*).

Es besteht folgende Entsprechung zwischen primitiven Datentypen und Strukturen der Standardbibliothek *System*:

Datentyp	*System*		*Datentyp*	*System*
`bool`	`Boolean`		`int`	`Int32`
`sbyte`	`Sbyte`		`uint`	`UInt32`
`byte`	`Byte`		`long`	`Int64`
`short`	`Int16`		`ulong`	`UInt64`
`ushort`	`UInt16`		`float`	`Single`
`char`	`Char`		`double`	`Double`
			`decimal`	`Decimal`

Tabelle 2.3: Standardstrukturen der Datentypen

Für die Standardtypen *System*.`String` und *System*.`Object` (sie entsprechen weitgehend den Klassen *java.lang*.`String` und *java.lang*.`Object`) gibt es in C♯ die Abkürzungen `string` und `object`.

2.1.4. Literale

Die Literale für Zeichen (**char**), Zeichenketten (**string**), Ganzzahlen (wie **int**) und Brüche (wie **float**) werden in allen drei Sprachen auf ähnliche Weise gebildet. Bei den letzten beiden ist der Unterschied, dass es in C♯ mehr Ganzzahl- und Bruchtypen gibt als in Java; deswegen sind bei den Ganzzahlliteralen nicht nur der Suffix L (für **long**), sondern auch der Suffix U (für **uint**, **ushort** und **ulong**) erlaubt, bei den Bruchliteralen nicht nur F (für **float**) und D (für **double**), sondern auch der Suffix M (für **decimal**) erlaubt. Die Kombinationen UL und LU sowie auch Kleinbuchstaben sind zulässig:

```
ulong langeZahl = 123uL;
decimal dezimalzahl = 123.45m;
```

Es gibt also folgende Suffixe für Zahlenliterale:

```
U u L l UL Ul uL ul LU Lu lU lu F f D d M m
```

Für das kleine l als Suffix gibt allerdings der Compiler eine Warnung aus, damit es nicht mit der Ziffer 1 verwechselt wird.

Unter den **char**-Literalen befinden sich in C♯ auch einige zusätzliche Sonderliterale für Zeichen (*escape sequence*), die es in Java nicht gibt:

Sonderliteral	Bedeutung	Unicode	Java
`'\0'`	Null	\u0000	-
`'\a'`	Alarm	\u000a	-
`'\b'`	„backspace“	\u0008	+
`'\t'`	Tabulator	\u0009	+
`'\n'`	Zeilenvorschub	\u000a	+
`'\v'`	Vertikaler Tabulator	\u000b	-
`'\f'`	Formular	\u000c	+
`'\r'`	„return“	\u000d	+
`'\\'`	„backslash“	\u005c	+
`'\''`	Apostroph	\u0027	+
`'\"'`	Anführungszeichen	\u0022	+

Tabelle 2.4: Sonderliterale für char

Unicode-Literale können nicht nur 4 sondern auch 8 Ziffern enthalten: `'\u12345678'`.

Das Schlüsselwort **null** ist das Literal für Referenzwerte. An seiner Stelle darf nicht (wie etwa in C++ bei Zeigern) 0 verwendet werden.

2.1.5. Operatoren

Die *Operatoren* in C♯ sind weitgehend mit denen aus Java und C++ gleich; nur die Operatoren **typeof**, **sizeof**, **checked**, **unchecked**, **is** und **as** kommen hinzu:

Operatoren	Gruppe	Priorität
. () [] ++ --	Postfix-Operatoren	höchste
new typeof sizeof checked unchecked	Präfix-Operatoren	
+ - ! ~ ++ -- ()	unäre Operatoren	
* / %	multiplikative Operatoren	
+ -	additive Operatoren	
<< >>	Verschiebungsoperatoren	
< <= > >= is as	Vergleich	
== !=	Gleichheit	
&	logische Konjunktion	
^	logische Exklusion	
|	logische Disjunktion	
&&	bedingte Konjunktion	
||	bedingte Disjunktion	
?:	Bedingungsoperator	
= *= /= %= += -= <<= >>= &= ^= |=	Zuweisungen	niedrigste

Tabelle 2.5: Bindungsstärke von Operatoren in C#

In dieser Tabelle erscheinen mit höchster Priorität der Punkt . als *Selektion* eines Elements (*member*) sowie die eckigen und runden Klammern. Dabei bezeichnen die eckigen Klammern [ ] die *Selektion* in Reihungen, die runden Klammern ( ) die *Parametereinsetzung* und die Klammern in arithmetischen Ausdrücken. Die runden Klammern ( ) kommen auch noch als *Typkonvertierung* (*type cast*) vor, dann aber mit geringerer Priorität. ++ und -- stehen als Postfix-Operatoren (d.h. nach dem Operanden) mit höchster Priorität, als unäre (oder Präfix-Operatoren, vor dem Operanden) mit geringerer Priorität.

Die Operatoren in C# haben dieselbe *Assoziativität* wie in Java und C++: Die Zuweisungsoperatoren und der (triadische) Bedingungsoperator sind *rechtsassoziativ*, die anderen diadischen Operatoren sind *linksassoziativ*:

    a = b = c ist gleichwertig mit a = (b = c) (linksassoziativ)
    a + b + c ist gleichwertig mit (a + b) + c (rechtsassoziativ)

Die (monadischen) Präfix-Operatoren sind rechtsassoziativ, die Postfix-Operatoren sind linksassoziativ:

    ! ! a ist gleichwertig mit ! (! a) (rechtsassoziativ)
    a ++ -- ist gleichwertig mit (a ++) -- (im Prinzip linksassoziativ; nicht in C#)

Die arithmetischen Operatoren können – im Gegensatz zu Java und C++ – die Ausnahme OverflowException, DivideByZeroException oder NotFiniteNumberException (Unterklassen von ArithmeticException) auslösen, wenn der Ausdruck **checked** ausgewertet wird. Die Ausnahmen werden mit **unchecked** unterdrückt. **checked** oder **unchecked** können auf drei Arten angegeben werden:

- im Ausdruck: a + **unchecked**(b/c)
- als Block: **checked** { a = b / c; }
- als Compileroption: /checked[+|-] (s. Kapitel 1.1.1. auf Seite 1)

Es gilt jeweils die innerste Angabe.

Hauptsächlich für die systemnahe Programmierung haben die Operatoren ~ (bitweise Negation), << und >> (bitweise Verschiebung nach links bzw. rechts) eine Bedeutung.

Eine Besonderheit des Operators == für den Typ **string** (d.h. *System*.String) ist, dass er nicht Referenzen, sondern Objekte vergleicht:

```
string s1 = "Zeichenkette", s2 = "Zeichenkette";
if (s1 == s2) ... // in Java false, in C# true
```

Dies liegt daran, dass *System*.String in C# keine Klasse (wie in Java), sondern eine Struktur ist (s. Kapitel 3.1.1. auf Seite 56); Strukturen sind *Wertetypen* (*value type*), wie alle primitiven Variablen, und keine Referenztypen. Auch eine **string**-Variable ist – im Gegensatz zu Javas String oder C++' char* – keine Referenz.

Operatoren können nur mit Operanden von zueinander implizit konvertierbaren Typen aufgerufen werden. Das Ergebnis eines Operators ist immer vom Typ des Operanden, zu dem der andere Operand implizit konvertiert werden kann: 5S + 6L ist vom Typ **long**, weil **short** (der Typ des ersten Operanden) implizit nach **long** (dem Typ des zweiten Operanden) konvertiert wird (s. Kapitel 2.1.9. auf Seite 22).

2.1.6. Ausdrücke

Aus Literalen, Variablen und Funktionsaufrufen kann man *Ausdrücke* bauen.

Die Prioritäten und Assoziativität der Operatoren machen zwar für den Compiler jeden Ausdruck eindeutig, nicht aber für den menschlichen Leser. Nach der Tabelle 2.5 bedeutet der Ausdruck mit den arithmetischen Variablen a1, a2 und a3

```
a1 < a2 & ! a2 < a3
```

dass zuerst die Negation, dann die beiden Vergleiche und schließlich die Konjunktion ausgeführt wird (was allerdings zu einem Typfehler führt). Möchte man den gesamten zweiten Vergleich negieren, muss man ihn klammern:

```
a1 < a2 & ! (a2 < a3)
```

In einigen Programmiersprachen haben & und | die gleiche Priorität. Dann kann die Kombination von & und | in einem Ausdruck zu Missverständnissen führen. Beispielsweise kann der Ausdruck

```
kalt & sonnig | nass
```

zwei unterschiedliche Ergebnisse (je nach Lesart) liefern. Die eingefügten Leerstellen verändern das Programm nicht, aber der Leser kann dadurch irregeführt werden. Die beiden Schriftweisen

```
kalt & sonnig |      nass
kalt           &     sonnig | nass
```

deuten an einem warmen, sonnigen und nassen Tag Verschiedenes an:

kalt sonnig nass	kalt & sonnig	kalt & sonnig | nass	sonnig | nass	kalt & sonnig | nass
false true true	false	true	true	false

Tabelle 2.6: Operatoren gleicher Priorität

Deswegen wird die ungeklammerte Kombination `kalt & sonnig | nass` in einigen Sprachen wie Ada verboten. In C♯ und Java sind die Prioritäten zwar unterschiedlich, aber es wird empfohlen, unmissverständliche Ausdrücke wie `(kalt & sonnig) | nass` oder `kalt & (sonnig | nass)` zu verwenden. Auch `^` sollte man – um der Eindeutigkeit willen – nicht mit & und | ungeklammert mischen.

2.1.7. Sonderwerte

Wie auch in Java, wurde das Wertesystem für **float** und **double** auch in C♯ nach dem Standard IEEE 754 (s. [IEEE] im Literaturverzeichnis) entwickelt. Es gibt daher die Sonderwerte (ohne Literale) *plus unendlich* (das Ergebnis der Division 1.0/0.0), *minus unendlich* (das Ergebnis von -1.0/0.0) und die *Unzahl* (*not-a-number, NaN*, das Ergebnis der Division 0.0/0.0). Für jede arithmetische Operation ist dabei definiert, mit welchen Operanden welches Ergebnis geliefert wird. Beispielsweise ist die Tabelle für Division folgende (b und c sind positive Werte):

a=b/c	+c	-c	+0	-0	+∞	-∞	NaN
+b	a	-a	+∞	-∞	+0	-0	NaN
-b	-a	a	-∞	+∞	-0	+0	NaN
+0	+0	-0	NaN	NaN	+0	-0	NaN
-0	-0	+0	NaN	NaN	-0	+0	NaN
+∞	+∞	-∞	+∞	-∞	NaN	NaN	NaN
-∞	-∞	+∞	-∞	+∞	NaN	NaN	NaN
NaN	NaN	NaN	NaN	NaN	NaN	NaN	NaN

Tabelle 2.7: Division

2.1.8. Vorbesetzung

Jede <u>globale</u> Variable (auch Referenzen) wird mit dem Null-Wert ihres Typs (0, 0.0, `false` oder `null`) *vorbesetzt* (*initialisiert*). <u>Lokale</u> Variablen werden nicht vorbesetzt, aber der Compiler überprüft, ob jede benutzte Variable (z.B. innerhalb eines Ausdrucks) im Programmtext zuvor besetzt wurde: Der Programmabschnitt

```
    int i;
    if (b) i = 1;
⊠ int j = i;
```

wird vom Compiler als fehlerhaft erkannt, da in der letzten Zeile es nicht garantiert ist, dass i einen Wert besitzt, selbst wenn zuvor die Zuweisung b = `true`; stattgefunden hat. Wenn `if` (b) in `if` (`true`) ausgetauscht wird, (was vom Compiler wegoptimiert wird), wird kein Fehler mehr gemeldet.

Die Variablen kann man demnach folgendermaßen kategorisieren:

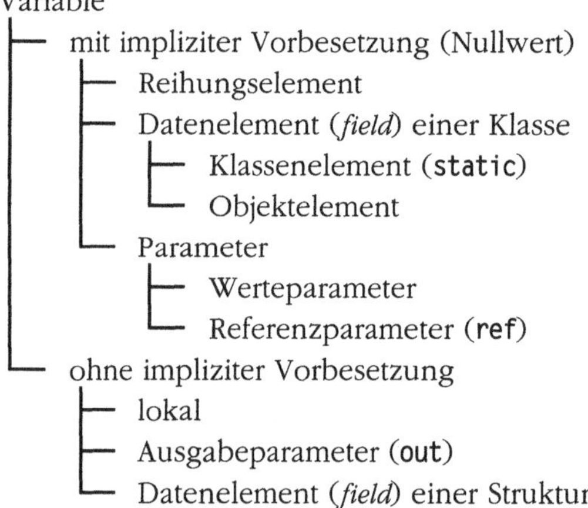

2.1.9. Konvertierungen

C♯ ist – wie Java, im Gegensatz zu C (und infolge dessen zu C++) – eine streng typisierte Sprache. Für Basistypen bedeutet dies, dass Basistyp-Variablen nur Werte ihres Typs zugewiesen werden können: Eine `bool`-Variable kann nur `bool`-Werte und keine `char`-Werte aufnehmen.

Die Werte von arithmetischen Basistypen sind – wie in Java – untereinander konvertierbar. Man spricht von *erweiternder* und von *einschränkender Konvertierung*, je nach Variablenlänge. Die erweiternde Konvertierung ist *implizit* oder *explizit* möglich:

```
    int i = 65; float f = 2.5f; char c = 'x';
    long l = i; // implizit
```

```
double d = (double)f; // explizit
d = System.Math.Sin(f); // implizit float nach double als Parameter von Sin
```

Bei der erweiternden Konvertierung geht keine Information verloren: Der Zahlenwert wird vollständig von der Quelle ins Ziel übernommen. *Genauigkeit* kann jedoch in einigen Spezialfällen (von int, uint, long nach float sowie von long nach double) verloren gehen.

Bei der einschränkenden Konvertierung geht möglicherweise Information (Ziffern oder Vorzeichen) verloren. Deshalb muss sie explizit angegeben werden:

```
int j = (int)f; // explizit, Dezimalstellen gehen verloren
f = (float)d; // ähnlich
```

Dies wird am folgenden Programmstück verdeutlicht:

```
long lang = System.Int64.MaxValue; // höchster long-Wert          // (2.1)
int kurz = (int)lang; // wird explizit konvertiert
System.Console.WriteLine("long: " + lang + "; int: " + kurz);
// Ausgabe: long: 9223372036854775807; int: -1
```

Die explizite Konvertierung hat also den Zahlenwert verfälscht.

Die Konvertierungen zwischen den primitiven Datentypen werden in der folgenden Tabelle zusammengefasst:

nach / *von*	byte	ushort	char	uint	ulong	sbyte	short	int	long	float	double	decimal
byte	0	+	-	+	+	-	+	+	+	+	+	+
ushort	-	0	-	+	+	-	-	+	+	+	+	+
char	-	0	0	+	+	-	-	+	+	+	+	+
uint	-	-	-	0	+	-	-	-	+	+	+	+
ulong	-	-	-	-	0	-	-	-	-	+	+	+
sbyte	-	-	-	-	-	0	+	+	+	+	+	+
short	-	-	-	-	-	-	0	+	+	+	+	+
int	-	-	-	-	-	-	-	0	+	+	+	+
long	-	-	-	-	-	-	-	-	0	+	+	-
float	-	-	-	-	-	-	-	-	-	0	+	+
double	-	-	-	-	-	-	-	-	-	-	0	-
decimal	-	-	-	-	-	-	-	-	-	-	-	0

Tabelle 2.8: Sprachdefinierte Konvertierungen

Die Tabelle stellt die Konvertierungen von einem Datentyp (in der ersten Spalte) zu einem anderen Datentyp (in der ersten Zeile) dar: Das Zeichen - kennzeichnet eine implizite oder explizite, das Zeichen + eine explizite Konvertierung; 0 bedeutet, dass keine Konvertierung nötig ist.

Von und nach **enum** (s. Kapitel 2.1.1. auf Seite 16) kann immer nur explizit konvertiert werden.

Neben den Konvertierungen von Basistypen sind auch benutzerdefinierte Konvertierungen möglich (s. Kapitel 4.4. auf Seite 92).

Außerdem spricht man auch von Konvertierung, wenn ein Wert in ein Objekt *eingehüllt* (*boxing*) oder aus einem Objekt *ausgehüllt* (*unboxing*) wird: Das Einhüllen ist implizit möglich, das Aushüllen nur explizit:

```
int ganzzahl = 5;
object objekt = ganzzahl; // einhüllen
int i = (int)objekt; // aushüllen
```

2.1.10. Konstanten

Javas Schlüsselwort **final** wird gebraucht, um die Unveränderbarkeit einer Variable (d.h. eine *Konstante*) zu vereinbaren. In C♯ wird zu diesem Zweck entweder **const** (wie in C++) oder **readonly** eingesetzt.

Globale Variablen (innerhalb von Klassen, aber außerhalb von Methoden) können **const** oder **readonly** sein; lokale Variablen (leider aber keine Parameter wie in C++) können nur **const** sein. In der Vereinbarung von **const**-Variablen muss ein (vom Compiler errechenbarer) Vorbesetzungswert vorliegen, und sie dürfen nicht auf der linken Seite einer Zuweisung vorkommen. **readonly**-Variablen können in der Vereinbarung <u>oder</u> im Konstruktor ihrer Klassen besetzt werden; anderswo ist eine Zuweisung verboten.

readonly-Referenzen (nicht aber **const**-Referenzen) dürfen dynamisch erzeugte Objekte zugewiesen werden:

```
readonly Klasse referenz = new Klasse();
```

Der Unterschied zwischen **const** und **readonly** liegt also hauptsächlich darin, dass **const** für (lokale und globale) Basistyp-Variablen (mit Literal-Vorbesetzung), während **readonly** für (nur globale) Referenzen benutzt wird. **readonly**-Variablen sind also *schreibgeschützte* Objekt- oder Klassenelemente. Leider gibt es keine schreibgeschützte lokale Variablen (wie **final** in Java).

Der in C++ bewährte **const**-Mechanismus, mit dem die Veränderung eines Objekts durch einen Methodenaufruf vom Compiler unterbunden werden kann, wurde leider in C♯ (noch) nicht übernommen. Eine Ersatzlösung stellen wir im Kapitel 6.1.4. auf Seite 156 vor.

2.1.11. Zusammenfassung der Datentypen

In C♯ bilden die Datentypen folgende Hierarchie:

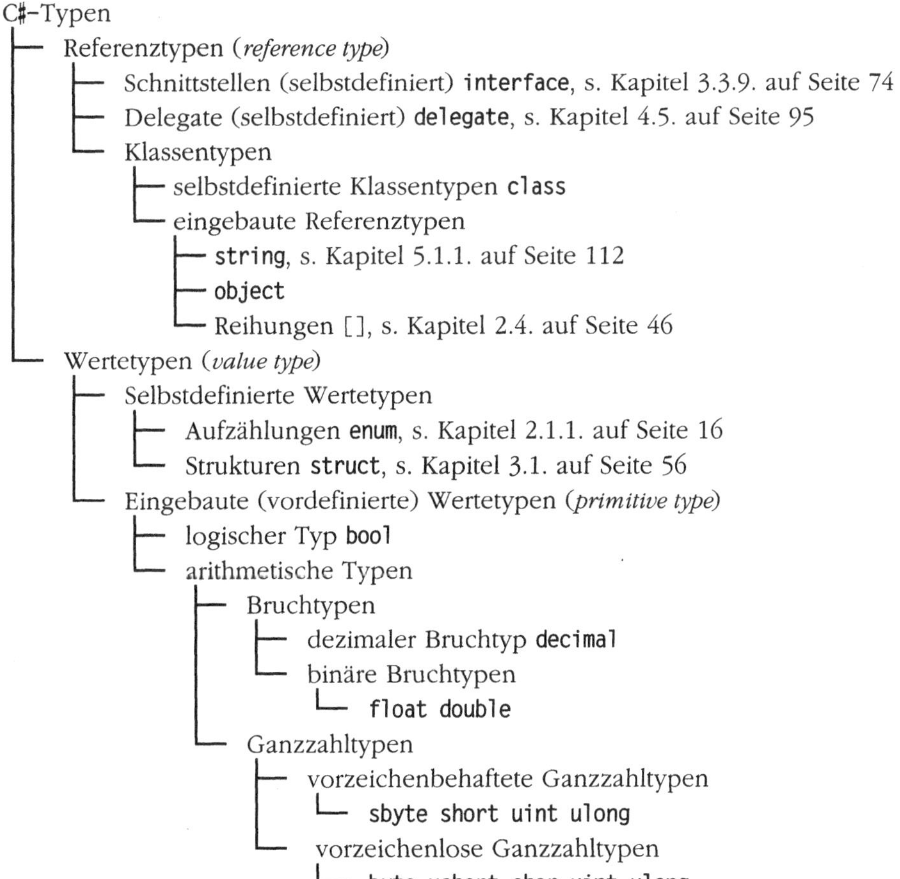

2.2. Klassen und Methoden

Ähnlich wie in Java, befinden sich alle Elemente eines C♯-Programms innerhalb von *Typen* (meistens *Klassen*): Man kann nicht (wie in C++) methodenähnliche *Funktionen* und globale Variablen auch außerhalb von Klassen schreiben. Eine Klasse enthält *Elemente* (*member*), d.h. Daten (*field*) und Methoden (*method*); sie wird genau wie in Java und ähnlich wie in C++ geschrieben:

```
class EineKlasse {                                      // (2.2)
    int variable = 1;
    void Methode() {
        int variable = this.variable; } } // variable lokal, this.variable global
```

Außer Datenelementen und Methoden können Klassen noch folgende Elemente enthalten:

- innere Typen (Klassen usw.)
- Konstruktoren (s. Kapitel 3.2.1. auf Seite 59)
- Eigenschaften (s. Kapitel 4.1. auf Seite 80)
- Indizierungen (s. Kapitel 4.3. auf Seite 88)
- Operatoren (s. Kapitel 4.2. auf Seite 84)

2.2.1. Variablen und Anweisungen

Der Rumpf der Methode (zwischen { und }) besteht – wie in Java und C++ – aus

- *Variablenvereinbarungen* (wie `int variable;`) und aus
- *Anweisungen* (wie eine *Zuweisung* `variable = 2;`),

zu denen auch *Aufrufe* gehören:

```
referenz.Methode(); // Aufruf
```

In C++ würde man an dieser Stelle `zeiger -> Methode();` schreiben.

Um `Methode` aus dem Programm (2.2) auf Seite 25 aufrufen zu können, ist eine *Referenz* (*Zeiger* in C++) vom Typ `EineKlasse` notwendig, der ein *Objekt* der Klasse `EineKlasse` (oder einer Unterklasse davon, s. Kapitel 3.3.3. auf Seite 64) zugewiesen wurde:

```
EineKlasse referenz = new EineKlasse(); // Objekterzeugung, vor Aufruf nötig
```

Wenn eine Methode als `static` vereinbart wurde, kann sie – in Gegensatz zu Java – nur ohne Objekt, d.h. aus der Klasse direkt aufgerufen werden:

```
Klasse.StatischeMethode(); // Aufruf aus der Klasse
```
⊠ `new Klasse().StatischeMethode();` // Aufruf mit Objekt in C# nicht möglich

Wenn vor dem Aufruf weder eine Klasse, noch eine Referenz steht, wird implizit `this` vorausgesetzt:

```
Methode(); // nur in derselben Klasse (oder in Unterklassen) möglich
this.Methode(); // gleichwertig
base.Methode(); // ähnlich, jedoch aus der Oberklasse
```

Eine aufzurufende Methode kann auch Parameter haben. Die Anzahl und Typen der *aktuellen Parameter* (im Aufruf) müssen mit der Anzahl und den Typen der *formalen Parameter* (in der Vereinbarung) übereinstimmen; hierbei können die aktuellen Parameter explizit oder implizit konvertiert werden. Die Regeln hierfür sind in Java, C++ und C# im Wesentlichen gleich (s. auch Kapitel 2.2.6. auf Seite 30).

Als aktuelle Parameter (wie in einem beliebigen Ausdruck, z.B. auf der rechten Seite einer Zuweisung) können auch *Funktionsaufrufe* eingesetzt werden, wenn der Ergebnistyp der Funktion mit dem Typ des formalen Parameters (bzw. der linken Seite der Zuweisung) übereinstimmt (oder ggf. konvertiert werden kann).

2.2.2. Übersetzung

Wenn das Programm (2.2) auf Seite 25 in eine Textdatei geschrieben wird, kann sie sowohl mit einem Java-Compiler (wie `java` von Sun) als auch mit einem C#-Compiler (wie `csc` von Microsoft) *übersetzt* werden. Während bei Java-Programmen die Textdatei den Namen der `public`-Klasse und die Dateinamenergänzung `.java` (in dem Fall `EineKlasse.java`) haben muss, ist es üblich – aber nicht notwendig, – C#-Programme mit der Dateinamenergänzung `.cs` zu versehen. Der Aufruf von der DOS-Kommandozeile

```
> csc EineKlasse.cs
```

produziert jedoch eine Fehlermeldung

```
error CS5001: Program 'EineKlasse.exe' does not have an entry point defined
```

die besagt, dass der Versuch, das Ergebnis der Übersetzung `EineKlasse.exe` zu erstellen fehlgeschlagen ist, weil kein Anfangspunkt für das Programm definiert wurde. Diese Meldung kommt, wenn der Compiler keine `Main`-Methode findet.

Der Java-Compiler produziert an dieser Stelle eine `.class`-Datei und nimmt an, dass eine andere Klasse diese wohl benutzen (d.h. ihre Methoden aufrufen) wird. Erst der Versuch, die Klasse (z.B. mit `java`) zu interpretieren, stellt fest, dass die `main`-Methode fehlt. Auch mit dem C#-Compiler ist es möglich, eine Klasse ohne `Main` (d.h. zum Zwecke der Benutzung durch andere Klassen) zu übersetzen, dies muss jedoch extra mit Hilfe einer Kommandozeilenoption angegeben werden. Der obige Compiler-Aufruf beinhaltet implizit die Option

```
> csc /target:exe EineKlasse.cs
```

oder abgekürzt

```
> csc /t:exe EineKlasse.cs
```

Wenn der Compiler nicht ein ausführbares Programm, sondern ein (von anderen Programmen aufrufbares) *Modul* produzieren soll, muss er mit

```
> csc /t:module EineKlasse.cs
```

aufgerufen werden. Das Ergebnis der Übersetzung wird dann in die Datei `EineKlasse.netmodule` abgespeichert.

2.2.3. Hauptprogramme

Wer ein *ausführbares Programm* erstellen möchte, muss eine `Main`-Methode schreiben: Im Gegensatz zu Javas `main` wird diese mit großem `M` geschrieben, muss nicht

public sein und kann auch parameterlos vereinbart werden (wenn keine Kommandozeilenparameter benötigt werden):

```
    class Programm {                                              // (2.3)
➜       static void Main() {
            int variable = 1; } }
```

Das Ergebnis dieser Übersetzung, die Datei `Programm.exe` kann mit dem Aufruf

```
    > Programm
```

ausgeführt werden. Im Gegensatz zu Java muss die Quelldatei nicht unbedingt `Programm.cs` heißen; ihr kann ein beliebiger Name wie `P.txt` gegeben werden. Dann wird das Ergebnis `P.exe` heißen. Mit der Kommandozeilenoption `/out` kann man einen beliebigen Namen für die Ausgabedatei angeben (s. Kapitel 1.1.1. auf Seite 1).

Die Ausführung des obigen Programms produziert natürlich keine sichtbaren Ergebnisse. Das erste Programm mit einer Ausgabe auf der Konsole begrüßt die Welt:

```
    class HalloWelt {                                             // (2.4)
        static void Main() {
➜           System.Console.WriteLine("Hallo Welt!"); } }
```

Hier benutzen wir die Standardbibliothek *System*, die die Klasse `Console` mit der **static**-Methode `WriteLine` (mit einem Zeichenketten-Parameter) enthält. Weil sie **static** ist, wird sie direkt aus der Klasse aufgerufen.

Häufig wird der Name einer Bibliothek, aus der Klassen benutzt werden, mit **using** am Anfang des Programms importiert; dann muss sie nicht vor ihren Klassen genannt werden (ähnlich wie **import** in Java):

```
    using System;                                                 // (2.5)
    class HalloMitUsing {
        static void Main() {
➜           Console.WriteLine("Hallo Welt!"); } }
```

Wir werden auf diese Möglichkeit meistens verzichten, damit im Programmtext deutlich wird, woher die benutzten Klassen stammen.

Die intuitive Annahme, dass die vom Compiler produzierte und direkt ausführbare Datei `HalloWelt.exe` Maschinencode (wie etwa nach einer C++-Übersetzung) enthält, ist falsch. Der C#-Compiler erstellt (ähnlich wie der Java-Compiler) ein Zwischencode auf der Sprache `MSIL` (*Microsoft Intermediate Language*). Um das Programm `HalloWelt.exe` ausführen zu können, ist die Laufzeitumgebung `.NET` notwendig, die auch eine Art Interpreter (ähnlich wie der Interpreter `java` oder `appletviewer`) für `MSIL` enthält (s. Kapitel 1.3. auf Seite 8).

2.2.4. Funktionen

Jede Methode hat einen *Ergebnistyp* (*return type*): entweder `void` (und dann sprechen wir manchmal von *Prozeduren*) oder einen anderen Typ (z.B. `int` oder einen Referenztyp). In diesem Fall heißt sie *Funktion*. Wir übernehmen nicht den von C geerbten Sprachgebrauch, wonach alle Methoden Funktionen sein sollten.

Jede Funktion muss (bevorzugt als letzte Anweisung) mindestens eine `return`-Anweisung haben, worauf ein dem Ergebnistyp entsprechender Wert folgen muss:

```
int Funktion() {
   return 5; }
```

Der Compiler überprüft die Forderung, dass jeder Zweig (auch der `catch`-Block) einer Funktion mit `return` (oder evtl. mit `throw`) beendet werden muss.

```
int Funktion(bool b) {
   if (b) {
      return 5; }
   else {
⊠        System.Console.WriteLine("Fehler"); } } // Compiler meldet Fehler
```

Prozeduren werden als Anweisungen aufgerufen, Funktionen werden innerhalb eines Ausdrucks (z.B. auf der rechten Seite einer Zuweisung, Parameter einer Methode oder als Operand eines Operators) aufgerufen:

```
Prozedur(); // void-Methode wird als Anweisung aufgerufen
int i = Funktion(); // Funktion wird im Ausdruck aufgerufen
```

C♯ erlaubt jedoch (ähnlich wie Java und C++) den Aufruf einer Funktion als Anweisung:

```
Funktion();
```

Hier geht das Ergebnis der Funktion verloren; nur ihre *Nebeneffekte* (*side effect*) haben eine Wirkung. Funktionsaufrufe sind also – wie in Java und C – auch als Anweisungen erlaubt. Die Autoren bevorzugen aber einen Programmierstil, in dem nur Prozeduren Nebeneffekte (Veränderungen an globalen Variablen) haben und Funktionen ihre Leistung nur über ihr Ergebnis abliefern (s. Kapitel 6.1.3. auf Seite 155).

2.2.5. Ausnahmen

Die von C gewohnte Art, Fehlersituationen (z.B. Erfolg oder Misserfolg) über den Ergebnistyp abzufragen

```
   if (datei.Open() == File.FILE_NOT_FOUND) {
→     ... } // Fehlerbehandlung hier: nicht empfohlen
   else {
      ... } // Normalfall
```

sollte dies lieber über Ausnahmen geregelt werden:

```
try {
    ... datei.Open(); ... } // Normalfall
➜ catch (FileNotFoundException) {
    ... } // Fehlerbehandlung hier: empfohlen
```

Dieser Programmierstil tut insbesondere der Lesbarkeit des Programms gut: Der Normalfall (wenn „alles gut geht") wird in einem Strang (im **try**-Block) behandelt und alle Sonderfälle (die den Leser des Programms oft weniger interessieren) werden anderswo (in **catch**-Blöcken) ausprogrammiert (s. Kapitel 6.1.4. auf Seite 156).

Wie aus der markierten Zeile ersichtlich, muss in C♯ - im Gegensatz zu Java – keine Referenz für das Ausnahmeobjekt angegeben werden, wenn es im **catch**-Block nicht benutzt wird (s. Kapitel 3.3.5. auf Seite 68).

Es ist üblich und empfohlen, (auch die benutzerdefinierten) Ausnahmeklassen in C♯ mit der Endung Exception zu benennen. Mehr über die Behandlung von Ausnahmen befindet sich im Kapitel 2.3.8. auf Seite 43.

2.2.6. Parameter

Für die Übergabe von *Parametern* gibt es in C♯ mehr Möglichkeiten als in Java.

In Java gilt die einfache Regel: Variablen werden *per Wert* (*call by value*) übergeben (d.h. eine Änderung eines formalen Parameters bleibt in der Methode lokal, sie bewirkt keine Veränderung des aktuellen Parameters), Objekte werden *per Referenz* (*call by reference*) übergeben (d.h. die Veränderung des Objekts innerhalb einer Methode ist auch nach dem Ablauf der Methode wahrnehmbar):

```
class ParameterÜbergabe {                                          // (2.6)
    int i;
➜   static void PerWert(int i) { // call by value
        i = 6; } // Veränderung des formalen Parameters bleibt lokal
    static void PerReferenz(ParameterÜbergabe k) { // call by reference
        k.i = 6; } // Veränderung des formalen Parameters
    static void Main() {
        int i = 5;
➜       PerWert(i); // Variable wird per Wert übergeben
        System.Console.WriteLine(i); // Ausgabe: 5
        ParameterÜbergabe r = new ParameterÜbergabe(); // Objekt wird erzeugt
        r.i = 5;
➜       PerReferenz(r); // Objekt wird per Referenz übergeben
        System.Console.WriteLine(r.i); } } // Ausgabe: 6
```

Dieses Programm läuft in C♯ genauso wie in Java ab. In C♯ besteht aber die Möglichkeit, auch Variablen mit Hilfe des Schlüsselwortes **ref** per Referenz zu übergeben; dies entspricht dem Zeichen & in C++. Es muss sowohl beim formalen wie auch beim aktuellen Parameter angegeben werden:

```
class Referenz {                                              // (2.7)
→   static void PerReferenz(ref int i) { // call by reference
        i = 6; } // Veränderung des aktuellen Parameters
    static void Main() {
        int i = 5;
→       PerReferenz(ref i); // Variable wird per Referenz übergeben
        System.Console.WriteLine(i); } } // Ausgabe jetzt: 6
```

Eine Verwendung dieses Mechanismus ist das Vertauschen der Werte zweier Variablen:

```
static void Vertauschen(ref int i, ref int j) {              // (2.8)
    int k = i; i = j; j = k; }
```

In Java ist dies nur möglich, wenn die Variablen in Objekte eingehüllt werden: Ohne **ref** behalten die aktuellen Parameter ihren ursprünglichen Wert. Mit **ref** sind die Veränderungen der formalen Parameter im Methodenrumpf auch nach dem Ablauf der Methode an den aktuellen Parametern wahrnehmbar:

```
int a = 5, b = 6;
Vertauschen(ref a, ref b); // a ist jetzt 6, b ist 5
```

Das Schlüsselwort **out** ist mit **ref** fast gleichwertig. Der Unterschied ist, dass ein mit **out** übergebener Parameter nicht als besetzt gilt (s. Kapitel 2.1.8. auf Seite 22). Außerdem muss einem **out**-Parameter vor Beendigung der Prozedur ein Wert zugewiesen werden:

```
static void AusgabeParameter(out int i) {
⊠   System.Console.WriteLine(i); } // 2 Fehler: kein Ein- und kein Ausgangswert
```

Dieser Mechanismus kann z.B. benutzt werden, wenn eine Operation mehr als ein Ergebnis liefert:

```
static void Dividieren(int dividend, int divisor,           // (2.9)
        out int quotient, out int rest) {
    quotient = dividend / divisor;
    rest = dividend % divisor; }
```

Nach dem Aufruf

```
Dividieren(7, 2, out a, out b);
```

enthält die Variable a den Wert 3, die Variable b den Wert 1.

Als aktueller Wertparameter dürfen beliebige Ausdrücke (d.h. Literale, Konstanten, Funktionsaufrufe geeigneten Typs) verwendet werden; für ein **ref**- oder **out**-Parameter nur eine Variable geeigneten Typs.

In C# werden **struct**-Objekte (wie auch die primitiven Typen) per Wert übergeben (s. Kapitel 3.1.1. auf Seite 56).

C♯ bietet auch das Schlüsselwort `params` an, mit dessen Hilfe eine variable Anzahl von Parametern übergeben werden kann; es darf nur als letzter Parameter verwendet werden. Der formale Parameter ist dann eine *Reihung (array)*, die aktuellen sind die Elemente der Reihung. Mit Hilfe von `Length` kann in der Methode ihre Anzahl abgefragt werden:

```
class VariableParameter {                                       // (2.10)
    static void Methode(params int[] parameter) {
        for (int i = 0; i < parameter.Length; i++)
            System.Console.WriteLine(parameter[i]); }
    static void Main() {
        Methode(); Methode(1); Methode(1, 2); Methode(1, 2, 3);
        int[] reihung = new int[] {1, 2, 3, 4});
➔       Methode(reihung);
        Methode(new int[] {1, 2, 3, 4}); } }
```

Wie aus der vorletzten Programmzeile ersichtlich ist, kann ein `params`-Parameter auch mit einem Reihungsobjekt besetzt werden. In der letzten Programmzeile geschieht dasselbe mit einem anonymen Reihungsobjekt (s. Kapitel 2.4. auf Seite 46)

Auch die Methode `System.Console.WriteLine` wurde mit einem `params`-Parameter definiert, daher kann sie mit einer beliebigen Anzahl von Parametern aufgerufen werden (der erste muss allerdings ein `string` sein). Ihr Profil in der Klasse *System.Console* ist nämlich

```
public static void WriteLine(string s, params object[] args);
```

Diese Version der `WriteLine`-Methode ermöglicht die den C-Programmierer von `printf` bekannte Art von Formatierungsangaben: Anstelle des %-Zeichen werden hier in C♯ die einzusetzenden Parameter in geschweiften Klammern (ab 0) durchnummeriert:

```
System.Console.WriteLine("objekt1 = {0}; objekt2 = {1}", objekt1, objekt2);
```

Dieser Mechanismus basiert auf der Methode `string.Format`, die im Kapitel 5.1.2. auf Seite 113 beschrieben wird. Oft ist es aber einfacher (wie in Java üblich), den +-Operator für `string` zu benutzen, der automatisch die `ToString`-Methode der Objekte aktiviert:

```
System.Console.WriteLine("objekt1 = " + objekt1 + "; objekt2 = " + objekt2);
```

2.2.7. Statische Schachtelung von Klassen

Eine Methode kann in C♯ – ähnlich wie in Java und C++, im Gegensatz zu Ada und Pascal – keine inneren Methoden enthalten. Methoden können also nur global sein (innerhalb der Klasse, nicht aber außerhalb von Klassen wie in C++).

Dafür können Klassen *geschachtelt* werden (wie in Java ab Version 1.1). Sie heißen auch *innere Klassen*:

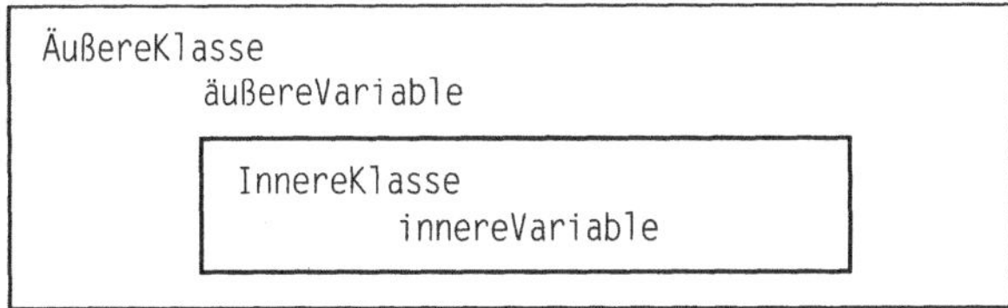

Abbildung 2.9: Statische Schachtelung

```
public class ÄußereKlasse {                                        // (2.11)
   private static int äußereVariable;
   private class InnereKlasse {
      private int innereVariable;
      public void InnereProzedur() {
         äußereVariable = 0; // von innen erreichbar
         ÄußereProzedur(); // von innen erreichbar
         innereVariable = 1; } }
   public static void ÄußereProzedur() {
      innereVariable = 5; // Fehler: von außen nicht erreichbar
      InnereProzedur();// Fehler: von außen nicht erreichbar
      new InnereKlasse().InnereProzedur(); } } // Aufruf nur mit Objekt
```

Wie aus dem Programmtext ersichtlich ist, ist äußereVariable von innen heraus erreichbar. Dasselbe gilt für (in diesem Programm nicht vorgestellte) äußere Prozeduren. Innere Variablen und Methoden sind nur über Objekte der inneren Klasse erreichbar. Ist der Zugriffsschutz der inneren Klasse nicht **private**, so können Objekte davon auch außerhalb der äußeren Klasse erzeugt werden:

```
new ÄußereKlasse.InnereKlasse();
```

Im Gegensatz zu Java, kann man in C♯ InnereKlasse nicht **static** vereinbaren – in gewissem Sinne sind innere C♯-Klassen immer **static**.

Innere (geschachtelte) Klassen werden benutzt, um ihre Sichtbarkeit einzuschränken: Die **private** InnereKlasse ist nur innerhalb von ÄußereKlasse sichtbar; auch ihre **public** vereinbarten Elemente wie InnereProzedur.

Ausnahmen werden oft als innere Klassen vereinbart.

2.2.8. Blöcke

Lokale Referenzen kann man nicht nur in einer Methode vereinbaren: Mit Hilfe von geschweiften Klammern { und } ist es möglich, eine Anweisungsfolge zu einem *Block* zusammenzufassen. Hier kann man neue Referenzen vereinbaren, deren Lebensdauer und Sichtbarkeit auf den neuen Block beschränkt ist:

```
{  ...                                                             // (2.12)
   Klasse objekt1 = new Klasse();
   { // innerer Block
      Klasse objekt2 = new Klasse(); // lebt nur im inneren Block
```

```
        ... // hier sind weitere tiefer geschachtelte Blöcke möglich
    }
⊠   objekt2.Methode(); // der Compiler meldet Fehler: objekt2 nicht sichtbar
}
```

Generell gilt das Schachtelungsprinzip für alle Namen: Jeder Name ist in dem Block bekannt, in dem er vereinbart wurde, und in allen darin geschachtelten Blöcken, außer, wenn derselbe Name im inneren Block erneut (für einen anderen Zweck) vereinbart wurde. In diesem Fall sagt man, dass der Name *verdeckt* oder *überdeckt* (*hide*) wurde. Von außen nach innen sind die Namen also – außer wenn verdeckt – sichtbar; von innen nach außen sind sie nicht sichtbar.

Blöcke können beliebig tief geschachtelt werden. Ein Sinn der Verwendung von Blöcken ist, die Sichtbarkeit von Referenzen – im Sinne des Prinzips der *Lokalität* – auf den Bereich ihrer Benutzung einschränken. So ist in der vorletzten (fehlerhaften) Anweisung des Programms (2.12) auf Seite 33 die Referenz objekt2 nicht sichtbar, deswegen ist der Methodenaufruf ungültig.

Während geschachtelte Klassen (und in anderen Programmiersprachen geschachtelte Prozeduren) primär benutzt werden, um ihre Sichtbarkeit einzuschränken, spielt dies bei geschachtelten Blöcken eine untergeordnete Rolle. Wichtiger ist es, den Wirkungsbereich der Ausnahmebehandlung einzuschränken. Dies geschieht durch *geschützte Blöcke*.

2.2.9. Geschützte Blöcke

Nicht nur der Rumpf einer Methode, sondern jeder Block kann einen Ausnahmebehandlungsteil haben:

```
void geschützteBlöcke() {                                    // (2.13)
    try {
        aufruf1(); } // kann AusnahmeException auslösen
    catch (AusnahmeException) { ... }
    // aufruf2 wird ausgeführt, selbst wenn AusnahmeException ausgelöst wurde:
    aufruf2(); // wenn AusnahmeException, wird die Ausführung abgebrochen
    try { // weiterer geschützter Block
        aufruf3(); // kann AusnahmeException auslösen
        try { // innerer Block
            aufruf4(); } // kann AusnahmeException auslösen
        catch (AusnahmeException) { ... } // Ausnahmebehandlung
        aufruf5(); // läuft weiter, selbst wenn aufruf4 Ausnahme ausgelöst hat
    } // Ende des geschützten Blocks
    catch (AusnahmeException) { ... } // Ausnahmebehandlung
    aufruf6(); } // wenn AusnahmeException auslöst, wird weitergereicht
```

Wenn hier im inneren Block eine Ausnahme auftritt, die in seinem Ausnahmebehandlungsteil aufgefangen wird, werden die Anweisungen des äußeren Blocks nach dem inneren Block ohne Unterbrechung ausgeführt. Deswegen sagen wir, dass der innere Block von (einigen) Ausnahmen *geschützt* ist.

Eine Ausnahme, die im inneren Block nicht aufgefangen wird, kann selbstverständlich im äußeren Block aufgefangen werden.

2.2.10. Benutzung von Blöcken

Blöcke werden also in folgenden Situationen benutzt:

1. Der Rumpf einer Methode ist ein Block. Er bildet den Sichtbarkeitsbereich der formalen Parameter der Methode.

2. Nach **try** und nach **catch** steht je ein Block. Lokale Variablen aus dem **try**-Block sind im **catch**-Block unsichtbar. Der **catch**-Block ist der Sichtbarkeitsbereich der Ausnahmereferenz. Die formalen Parameter der umgebenden Methode sind jedoch in beiden Blöcken sichtbar, da sie im umklammernden Block (im Methodenrumpf) sichtbar sind.

3. Ein Block kann anstelle einer Anweisung stehen. Anstelle von

```
referenz.Methode();
```

kann man genauso gut

```
{ referenz.Methode(); }
```

schreiben. Eine beliebige Sequenz von Anweisungen und Vereinbarungen kann in einem Block geklammert werden. Hierdurch wird die Sichtbarkeit der darin vereinbarten Variablen auf den Block eingeschränkt.

4. Wenn der Rumpf einer Steuerstruktur (s. Kapitel 2.3. auf Seite 37) mehr als eine Anweisung umfasst, schreibt man ihn als Block.

In C♯ gibt es folgende Sichtbarkeitsräume:

```
Global
 └─ Namensraum (namespace), s. Kapitel 3.4. auf Seite 77
     ├─ Schnittstelle (interface), Aufzählung (enum)
     └─ Klassen und Strukturen (class, struct)
         └─ Methodenrumpf
             └─ Block
```

Auf der obersten Ebene kennt der Compiler demnach nur Namensräume; wenn keiner angegeben wurde, dann den mit dem leeren Namen "". In einem Namensraum sind Typen (Schnittstellen, Aufzählungen, Klassen Strukturen) sichtbar, in den letzteren beiden Methoden; ihre Rümpfe können Blöcke enthalten.

2.2.11. Unsichere Methoden

In einer mit **unsafe** gekennzeichneten Methode dürfen maschinennahe Anweisungen
– z.B. mit Hilfe von aus C++ bekannten *Zeigern* (*pointer*) – ausgeführt werden, die
vom .NET-Laufzeitsystem nicht überwacht werden:

```
unsafe void methode(){
    ... } // Anweisungen mit Zeigern
```

Mit **unsafe** können außer Methoden auch Eigenschaften gekennzeichnet werden. Ein
Beispiel für eine **unsafe**-Methode ist der Direktzugriff auf den Speicher:

```
class UnsicheresProgramm {                                          // (2.14)
    unsafe static void Direktzugriff(int[] speicher) {
        fixed (int *adresse = speicher) {
            int *zeiger = adresse;
            for (int i = 0; i < speicher.Length; i++) {
                int wert = *zeiger;
                string addr = (int)zeiger + "X";
                System.Console.WriteLine("Adresse von speicher[" + i + "] ist " +
                    addr + "; sein Wert ist " + wert);
                zeiger++; } } }
    static void Main() {
        int[] reihung = new int[] {1, 2, 3, 4, 5, 6};
        Direktzugriff(reihung); } }
```

Hier greift innerhalb einer als **unsafe** vereinbarten Methode zeiger direkt auf den
Speicher des **int[]**-Parameters zu. Hierzu wurde mit der **fixed**-Anweisung (sie darf
nur in **unsafe** Methoden verwendet werden, ebenso wie das Zeigerzeichen *) sichergestellt, dass die Speicherverwaltung das Reihungsobjekt – referiert durch speicher –
(aus Optimierungsgründen) nicht verschiebt. ++ inkrementiert zeiger – wie aus C
gewohnt – in Schritten der Größe seines Typs, in diesem Fall um 4 (weil **int** 4 Bytes
lang ist).

Programme mit **unsafe** Methoden können nur mit der Kommandozeilenoption
/unsafe übersetzt werden.

2.2.12. Weitere Anweisungen

Es gibt in C♯ eine Reihe weiterer Anweisungen, die – ähnlich wie **unsafe** – die Aus-
führungsbedingungen eines umklammerten Blocks oder Ausdruck bestimmen. Hier-
zu gehören **checked** und **unchecked** (s. Kapitel 2.1.5. auf Seite 18), **lock** sowie **using**.

Mit **lock** können in *nebenläufigen* (*parallelen*) *Vorgängen* (s. Kapitel 5.5. auf Seite
138) kritische Abschnitte (mit gegenseitiger Ausschluss) definiert werden:

```
lock (referenz) {                                                   // (2.15)
    ... } // Zugriff auf kritische Betriebsmittel, referiert durch referenz
```

Diese Anweisung ist gleichwertig mit folgendem Programmstück (s. Kapitel 5.5. auf Seite 138):

```
System.Threading.Monitor.Enter(referenz);
try {
    ... } // Zugriff auf kritische Betriebsmittel, referiert durch referenz
finally {
    System.Threading.Monitor.Exit(referenz); }
```

Das Laufzeitsystem stellt dabei sicher, dass während des Ablaufs des kritischen Abschnitts (des Blocks nach **lock**) kein anderer Vorgang auf das gesperrte Objekt (referiert durch referenz) zugreifen kann.

Mit **using** können *Betriebsmittel* (*resource*)belegt werden; das sind Objekte, deren Klassen die Schnittstelle *System.*IDisposable implementieren:

```
using (Ressource r = new Ressource()) {                        // (2.16)
    r.Ressourcenmethode(); ... }
```

Diese Anweisung ist gleichwertig mit dem folgenden Programmstück:

```
Ressource r = new Ressource();
try { r.Ressourcenmethode(); ... }
finally {
    if (r != null)
        ((System.IDisposable)r).Dispose(); }
```

2.3. Steuerstrukturen

Ein Methodenrumpf besteht nicht nur aus Variablenvereinbarungen und einfachen Anweisungen, wie im Kapitel 2.2.1. auf Seite 26 vorgestellt, sondern er kann in *Steuerstrukturen* (*control structure*) unterteilt werden. Die zwei Arten von Steuerstrukturen, *Alternativen* und *Wiederholungen*, werden in Java, C++ und C♯ in fast gleicher Weise benutzt:

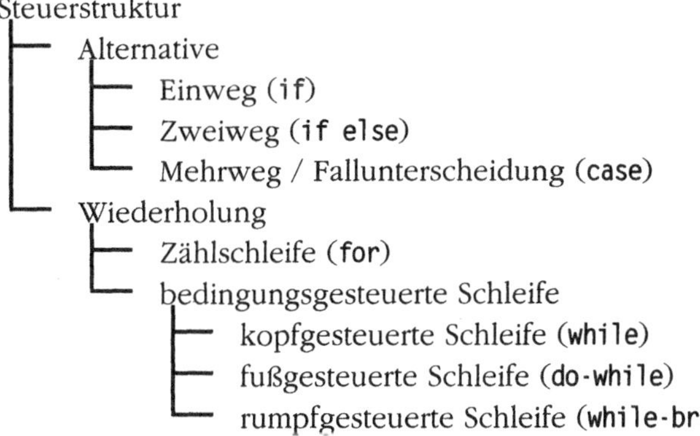

2.3.1. Alternativen

In allen drei Sprachen gibt es zwei Arten von *Alternativen*: die *Verzweigungen* (`if`) und die *Fallunterscheidungen* (`case`). Während in C++ bei `if` ein **int**-Wert benutzt wird, ist bei Java und C♯ nur der logischer Typ erlaubt: In Java heißt er **boolean**, in C♯ **bool** (der also im Gegensatz zu C++, kein **int**-Typ ist):

```
using System;                                               // (2.17)
class Verzweigung {
    static void Main() {
        try {
            Console.WriteLine("Verzweigung: bitte logischen Wert eingeben");
➜           bool logischerWert = Boolean.Parse(Console.ReadLine());
            if (logischerWert) {
                Console.WriteLine("Sie haben 'true' eingegeben"); }
            else {
                Console.Write("Ihre Eingabe ");
                Console.WriteLine("war 'false'"); }
            Console.WriteLine("Auf Wiederrechnen"); }
➜       catch { // FormatException oder ArgumentException
            Console.WriteLine("Falsche Eingabe"); } } }
```

In der ersten markierten Zeile wurde das Ergebnis der `ReadLine`-Methode mit Hilfe der Methode *System*.`Boolean.Parse` von **string** nach **bool** konvertiert. In Java entspricht sie der Standardmethode *java.lang*.`Boolean.valueOf(String s)`. Wenn der Benutzer aber nicht „`true`" oder „`false`" eintippt, löst die Methode `Parse` die Ausnahme *System*.`FormatException` aus; eine Leerzeile als Eingabe löst die Ausnahme *System*.`ArgumentException` aus – sie wurde mit **catch** aufgefangen (s. Kapitel 3.3.5. auf Seite 68).

2.3.2. Fallunterscheidungen

Die Fallunterscheidung kann auch in C♯ mit Hilfe eines Ganzzahlwerts durchgeführt werden:

```
class FallMitInt {                                          // (2.18)
    static void Main() {
➜       System.Console.WriteLine("Fallunterscheidung: bitte 1/2/3 eingeben");
        int ganzzahlwert = int.Parse(System.Console.ReadLine());
➜       switch (ganzzahlwert) {
            case 1 : System.Console.WriteLine("Sie haben 1 eingegeben"); break;
            case 2 : System.Console.WriteLine("Ihre Eingabe war 2");
⊠              // der Compiler meldet Fehler: break ist in jedem Zweig nötig
            case 3 : System.Console.WriteLine("Diese Zeile kommt, nur bei 3");
                break;
            default : System.Console.WriteLine("Falsche Eingabe"); break; } } }
```

Die C♯-Fallunterscheidung erlaubt (anders als in Java und C++) kein „Hinüberrutschen" von einem Fall zum anderen: Im obigen Programm fehlt **break** vor **case** 3. Aus diesem Grund darf **default** nicht nur an der letzten Stelle stehen. Auch der letzten Zweig (hier **default**) muss mit **break** abgeschlossen werden.

Alternativ zum **break** kann auch **goto** oder **return** verwendet werden.

2.3.3. case **mit** enum

Die Erweiterung gegenüber Java an dieser Stelle ist, dass C♯ (ähnlich wie C++) auch den Ganzzahltyp **enum** (s. Kapitel 2.1.1. auf Seite 16) kennt, mit dessen Hilfe Aufzählungswerte definiert werden können. Dies ist nur eine Abkürzung für **int**Konstanten. In **switch** wird diese Möglichkeit häufig verwendet:

```
class FallMitAufzählung {                                      // (2.19)
    enum Farbe { ROT, GRÜN, BLAU };
    static void Main() {
        System.Console.WriteLine("Aufzählung; bitte Zahl zwischen 0 und 2");
        Farbe farbe = (Farbe)int.Parse(System.Console.ReadLine());
            // Konvertierung explizit
        switch (farbe) {
            case Farbe.ROT  : System.Console.WriteLine("rot"); break;
            case Farbe.GRÜN : System.Console.WriteLine("grün"); break;
            case Farbe.BLAU : System.Console.WriteLine("blau"); break;
            default : System.Console.WriteLine("Falsche Eingabe"); break; } } }
```

Die Konvertierung des eingegebenen **string**Werts nach **enum** geht über die ParseMethode der Struktur *System*.Int32 (mit der Abkürzung **int**). Der erhaltene **int**Wert kann nur explizit zum Aufzählungstyp *Farbe* konvertiert werden (s. Kapitel 2.1.9. auf Seite 22).

2.3.4. case **mit** string

Eine weitere Fähigkeit gegenüber Java und C++ der Fallunterscheidung ist, dass C♯ nach **switch** auch ein **string** zulässt:

```
class FallMitString {                                         // (2.20)
    static void Main() {
        System.Console.WriteLine("Aufzählung; bitte Farbe eingeben");
        string farbe = System.Console.ReadLine();
        switch (farbe) {
            case "rot": System.Console.WriteLine("red"); break;
            case "green" : System.Console.WriteLine("green"); break;
            case "blau" : System.Console.WriteLine("blue"); break;
            default : System.Console.WriteLine("Wrong color"); break; } } }
```

Die allgemeine Form der **case**Anweisung ist:

```
switch (Vergleichsausdruck) {
    case Vergleichswert : Anweisung; break;

        ...

    default : Anweisung; break; }
```

wobei

- Vergleichsausdruck entweder von einem Ganzzahltyp, **enum** oder vom Typ **string** ist;
- Vergleichswert ein konstanter Ausdruck von einem konvertierbaren Typ ist;
- anstelle von **break** auch **return** oder **goto** stehen kann.

2.3.5. Zählschleifen

Zählschleifen (deren Durchlaufzahl beim Eingang in die Schleife bekannt ist) werden in allen drei Sprachen mit dem Sprachelement **for** programmiert. Ein Beispiel hierfür ist die Berechnung der *Fakultät*, das Produkt der ersten n natürlichen Zahlen:

$$n! = 1 \cdot 2 \cdot 3 \cdot \ldots \cdot n$$

Sie kann mit Hilfe einer Zählschleife einfach errechnet werden::

```
class Fakultät {                                              // (2.21)
    static int Fak(int n) { // Produkt der ersten n natürlichen Zahlen
        int fak = 1;
        for (int i = 2; i <= n; i++) {
            fak *= i; }
        return fak; }
    static void Main() {
        System.Console.WriteLine("Fakultät; bitte natürliche Zahl eingeben: ");
        int wert = System.Int32.Parse(System.Console.ReadLine());
        System.Console.WriteLine("Fakultät(" + wert + ") = " + Fak(wert)); } }
```

Es ist zu bemerken, dass wegen der Begrenzung von **int** auf 4 Bytes (ca. 10 Dezimalstellen, s. Kapitel 2.1.1. auf Seite 16) dieses Programm nur bis 12 richtig funktioniert: Die Eingabe einer größeren Zahl bewirkt einen Überlauf, der unbemerkt bleibt. Das Programm gibt in diesem Fall ein falsches Ergebnis aus.

Zählschleifen haben die Eigenschaft, dass sie garantiert keine Endlosschleifen sind. Leider ist nicht jede **for**-Schleife eine Zählschleife, nur die, die nach dem obigen Schema oder ähnlich diszipliniert geschrieben worden sind. Endlosschleifen können auch in C# mit

```
for (;;)
```

eingeleitet und mit

```
break;
```

unterbrochen werden. Es ist aber besser (lesbarer), zu diesem Zweck eine bedingungsgesteuerte Schleife

```
while (true)
```

zu verwenden und mit **for** nur Zählschleifen zu programmieren.

C# hat auch das Sprachelement **foreach**, das eine Zählschleife garantiert. Wir werden sie im Kapitel 2.4.3. auf Seite 48 untersuchen.

Die allgemeine Form der **for**-Schleife ist:

```
for (Anweisung1; Bedingung; Anweisung2)
    Anweisung3;
```

wobei

- Anweisung1 vor dem ersten Schleifendurchlauf ausgeführt wird;
- Bedingung vor jedem Schleifendurchlauf ausgewertet wird; weiter, nur wenn **true**;
- Anweisung2 nach jedem Schleifendurchlauf ausgeführt wird;
- Anweisung3 in jedem Schleifendurchlauf ausgeführt wird;

2.3.6. Bedingungsgesteuerte Schleifen

Wie in jeder Programmiersprache, kann man auch in C# drei Arten von *bedingungsgesteuerten Schleifen* programmieren:

- die kopfgesteuerte (*pre-check*),
- die fußgesteuerte (*post-check*), und
- die rumpfgesteuerte (*mid-check*) Schleife.

Hierfür stehen die Steuerstrukturen **while**, **do-while** und **while-break** zur Verfügung.

Beispielsweise kann der Wert der mathematischen Konstante e nach der Formel

$$e = 1 + 1/1! + 1/2! + 1/3! + 1/4! + \dots$$

berechnet werden. Die folgende *kopfgesteuerte Schleife* tut dies bis zu einer angegebenen Genauigkeit epsilon:

```
double E(double epsilon) {                              // (2.22)
    double e = 1.0, summand = 1.0;
    int fakWert = 1;
➜   while (summand >= epsilon) {
        fakWert ++;
        summand /= fakWert;
        e += summand; };
    return e; }
```

Der Rumpf der kopfgesteuerten Schleife wird möglicherweise gar nicht ausgeführt, wenn die *Fortsetzungsbedingung* gleich zu Anfang nicht erfüllt ist. Der Rumpf der *fußgesteuerten Schleife* wird demgegenüber mindestens einmal ausgeführt:

```
do {                                                          // (2.23)
   fakWert ++;
   summand /= fakWert;
   e += summand;
} while (summand >= epsilon);
```

In der *rumpfgesteuerten Schleife* wird nicht die Fortsetzungsbedingung, sondern die *Abbruchbedingung* (ihr Negat) angegeben:

```
while (true) {                                                // (2.24)
   fakWert ++;
   summand /= fakWert;
→  if (summand < epsilon) break;
   e += summand; }
```

Hier besteht der Rumpf aus zwei Teilen: Der erste Teil wird mindestens einmal ausgeführt, der zweite Teil möglicherweise keinmal.

Die allgemeine Form der **while**-Schleife ist:

```
while (Bedingung)
   Anweisung;
```

wobei

- Bedingung vor jedem Schleifenschritt ausgewertet wird; weiter, nur wenn **true**;
- Anweisung in jedem Schleifenschritt ausgeführt wird.

Wenn Bedingung im Schleifenrumpf nicht verändert wird, dann läuft die Schleife endlos (oder gar nicht). Dies gilt auch für die **do-while**-Schleife, deren allgemeine Form ist:

```
do
   Anweisung;
while (Bedingung)
```

wobei
- Anweisung in jedem Schleifenschritt ausgeführt wird.
- Bedingung nach jedem Schleifenschritt ausgewertet wird; weiter, nur wenn **true**;

2.3.7. Sprünge

Von den Sprachelementen für *Sprünge* **break**, **continue**, **return**, **throw** und **goto** (worauf man in Java verzichtet hat) sollte man äußerst diszipliniert und nur in begründeten Fällen Gebrauch machen. Hierbei gelten – im Interesse der Lesbarkeit der Programme – folgende Regeln:

- **break** nur am Ende eines **case**-Zweigs und für die rumpfgesteuerte Schleife
- **return** nur als letzte Anweisung einer Funktion
- **goto** am besten gar nicht

benutzen. Die von diesen Regeln abweichende Benutzung ist nur in den seltensten Fällen durch Laufzeitgewinn gerechtfertigt, und das auch nur in sehr häufig auszuführenden Programmen (wie etwa dem Betriebssystem):

```
void Suchfunktion() {                                          // (2.25)
    for (int i = 0; i < x; i++) {
        for (int j = 0; j < y; j++) {
            if (Gefunden(i, j)) {
→               return; } } } } // weder in Java noch in C# zu empfehlen
```

Im Gegensatz zu Java kann **break** nicht mit einer Marke versehen werden; statt dessen muss ein **goto** und eine Sprungmarke benutzt werden:

```
for (int i = 0; i < x; i++) {                                  // (2.26)
    for (int j = 0; j < y; j++) {
        if (Gefunden(i, j)) {
→           goto gefunden; } } } // C#, nicht in Java
    gefunden: System.Console.WriteLine("Gefunden!"); // Sprungmarke
```

und nicht wie in Java

```
gefunden: for (int i = 0; i < x; i++) {                        // (2.27)
    for (int j = 0; j < y; j++) {
        if ( Gefunden(i, j) ) {
⊠           break gefunden; } } } // Java, nicht in C#
System.Console.WriteLine("Gefunden!");
```

Die Regelung für **goto** ist, dass die Steuerung entweder im Block bleibt oder den Block nur verlässt, nicht aber von außerhalb in einen Block hineinführen kann:

```
goto Marke;                                                    // (2.28)
{ ...
⊠    Marke: ... // Fehler: Sprung in den Block nicht möglich
}
```

2.3.8. Ausnahmebehandlung

Der Steuerfluss kann den Block nicht nur über Sprünge, sondern auch über *Ausnahmen* verlassen. Der Mechanismus ist hierbei genau dieselbe wie bei Java und C++:

```
try {                                                          // (2.29)
    ... reihung[reihung.Length] ... ; // Ausnahme wegen Indexüberlauf
    ... }
→ catch (System.IndexOutOfRangeException ausnahme) {
    ... } // Sprung hierhin
```

Im Gegensatz zu Java besteht keine Notwendigkeit, der Referenz ausnahme (in der markierten Zeile) einen Namen zu geben, wenn er im **catch**-Block nicht benutzt wird; die Ausnahme kann einfach mit

➜ **catch** (*System*.IndexOutOfRangeException)

aufgefangen werden. Eine Ausnahme wird ähnlich wie in Java ausgelöst:

   throw new AusnahmeException();

AusnahmeException muss hierbei als Unterklasse von *System*.Exception vereinbart worden sein:

   class AusnahmeException : *System*.Exception { } // weitere Elemente möglich

Der wesentliche Unterschied bezüglich Ausnahmen zwischen Java und C♯ besteht darin, dass in C♯ die Ausnahmen im Profil einer Methode nicht deklariert werden können, daher überprüft der Compiler ihre Behandlung nicht: Alle C♯-Ausnahmen sind – in Java-Terminologie – *ungeprüft* (*unchecked*, hat aber nichts mit dem C♯-Schlüsselwort **unchecked** zu tun). Das Schlüsselwort **throws** fehlt in C♯. Ausnahmen können nicht einmal kommentarweise (wie in C++) mit **throw** im Profil einer Methode spezifiziert werden.

Alle Ausnahmen sind Unterklassen von *System*.Exception, die *java.lang*.Error entspricht.

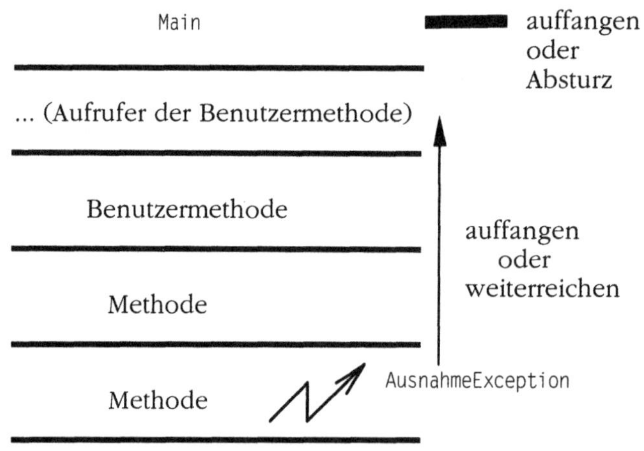

Abbildung 2.10: Verbreitung einer Ausnahme auf dem Stapel

Eine ausgelöste Ausnahme verbreitet sich auf Grund der dynamischen Schachtelung von innen nach außen, d.h. auf dem Stapel (*stack*) von oben nach unten. Wird in einer aufgerufenen Methode (oder in einem aktivierten Block) eine Ausnahme ausgelöst, wird diese Methode beendet, d.h. der Stapeleintrag wird gelöscht. Außerdem wird die aufrufende Methode unterbrochen, d.h. die Anweisung nach dem Aufruf wird nicht mehr ausgeführt. Statt dessen wird der Ausnahmebehandlungsteil dieser Methode (oder dieses Blocks) aktiviert, falls vorhanden. Ist er nicht vorhanden, wird diese Methode (und evtl. nach der Ausführung des **finally**-Blocks) auch beendet und die Ausnahme an die aufrufende Methode weitergereicht. Behandelt diese die

Ausnahme auch nicht, wird sie weiter nach oben gereicht, im Endeffekt bis zur Unterbrechung der Main-Methode.

Im Ausnahmebehandlungsteil kann eine weitere (vielleicht dieselbe) Ausnahme ausgelöst werden: Dann wird diese weitergereicht. Löst der Ausnahmebehandlungsteil keine Ausnahme aus, wird der Aufruf „normal" beendet, d.h. die aufrufende Methode „merkt" nichts von der Ausnahme: Sie wurde vom Ausnahmebehandlungsteil „repariert", die dem Aufruf folgende Anweisung kann ausgeführt werden.

2.3.9. Rekursion

Die Speicherung der lokalen Variablen auf dem Stapel ermöglicht die Programmierung *rekursiver* Methoden, die sich selbst aufrufen. Wenn der Aufruf von sich selbst wiederkehrend erfolgt, liegt hier eine Art Wiederholung vor.

Wir unterscheiden zwischen *direkten* (unmittelbaren) und *indirekten* (mittelbaren) Rekursionen. Im ersten Fall befindet sich der rekursive Aufruf im Rumpf derselben Methode:

```
public static void RekursivDirekt() {                  // (2.30)
    ... RekursivDirekt(); ... }
```

Bei der indirekten Rekursion befindet sich der rekursive Aufruf im Rumpf einer aufgerufenen Methode:

```
public static void RekursivIndirekt1() {               // (2.31)
    ... RekursivIndirekt2(); ... }
public static void RekursivIndirekt2() {
    ... RekursivIndirekt1(); ... }
```

Die Ausführung eines solches rekursiven Programms ist – ohne besondere Maßnahmen – endlos: Wenn die Methode sich selbst aufruft, fängt sie ihre eigene Ausführung erneut an. Sie ruft dann sich selbst wieder auf, sie fängt wieder von vorne an, und so weiter. Man spricht in diesem Fall von *endloser Rekursion*. Weil jeder Aufruf einen neuen Abschnitt des Stapels in Anspruch nimmt, wird hier der Speicherplatz früher oder später erschöpft: Die Ausführung wird mit der Ausnahme *System*.StackOverflowException abgebrochen.

Eine endlose Rekursion kann entweder mit einer if-Anweisung oder mit einer Ausnahme unterbrochen werden:

```
public static void Rekursiv() {                        // (2.32)
    int lokaleVariable;
    try {
        ...
        Aufruf(); // throws UnterbrechungException
        ...
        Rekursiv();
```

```
    ... }
catch (UnterbrechungException) { } }
  // der letzte Aufruf soll „normal" zu Ende gehen
```

Hier wird bei jedem Aufruf der Prozedur `Rekursiv` eine weitere `lokaleVariable` erzeugt. Im gewissen Sinne entstehen viele „Exemplare der Prozedur", d.h. viele Datenbereiche auf dem Stapel:

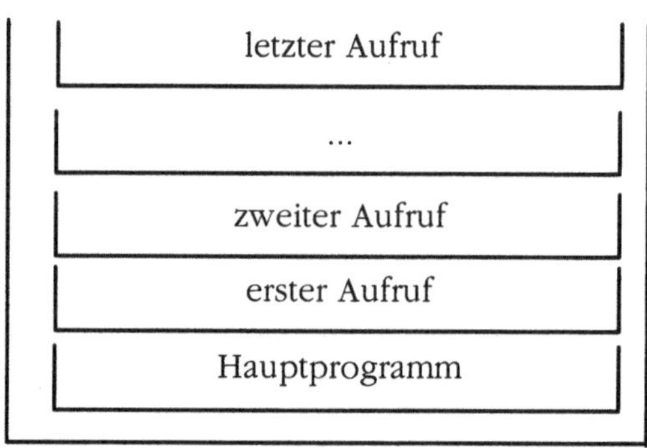

Abbildung 2.11: Stapeln von rekursiven Aufrufen

In älteren Programmiersprachen wie Cobol und Fortran, die Variablen nicht stapeln, ist Rekursion nicht möglich.

Eine Besonderheit der Rekursion ist, dass sie die Wiederholung ersetzen kann. Ein bekanntes Beispiel hierfür ist die *Fakultät*, die wir im Programm (2.21) auf Seite 40 mit Hilfe einer Zählschleife berechnet haben. Die rekursive Berechnung ist auf Grund der Formel

$$n! = 1 \cdot 2 \cdot 3 \cdot \ldots \cdot (n\text{-}1) \cdot n = (n\text{-}1)! \cdot n$$

möglich:

```
int FakRek(int n) {                                      // (2.33)
   if (n <= 1)
      return 1;
   else
      return n * FakRek(n-1); }
```

Rekursive Lösungen sind oftmals einfacher und verständlicher als die iterativen; ihre Abarbeitung ist aber aufwändiger, weil sie zusätzlichen Speicherplatz auf dem Stapel braucht.

2.4. Reihungen

Das Konzept der Reihungen (*array*) ist vergleichbar mit der in C++ und Java; es gibt aber auch deutliche Unterschiede.

2.4.1. Eindimensionale Reihungen

Die Reihungsobjekte werden, wie in Java, explizit erzeugt:

```
int[] tabelle; // Reihungsreferenz                      // (2.34)
→ tabelle = new int[20]; // Reihungsobjekt
  tabelle[5] = 5; // Reihungselement
  object[] liste; // Reihungsreferenz
  liste = new object[20]; // Reihungsobjekt
→ liste[5] = new Button(); // Reihungselement
  int länge = liste.Length; // mit großem L!
```

Im Unterschied zu Java, können die Reihungselemente jedoch nicht nur Referenzen oder Variablen von primitiven Typen (wie in den markierten Zeilen) sein, sondern beliebige Struktur-Objekte (was Basistyp-Variablen eigentlich alle sind):

```
struct Kunde {
    string Name; int bonus; }
Kunde[] kartei = new Kunde[100];
kartei[25] = new Kunde();
    // Kundenobjekt wird nicht referiert, sondern in der Reihung eingebettet
```

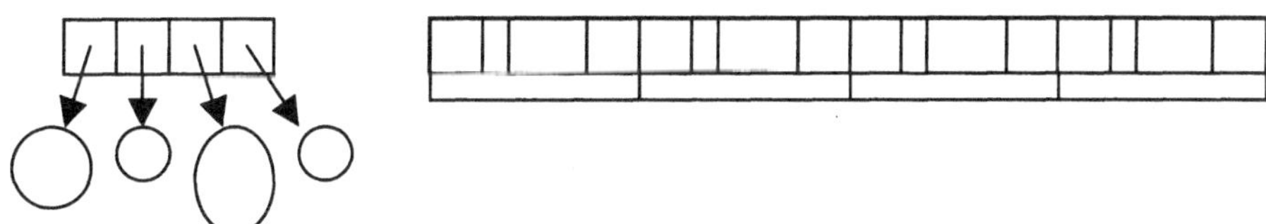

Abbildung 2.12: Referierte und eingebettete Reihungselemente

Der Vorbesetzung von Reihungen dienen *Reihungsliterale:*

```
int[] reihung = new int[5] { 1, 2, 3, 4, 5 };
```

Diese Zeile kann abgekürzt werden mit

```
int[] reihung = new int[] { 1, 2, 3, 4, 5 };
```

Der wesentliche Unterschied bei der Bearbeitung von Reihungen zwischen C++ und C♯ ist, dass ein Zugriff mit einem Index außerhalb der Reihungsgrenzen (wie in Java) zum Auslösen einer Ausnahme führt:

```
reihung[-1] = 0; // throws IndexOutOfRangeException
```

2.4.2. Mehrdimensionale Reihungen

Rechteckige *mehrdimensionale Reihungen* werden wie in Java erzeugt:

```
byte[,] schachbrett = new byte[8,8];
```

Im Gegensatz zu Java und C++, können in C♯ auch *„gezackte"* (*jagged*) Reihungen erzeugt werden: Diese sind dann Reihungen aus Reihungen. Daher muss beim Erzeugen nur die erste Dimension angegeben werden:

```
byte[][] dreieck = new byte[10][];                          // (2.35)
for (int i = 1; i <= dreieck.Length; i++) {
    dreieck[i] = new byte[i];
    for (int j = 0; j < dreieck[i].Length; i++) {
        dreieck[i][j] = (byte)(i * j); } }
```

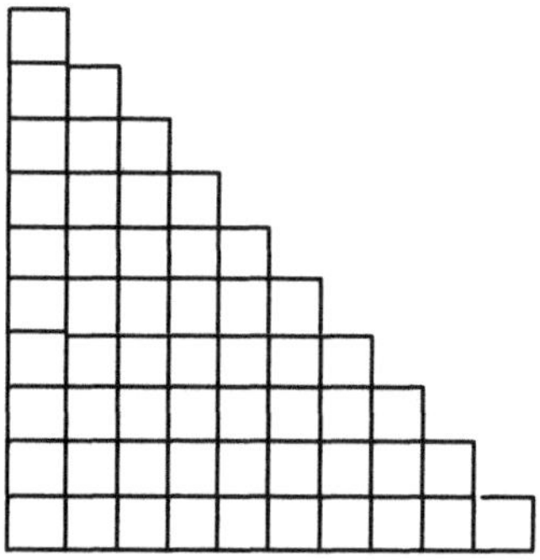

Abbildung 2.13: Gezackte Reihung

Mehrdimensionale Reihungen können mit *geschachtelten Reihungsliteralen* vorbesetzt werden:

```
byte[][] dreieck = new int[][] { new int[] {1, 2, 3, 4, 5}, new int[]
    {1, 2, 3, 4}, new int[] {1, 2, 3}, new int[] {1, 2}, new int[] {1} };
```

wobei das Zählen von Reihungselementen dem Compiler überlassen wird.

2.4.3. Abarbeitung von Reihungen

Reihungen werden typischerweise mit einer Zählschleife (s. Kapitel 2.3.5. auf Seite 40) abgearbeitet. In C♯ steht außerdem noch das Sprachelement **foreach** zur Verfügung, das auch in Zusammenhang mit *Behältern* (*container* oder *collection*) benutzt werden darf (s. Kapitel 5.3.3. auf Seite 126). Auch Reihungen eignen sich zu diesem Zweck.

Der Syntax von **foreach** für Reihungen ist:

```
Elementtyp[] reihung = ... ; ...
foreach (Elementtyp laufvariable in reihung) { ... }
```

Im Rumpf der **foreach**-Schleife sind alle Elemente von reihung aus laufvariable lesbar; eine Zuweisung auf laufvariable ist dabei verboten. Mit **foreach** können also die Elemente einer Reihung sehr einfach erreicht werden:

```
using System;                                               // (2.36)
class ZahlenreiheUmkehren {
```

```
static void Main() {
int[] reihung = new int[10];
    Console.WriteLine("Bitte " + reihung.Length + " Ganzzahlen eingeben: ");
    for (int i = reihung.Length - 1; i >= 0; i--) {
        reihung[i] = Int32.Parse(Console.ReadLine()); }
    Console.WriteLine("Ihre Zahlen in umgekehrter Reihenfolge waren: ");
➜       foreach (int zahl in reihung) {
        Console.Write(" " + zahl); } } }
```

Wie aus dem Beispiel ersichtlich ist, kann reihung mit **foreach** nur gelesen, nicht
aber beschrieben werden: Die lokale Laufvariable zahl in der markierten Zeile
nimmt die Werte des Reihungselements (und nicht des Indexes) auf; eine etwaige
Zuweisung zahl = 5; hätte keine Veränderung in reihung bewirkt.

Es empfiehlt sich, wann immer nur möglich, **foreach** zu benutzen; der Compiler
kann es effizienter übersetzen als die anderen Schleifenarten.

2.4.4. Kommandozeilenparameter

Ähnlich wie in Java und C++, kann die Main-Methode auch einen **string[]**-
Parameter, (d.h. eine Reihung aus Zeichenketten) haben, aus dem die *Kommandozeilenparameter* eingelesen werden können:

```
class Kommandozeilenparameter {                                    // (2.37)
    static void Main(string[] kommandozeilenparameter) {
        System.Console.WriteLine("Ihre Kommandozeilenparameter sind: ");
        foreach (string s in kommandozeilenparameter) {
            System.Console.WriteLine(s); } } }
```

Die letzten zwei Zeilen können auch ohne **foreach** formuliert werden:

```
        for (int i = 0; i < kommandozeilenparameter.Length; i++) {
            System.Console.WriteLine(kommandozeilenparameter[i]); } } }
```

Mit dem folgenden Programm kann man zwei Zahlen addieren:

```
public class Addieren {                                            // (2.38)
    public static void Main(string[] kzp) {
        int a = int.Parse(kzp[0]); // Parse-Methode von System.Int32
        int b = int.Parse(kzp[1]);
        int c = a + b;
        System.Console.WriteLine(a + " + " + b + " = " + c); } }
```

Die Kommandozeilenparameter kzp sollten dabei geprüft werden (am besten mit
try-catch), sonst löst ein Aufruf des Programms ohne Kommandozeilenparameter
eine Ausnahme *System*.IndexOutOfRangeException aus, die (unbehandelt) zum Absturz
des Programms führt (s. Kapitel 2.4. auf Seite 46).

2.4.5. Reihungen als Klassenobjekte

Jede Reihung ist ein Objekt. Die (abstrakte) Oberklasse ist hierbei implizit *System*.Array. Ihre schreibgeschützte (nur lesbare) *Eigenschaft* (*property*, s. Kapitel 4.1. auf Seite 80) Length kann dann von jedem Reihungsobjekt abgefragt werden. Diese Klasse enthält eine ganze Reihe nützlicher Methoden wie BinarySearch, Copy oder Sort. Beispielsweise kann eine Reihung wie in der markierten Zeile sortiert werden:

```
    public static void Main(string[] kzp) {                            // (2.39)
        int[] reihung = new int[kzp.Length];
        for (int i = 0; i < reihung.Length; i++) reihung[i] = int.Parse(kzp[i]);
        System.Console.WriteLine("Unsortiert: ");
        for (int i = 0; i < reihung.Length; i++)
            Console.WriteLine("reihung[" + i + "] =\t" + reihung[i]);
➜       System.Array.Sort(reihung);
        System.Console.WriteLine("Sortiert:");
        for (int i = 0; i < reihung.Length; i++) {
            System.Console.WriteLine("reihung[" + i + "] =\t" + reihung[i]); } }
```

Ähnlich wie **int** eine Abkürzung für *System*.Int32 ist, ist die Benutzung von Reihungen eine Abkürzung für *System*.Array. Daher ist das obige Programm die Kurzform des folgenden Programms, in dem die Elemente von reihung nicht über Indizierung ([]), sondern über ihre Methoden und Eigenschaften erreicht werden:

```
    public static void Main(string[] kzp) {                            // (2.40)
➜       Array reihung = Array.CreateInstance(typeof(int), kzp.Length);
        for (int i = 0; i < reihung.Length; i++)
            reihung.SetValue(int.Parse(kzp[i]), i); // reihung[i]=int.Parse(kzp[i]);
        Console.WriteLine("Unsortiert: ");
        for (int i = reihung.GetLowerBound(0); i <= reihung.GetUpperBound(0); i++){
            Console.WriteLine("reihung[" + i + "] =\t" + reihung.GetValue(i)); }
        Array.Sort(reihung);
        ... // weiter ähnlich
```

In der zweiten Zeile benutzen wir den **typeof**-Operator, um ein Objekt der Klasse *System*.Type zu erhalten, das den Typ **int** repräsentiert. Weil Array eine abstrakte Klasse ist, wird ein Array-Objekt nicht mit **new** erzeugt, sondern über die statische Methode CreateInstance; für diese werden dann die Array-Methoden SetValue, GetLowerBound, GetValue, Sort usw. anstelle der üblichen Reihungszugriffe aufgerufen. Die abstrakte Klasse *System*.Array besitzt auch eine Reihe von schreibgeschützte Eigenschaften, z.B. Rank, mit der die Dimensionalität der Reihung gelesen werden kann. Bei gezackten Reihungen ist sie immer 1. Die Eigenschaft Length gibt bei mehrdimensionalen Reihungen die Gesamtzahl der Elemente aus.

2.5. Sichtbarkeit und Lebensdauer

Unter Sichtbarkeit verstehen wir die Regeln, die bestimmen, von wo aus eine Variable erreicht werden kann. Sie *ist statisch*, d.h. der Bereich erstreckt sich auf die Teile des Programmtextes. Die Lebensdauer ist jedoch dynamisch: Sie besagt, in welchem Zeitraum eine Variable „lebt", d.h. die darin gespeicherten Informationen verfügbar sind. Die Regeln sind im Wesentlichen in allen Programmiersprachen ähnlich.

2.5.1. Sichtbarkeit

In einer Methode können lokale Variablen angelegt und Objekte erzeugt werden:

```
class Sichtbarkeit {                                      // (2.41)
    private static Klasse globalesObjekt = new Klasse();
    private static void Prozedur() { Klasse lokalesObjekt = new Klasse(); }
        // lokale Variablen aus Prozedur (nicht aus Main) erreichbar
    public static void Main() {
        Klasse weiteresObjekt = new Klasse();
        // ein Zugriff auf die Variablen von Prozedur ist nicht möglich
        Prozedur(); // Aufruf (lokalesObjekt wird erzeugt)
        Prozedur(); } } // ein weiterer Aufruf (ein anderes lokalesObjekt)
```

Die in der Prozedur vereinbarten *lokalen Variablen* sind von außen (von anderen Methoden) heraus nicht erreichbar: Sie sind nur in Prozedur *sichtbar*. Ihre *Sichtbarkeit* beschränkt sich auf die Prozedur (genauer genommen: auf den Block, in dem sie vereinbart wurden). Die als **private** vereinbarten *globalen Variablen* sind jedoch in der ganzen Klasse erreichbar: Ihr Sichtbarkeitsbereich ist die Klasse. Die Sichtbarkeit als **internal** vereinbarten globalen Variablen erstreckt sich auf das Quellprogramm, in dem die Klasse vereinbart wurde. Die Sichtbarkeit der als **protected** vereinbarten globalen Variablen erstreckt sich zusätzlich auf alle Unterklassen (auch in anderen Quellprogrammen). Der Sichtbarkeitsbereich der **public** Variablen sind alle Klassen, die diese Klasse ausprägen oder eine Referenz auf ein Objekt der Klasse (z.B. über Konstruktorparameter) besitzen.

Die lokalen Variablen werden beim Eintritt in Prozedur (d.h. unmittelbar nach seinem Aufruf) erzeugt, noch bevor ihre erste Anweisung ausgeführt wird. Beim Verlassen der Prozedur werden sie freigegeben. Infolge dessen sind auch die durch sie referierten Objekte nicht mehr erreichbar. Wenn keine andere Referenz auf sie zeigt, werden sie (automatisch) gelöscht. Bei einem eventuellen nächsten Aufruf der Prozedur werden sie wiederholt angelegt; die Information, die beim vorherigen Verlassen der Prozedur gespeichert wurde, steht nicht mehr zur Verfügung.

Wird ein Objekt beim nächsten Aufruf wieder benötigt, muss eine globale Referenz angelegt werden. Dabei besteht die Gefahr, dass auch andere Methoden auf sie zugreifen und das Objekt (vielleicht versehentlich) verändern können. Der Gebrauch von globalen Variablen sollte also mit Vorsicht geschehen und auf das Nötigste eingeschränkt werden. Sie kosten auch Speicherplatz: Während die globalen Variablen in jedem Objekt (in jeder Ausprägung) der Klasse ständig vorhanden sind, existieren die lokalen Variablen (und die von ihnen referierten Objekte) nur dann, wenn ihre Methode gerade ausgeführt wird.

2.5.2. Lebensdauer

Die *Lebensdauer* einer lokalen Variable ist also die Laufzeit der Methode, in der sie vereinbart wurde. Die Lebensdauer ist breiter als ihre Sichtbarkeit: Die Methode kann andere Methoden aufrufen, in denen die Variable zwar nicht sichtbar ist, während deren Ablauf sie jedoch lebt (ihr Speicherplatz auf dem Stapel bleibt reserviert). Nach der Rückkehr in die Methode ist sie wieder erreichbar. Somit gilt die Ungleichheit für lokale Variablen: Lebensdauer $\supseteq$ Sichtbarkeit. Lebensdauer und Sichtbarkeit sind gleich für lokale Variablen einer Methode, die keine andere Methode aufruft und keine geschachtelte Blöcke enthält.

Betrachten wir ein Programm mit folgender statischen Struktur:

```
class Klasse {                                          // (2.42)
    static void Main() {
        Prozedur1(); Prozedur2(); }
    static void Prozedur1() { Prozedur2(); }
    static void Prozedur2() { Prozedur3(); }
    static void Prozedur3() { .. ; } // kein Aufruf
```

Der Ablauf dieses Programms wird durch die folgende dynamische Struktur (entlang der Zeitachse von oben nach unten) dargestellt:

```
Main() {
  Prozedur1();
    Prozedur1() {
        Prozedur2();
        Prozedur2() {
            Prozedur3();
            Prozedur3() { ... }


  Prozedur2();
    Prozedur2() {
        Prozedur3();
        Prozedur3()
```

Abbildung 2.14: Dynamische Struktur

Hierbei kann man die Lebensdauer der Variablen durch die dynamische Struktur erkennen, während ihre Sichtbarkeit durch die statische Struktur (aufgrund des Programmtextes) veranschaulicht wird:

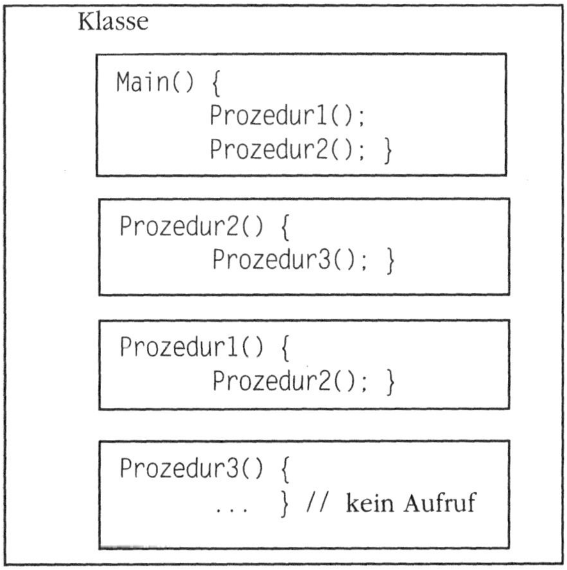

```
Klasse

   Main() {
          Prozedur1();
          Prozedur2(); }

   Prozedur2() {
          Prozedur3(); }

   Prozedur1() {
          Prozedur2(); }

   Prozedur3() {
          ...   } // kein Aufruf
```

Abbildung 2.15: Statische Struktur

• Die globalen Variablen der Klasse sind überall sichtbar und leben von Anfang bis Ende der `Main`-Methode (Lebensdauer des Klassenobjekts).

• Die lokalen Variablen der Methode `Main` sind nur in der `Main`-Methode sichtbar (nicht aber in den Prozeduren); sie leben jedoch ebenfalls von Anfang bis Ende der `Main`-Methode.

• Die lokalen Variablen der Methode `Prozedur1` sind nur in der Methode `Prozedur1` sichtbar. Sie leben vom Aufruf der Methode `Prozedur1` an auch während des Ablaufs der Methoden `Prozedur2` und `Prozedur3`, obwohl sie von hier aus nicht sichtbar sind. Nach der Beendigung der Methode `Prozedur2` sind sie wieder sichtbar.

• Die lokalen Variablen der Methode `Prozedur2` sind – wie alle anderen lokalen Variablen – nur in der Methode `Prozedur2` sichtbar. Sie leben vom Aufruf der Methode `Prozedur2` an auch während des Ablaufs der Methode `Prozedur3`, obwohl sie von hier aus nicht sichtbar sind. Nach der Beendigung der Methode `Prozedur3` sind sie wieder sichtbar und sie stehen bis zum Ende von `Prozedur2` zur Verfügung.

• Die lokalen Variablen der Methode `Prozedur3` sind nur hier sichtbar und leben während deren Ablauf. Da sie keine weiteren Methoden aufruft, sind ihre Lebensdauer und Sichtbarkeit gleich.

2.5.3. Sichtbarkeitsstufen

C# hat folgende Sichtbarkeitsstufen für Variablen:

• Lokale Variablen werden innerhalb einer Methode definiert und sind nur innerhalb des Methodenrumpfs sichtbar. Ihre Lebensdauer ist die Ausführungszeit eines Methodenaufrufs.

• Globale Variablen werden außerhalb von Methoden (auf Klassenebene) definiert. Ihre Lebensdauer ist gleich der des jeweiligen Klassenobjekts. Ihre Sichtbarkeit wird – ebenso wie die von Methoden – bei der Definition festgelegt. Jedes Element (Variable oder Methode, aber auch innere Typen) einer Klasse hat einen Zugriffsschutz. Er bestimmt, wer auf dieses Element zugreifen darf. In C# gibt es folgende Zugriffsschutzebenen:

- lokal – Zugriff nur innerhalb der Methode
- privat (`private`) – Zugriff nur innerhalb der Klasse
- intern geschützt (`protected internal`) – wie privat, zusätzlich Zugriff aus Unterklassen innerhalb der Quellprogrammdatei
- intern (`internal`) – Zugriff innerhalb der Quellprogrammdatei
- geschützt (`protected`) – Zugriff wie intern, zusätzlich für alle Unterklassen (auch aus anderen Quellprogrammdateien)
- öffentlich (`public`) – Zugriff wie geschützt, zusätzlich für alle, die eine Referenz auf ein Objekt der Klasse haben
- statisch (`public static`) – Zugriff für alle (über den Klassennamen)

Tabellarisch kann dies folgendermaßen zusammengefasst werden:

Sichtbarkeit	Kennzeichnung	Erreichbarkeit
privat	`private`	aus der Klasse
intern geschützt	`internal protected`	aus Unterklassen im Quellprogramm
intern	`internal`	aus Klassen des Quellprogramms
geschützt	`protected`	aus Unterklassen
öffentlich	`public`	aus Kundenklassen über Referenz
statisch	`static public`	aus allen Klassen

Tabelle 2.16: Sichtbarkeitsstufen in C#

Eine Sonderstellung bezüglich Lebensdauer haben die Klassenelemente (`static`-Variablen): Sie entstehen, sobald ein Element der Klasse angesprochen (z.B. eine `static`-Methode aufgerufen oder ein Objekt ausgeprägt) wird, und leben bis zum Programmende.

Auch wenn kein Zugriffsschutz angegeben wird, besteht immer ein impliziter Zugriffsschutz. Verschiedene Elemente von verschiedenen Programmteilen können mit folgendem, vom impliziten abweichendem Zugriffsschutz versehen werden:

Elemente von	implizit	explizit
namespace	public	internal
enum	public	keine
interface	public	keine
class	private	alle
struct	private	public, internal, private

Tabelle 2.17: Impliziter und möglicher expliziter Zugriffsschutz

Das Prinzip der Verwendung von Zugriffsschutz ist, die Sichtbarkeit so weit einzuschränken, wie nur möglich und sinnvoll ist. Eine Variable sollte möglichst lokal vereinbart werden; sie soll nur dann global sein, wenn ihr Wert auch nach der Beendigung der Methode (z.B. aus anderen Methoden heraus) benötigt wird. Dann aber soll sie möglichst **private** definiert werden. Nur dann soll sie **intern** oder **protected** sein, wenn es nötig ist, sie aus anderen Klassen des Quellprogramms oder aus Unterklassen zu erreichen. Variablen sollen nur dann öffentlich sein, wenn die Funktionalität der Klasse dies verlangt.

Ebenso sollte eine Methode den Zugriffsschutz **private** erhalten, außer wenn es Gründe gibt, sie aus anderen Klassen des Quellprogramms oder aus Unterklassen aufrufen zu lassen (**protected** oder **public**).

3. Objektorientierte Sprachelemente

Im Gegensatz zur *Programmierung im Kleinen*, wo die klassischen Sprachelemente benutzt werden, kommen bei der *Programmierung im Großen* die objektorientierten Sprachelemente zum Einsatz. Hier werden die Zusammenhänge zwischen Programmeinheiten behandelt, die sich in der Regel nicht innerhalb eines Klassenrumpfes befinden: Typen, Klassen, Schnittstellen, Bibliotheken (*library*), Namensräume (*name space*) usw.

3.1. Klassen und Strukturen

In C++ weisen Klassen (`class`) und Strukturen (`struct`) nur leichte Unterschiede im Bezug auf Standardannahmen von Sichtbarkeit (`public` oder `private`) auf. In C♯ werden diese Begriffe für die Unterscheidung benutzt, ob Objekte auf dem Stapel oder auf der Halde gespeichert werden.

3.1.1. Stapel- und Haldenobjekte

In Java ist es einfach: Alle Variablen werden auf dem *Stapel* (*stack*), alle Objekte werden auf der *Halde* (*heap*) angelegt. Auch in C++ gibt es Stapelobjekte; dort wird beim Erzeugen des <u>Objekts</u> entschieden, ob es auf dem Stapel oder auf der Halde gespeichert wird: Objekte, die mit **new** erzeugt werden, kommen auf die Halde; alle anderen auf den Stapel. In C♯ hingegen wird bei der Definition des <u>Typs</u> entschieden, ob seine Objekte auf der Halde (`class`) oder auf dem Stapel (`struct`) gespeichert werden.

Objekte von primitiven Typen (z.B. `System.Int32`, d.h. `int`) werden auf dem Stapel gespeichert; ebenso **enum**-Objekte. Bei der Definition eines eigenen Typs muss der Programmierer die Entscheidung treffen: Für Haldenobjekte benutzt man das Schlüsselwort **class**, für Stapelobjekte benutzt man das Schlüsselwort **struct**.

struct-Objekte werden nicht mit **new** erzeugt; sie entstehen wie lokale Variablen zu Beginn der Ausführung des Blocks, in dem sie vereinbart wurden, und werden beim Verlassen des Blocks verworfen. Sie werden als Parameter nicht – wie Java-Objekte – per Referenz, sondern per Wert übergeben (s. Kapitel 2.2.6. auf Seite 30):

```
class Klasse { public int wert; }                                    // (3.1)
struct Struktur { public int wert; }
class Programm {
    private static void Methode(Struktur struktur) { struktur.wert = 2; }
    private static void Methode(Klasse klasse) { klasse.wert = 2; }
    public static void Main() {
        Klasse klasse = new Klasse();
        Struktur struktur; // auch ohne new Objekt (auf dem Stapel) entstanden
        struktur.wert = 1; klasse.wert = 1;
```

```
➜      Methode(struktur); // Struktur-Objekt wird per Wert übergeben
       Methode(klasse); // Klasse-Objekt wird per Referenz übergeben
       System.Console.WriteLine("wert = " + struktur.wert);
          // Ausgabe: wert = 1 (unverändert)
       System.Console.WriteLine("wert = " + klasse.wert); } }
          // Ausgabe: wert = 2 (verändert)
```

Der Parameter struktur wird in der markierten Zeile an Methode per Wert übergeben: Die Veränderung in Methode (wert = 2) findet auf einer lokalen Kopie statt, die Ausgabe in der vorletzten Zeile findet den unveränderten Wert vor. Demgegenüber wird der Parameter klasse nach der markierten Zeile wird an (die überladene) Methode per Referenz übergeben: Die Veränderung in Methode (wert = 2) findet am Originalobjekt auf der Halde statt, in der letzten Zeile wird der veränderte Wert ausgegeben.

Für Strukturobjekte wird der Speicherplatz also nicht durch **new** reserviert, wie für Klassenobjekte; **new** dient nur für die Vorbesetzung (Initialisierung) der Strukturelemente.

Als Beispiel betrachten wir eine Struktur, in der Koordinaten eines Punkts gespeichert werden können:

```
    struct Punkt {                                                  // (3.2)
       private int x, y;
       public Punkt(int x, int y) { this.x = x; this.y = y; }
       public void SetX(int x) { this.x = x; }
       public int X() { return x; }
       public void SetY(int y) { this.y = y; }
       public int Y() { return y; }
       public static void Main() {
➜         Punkt nullPunkt; // wird mit 0 initialisiert
➜         Punkt punkt = new Punkt(10, 20);
          System.Console.WriteLine("X: " + punkt.X() + "; Y: " + punkt.Y()); } }
```

Das Strukturobjekt nullPunkt wird auf dem Stapel angelegt und seine Elemente werden so durch den impliziten Konstruktor mit 0 vorbesetzt. Das Strukturobjekt punkt wird ebenfalls am Stapel angelegt; **new** bewirkt nur, dass seine Elemente mit dem expliziten Konstruktor vorbesetzt werden. Der Zugriff auf die Elemente (in der letzten Zeile) erfolgt wie üblich über öffentliche Methoden.

3.1.2. Eingebettete und referierte Objekte

Strukturobjekte als globale nicht-**static** Variablen einer Klasse werden in die Objekte dieser Klasse eingebettet; Klassenobjekte (wie alle Java-Objekte) hingegen werden referiert.

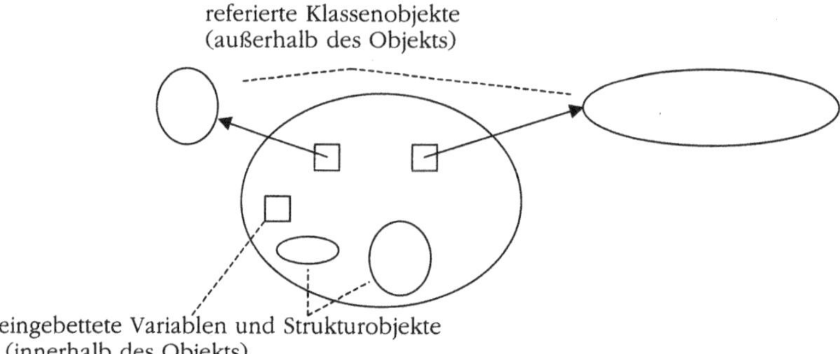

Abbildung 3.1: Eingebettete und referierte Objekte

Auch Reihungen aus Strukturobjekten wird nicht referiert, sondern eingebettet (s. Abbildung 2.12 auf Seite 47).

Eingebettete Strukturobjekte werden zusammen mit dem einbettenden Objekt erzeugt und verworfen. Sie können auch nicht referiert werden. Die Zuweisung zwischen Strukturobjekten ist ein Kopiervorgang:

```
Struktur objekt2 = objekt1; // keine Referenzzuweisung sondern Kopie
```

Weil der Standardtyp *System*.String (s. Kapitel 5.1.1. auf Seite 112) auch als **struct** vereinbart wurde, kopiert die Zuweisung nicht die Referenz, sondern die Zeichenkette:

```
string zeichenkette2 = zeichenkette1; // Kopie, auch wenn lang
```

Der **new**-Operator bedeutet in C♯ also nicht die Erzeugung eines Haldenobjekts (wie in Java und C++), nur wenn er auf eine *Klasse* angewendet wird. Für eine *Struktur* bedeutet er lediglich den Aufruf des Konstruktors, d.h. die Initialisierung des Strukturobjekts – kein neues Objekt wird erzeugt.

Strukturen werden oft auch „leichtgewichtige" Klassen (*lightweight class*) genannt. Sie spielen gegenüber Klassen eine untergeordnete Rolle: Sie dienen nur dazu, Daten und Methoden zu kapseln, nicht aber zur Verwendung fortschrittlicher Mechanismen der Objektorientierten Programmierung wie Vererbung und Polymorphie, die im Kapitel 3.3. auf Seite 62 behandelt werden.

3.1.3. Elemente von Klassen

Klassen können folgende Elemente enthalten:

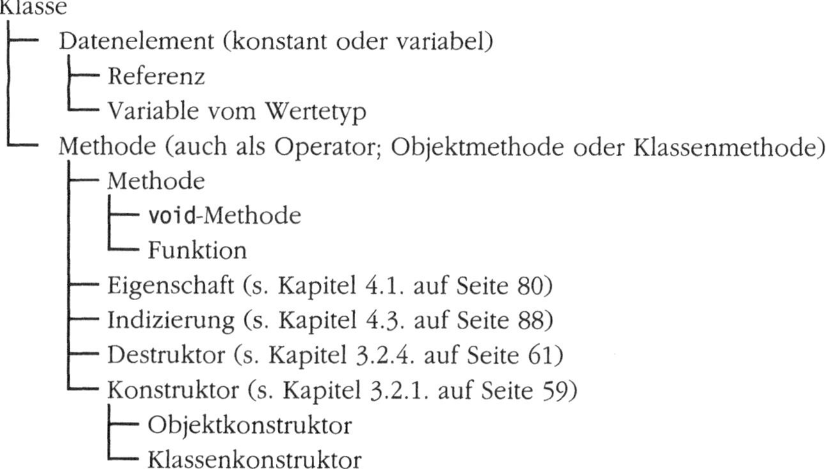

3.2. Ausprägung

Aus Klassen werden Objekte erzeugt. Man spricht dabei vom *Ausprägen* oder *Instanziieren* einer Klasse. Hierbei wird ein Konstruktor der auszuprägenden Klasse aufgerufen.

3.2.1. Konstruktoren

In C♯ gibt es *Objektkonstruktoren* (*instance constructor*) und einen *Klassenkonstruktor* (*static constructor*). Letzterer wird unmittelbar vor dem ersten Zugriff auf ein static-Element der Klasse oder vor dem ersten Erzeugen eines Objekts (mit new) aufgerufen; typischerweise werden hier static-Variablen der Klasse initialisiert. Ein Objektkonstruktor wird aufgerufen, wenn ein Objekt der Klasse erzeugt wird.

3.2.2. Objektkonstruktoren

Konstruktoren werden – wie in Java und C++ – nicht vererbt. Jede Klasse hat mindesten einen (ggf. impliziten) Konstruktor: Wenn in der Klasse kein Konstruktor definiert wurde, dann ist der implizite Konstruktor parameterlos und besteht aus dem Aufruf des Oberklassenkonstruktors. In C♯ kann dies folgendermaßen explizit programmiert werden:

```
class Klasse : OberKlasse {                           // (3.3)
    public Klasse() : base() { } // parameterloser leerer Konstruktor
    ...
```

base() entspricht Javas Aufruf von super(). Der Doppelpunkt wurde von C++ übernommen: Dort heißt der Programmteil zwischen : und { *Initialisierungsliste.* In C♯ dürfen hier aber keine Variablen initialisiert werden.

Jeder Konstruktor ruft als erstes einen anderen Konstruktor auf. Dies kann ein (evtl. parametrisierter) Oberklassenkonstruktor oder ein anderer Konstruktor derselben Klasse sein:

```
public Klasse(int i) : base(i) { } // Aufruf des Oberklassenkonstruktors
public Klasse(string s) : this(s.Length) { // Aufruf des ersten Konstruktors
    System.Console.WriteLine(s); } // oder andere Verwertung des Parameters
```

Wenn die Initialisierungsliste fehlt, wird der parameterlose **base**() implizit aufgerufen.

Vor der Ausführung des Konstruktors werden die globalen Variablen mit ihren Vorbesetzungswerten initialisiert. Bei der Vorbesetzung dürfen nur konstante Werte oder **static**-Methoden verwendet werden:

```
private double sin = System.Math.Sin(1.0);
private double d = Fkt(3.14); // Fkt muss static sein
```

Konstruktoren haben, wie alle Elemente, Zugriffsschutz. Wenn die Oberklasse keinen Konstruktor mit erreichbarem Zugriffsschutz (z.B. **protected**) hat, kann sie nicht erweitert werden. Wenn eine Klasse keinen öffentlichen (**public**) Konstruktor hat, kann sie in einem anderen Programm nicht ausgeprägt werden. Manche Klassen haben einen öffentlichen Konstruktor und weitere Konstruktoren mit eingeschränktem Zugriffsschutz für eigene Zwecke.

struct-Konstruktoren müssen parametrisiert sein, d.h. der implizite Konstruktor (der alle Elemente mit Nullwerten besetzt) kann nicht überschrieben werden. Alle Datenelemente (die globalen Variablen) einer Struktur müssen im Konstruktor initialisiert werden. Eine Struktur kann auch ohne **new** angelegt werden: Dann wird kein Konstruktor aufgerufen, sondern ihre Elemente gelten als nicht besetzt:

```
        Struktur objekt1; // uninitialisiertes Element
⊠       ... = objekt1.element1; // Fehler: Element unbesetzt
        objekt1.element1 = ...; // Element wird besetzt
        Struktur objekt2 = new Struktur(5); // Konstruktor wird aufgerufen,
            // Variablen werden (ggf. standardmäßig) besetzt
```

3.2.3. Klassenkonstruktoren

Einem *Klassenkonstruktor* (*static constructor*) in C♯ entspricht dem **static**-Block in Java. Er läuft vor dem ersten Zugriff auf ein Element der Klasse ab. Typischerweise werden hier **static**-Variablen initialisiert:

```
    class ErsteKlasse {                                         // (3.4)
➜       static ErsteKlasse() {
            System.Console.WriteLine("Klassenkonstruktor von ErsteKlasse "); }
        public ErsteKlasse() {
            System.Console.WriteLine("Objektkonstruktor von ErsteKlasse "); } }
```

```
class ZweiteKlasse {
    static ZweiteKlasse() {
        System.Console.WriteLine("Klassenkonstruktor von ZweiteKlasse"); }
    public static void Prozedur() {
        System.Console.WriteLine("Prozedur"); } }
class Klassenkonstruktoren {
    static void Main() {
        new ErsteKlasse();
        ZweiteKlasse.Prozedur(); } }
```

In diesem Hauptprogramm wird also zuerst der Klassenkonstruktor von ErsteKlasse aufgerufen, dann ihr Objektkonstruktor; anschließend der Klassenkonstruktor von ZweiteKlasse, schließlich Prozedur.

In C++ gibt es nichts Entsprechendes: Dort müssen statische Variablen global definiert und initialisiert werden.

Für Klassen ohne expliziten Klassenkonstruktor generiert der Compiler einen privaten impliziten Klassenkonstruktor.

3.2.4. Destruktoren

Ein Konstruktor wird beim Erzeugen eines Objekts aufgerufen, der *Destruktor* bei ihrer Entsorgung durch die automatischen Speicherbereinigung. In jeder Klasse kann ein Destruktor vereinbart werden. Er ist immer parameterlos und wird ähnlich wie ein Konstruktor vereinbart, jedoch mit einem Zeichen ~ vor seinem Namen (wie in C++):

```
public ~Klasse() : { datei.Close(); }
```

In Java entspricht er der Methode finalize() der Klasse Object.

Destruktoren spielen in C++ eine weit wichtigere Rolle, da dort die Speicherfreigabe explizit erfolgen muss; ein Destruktor ist der beste Platz, den Speicher (mit **delete**) freizugeben, der im Objekt mit **new** (typischerweise im Konstruktor) belegt wurde. In Java und in C♯ wird diese Aufgabe von der automatischen Speicherbereinigung übernommen. In Destruktoren müssen nur andere Ressourcen freigegeben werden (wie z.B. Dateien geschlossen) werden, die vom Objekt in Anspruch genommen wurden.

Dieses Konzept hat sich wesentlich weniger fehleranfällig erwiesen als das in C++. Eines seiner Schwächen ist jedoch, dass der Zeitpunkt, zu dem der Destruktor aufgerufen wird, nicht in den Händen des Programmierers liegt. Es ist nicht einmal garantiert, dass der Destruktor jemals aufgerufen wird: Wenn ein Programm abstürzt (z.B. wegen einer nicht aufgefangenen Ausnahme zu Ende geht), kann z.B. eine Telefonleitung belegt bleiben. Mit Hilfe der Klasse *System*.GC kann jedoch das Verhalten der Laufzeitumgebung gesteuert werden (s. Kapitel 9.1.9. auf Seite 241):

```
System.GC.Collect(); // Speicherbereinigung wird jetzt erzwungen
System.GC.WaitForPendingFinalizers(); // wartet, bis alle Destruktoren fertig sind
```

Wie Konstruktoren werden auch Destruktoren nicht vererbt. Wie in C++ und Java werden Oberklassendestruktoren nur implizit (nach dem eigenen Destruktor) aufgerufen.

Im Prinzip besteht die Möglichkeit, im Destruktor das Objekt „aufzuerwecken", d.h. seine Adresse (auffindbar mit der Referenz `this`, die immer das aktuelle Objekt referiert) wieder einer Referenz zuzuweisen. Dieses Kavaliersdelikt sollte jedoch lieber unterlassen werden.

3.3. Die Vererbungshierarchie

Zuerst untersuchen wir die Sprachmechanismen innerhalb einer Vererbungshierarchie.

3.3.1. Vererbung

Bei der Vereinbarung von Unterklassen wird anstelle der Java-Wörter **extends** und **implements** wie in C++ ein Doppelpunkt gebraucht:

```
class OberKlasse { ... }                                        // (3.5)
 class UnterKlasse : OberKlasse { ... } // alles von OberKlasse vererbt
 interface Schnittstelle { ... } // nur Prototypen der Methoden
 class Implementierung : Schnittstelle { ... } // alle Methoden mit Rümpfen
```

Ähnlich wie in Java, hat jede Klasse nur eine Oberklasse (es gibt also keine Mehrfachvererbung wie in C++, s. Kapitel 6.6.4. auf Seite 177). Eine Klasse kann jedoch neben einer Oberklasse weitere Schnittstellen implementieren:

```
class Klasse : OberKlasse, Schnittstelle { }
 // leerer Rumpf reicht, wenn OberKlasse alle Methoden von Schnittstelle enthält
```

Die Reihenfolge ist wie in Java: Zuerst muss die Oberklasse – falls es sie gibt – angegeben, anschließend dürfen Schnittstellen aufgelistet werden.

Referenzen vom Typ einer Oberklasse oder einer Schnittstelle können Objekte einer Unterklasse referieren (nicht aber umgekehrt). Gegebenenfalls ist explizite Typkonvertierung notwendig (s. Kapitel 3.3.6. auf Seite 68):

```
OberKlasse referenz = new Klasse(); // Unterklassenobjekt
Schnittstelle r = (Schnittstelle)referenz;
```

Klassen, die mit dem Schlüsselwort **sealed** (in Java: **final**) gekennzeichnet werden, können nicht erweitert werden.

Strukturen können nicht erweitert werden. Wenn für `Punkt` aus dem Programm (3.2) auf Seite 57 Erweiterung nötig ist, muss eine Klasse vereinbart werden:

```
class Punkt {                                          // (3.6)
    protected int x, y;
    ... // wie im Programm (3.2) auf Seite 57
    public virtual void Ausgeben() {
        System.Console.Write("X: " + x + " ");
        System.Console.Write("Y: " + y + " "); } }
class Punkt3D : Punkt {
    private int z;
    public Punkt3D(int x, int y, int z) : base(x, y) {
        this.z = z; }
    public int Z() { return z; }
    public override void Ausgeben() {
        base.Ausgeben(); // geerbte Methode
        System.Console.Write("Z: " + z); }
    public static void Main() {
        Punkt3D nullPunkt; // kein Objekt (im Gegensatz zu struct-Version)
        Punkt3D punkt = new Punkt3D(10, 20, 30);
        ... } }
```

In C♯ gibt es keine anonyme Erweiterung wie in Java:

⊠ `new` OberKlasse() { ... } // Erweiterung; nur in Java

3.3.2. Überschreiben von Methoden

Für das *Überladen* (*overload*) und *Überschreiben* (*override*) von Methoden gelten dieselben Regeln wie in Java:

• Wenn eine Methode mit demselben Namen, aber anderer Signatur (Anzahl und Typ der Parameter) in derselben Klasse vorkommt, spricht man von *Überladen*. Eigentlich handelt es sich dann um eine andere Methode mit demselben Namen.

• Wenn eine Methode mit demselben Namen und derselben Signatur in einer Unterklasse vorkommt, dann *überschreibt* sie die Oberklassenmethode. Sie muss denselben Ergebnistyp (z.B. `void`) und darf keinen engeren Zugriffsschutz haben. Die weiteren Attribute (wie `static`) müssen identisch sein. Das Überschreiben muss mit dem Schlüsselwort `override` gekennzeichnet werden, andernfalls gibt der Compiler eine Warnung aus. In C♯ dürfen nur `virtual` Methoden überschrieben werden (s. Kapitel 3.3.8. auf Seite 72).

Es ist aber – im Gegensatz zu Java – auch möglich, eine Methode mit derselben Signatur in einer Unterklasse zu *überladen*. Hierzu muss sie mit dem Attribut `new` versehen werden. In diesem Fall *verdeckt* (*hide*) die neue Methode die alte (ähnlich, wie eine Variable im inneren Block die Variable mit demselben Namen im äußeren Block verdeckt):

```
class OberKlasse {                                     // (3.7)
    protected virtual void Methode() { ... }
```

```
    protected virtual int Funktion() { ... } }
class UnterKlasse : OberKlasse {
    protected new void Methode() { ... } // überschreibt nicht, sondern verdeckt
    protected override int Funktion() { ... } } // überschreibt
```

Diese Unterscheidung ist für die Polymorphie (s. Kapitel 3.3.8. auf Seite 72) und für Versionen (s. Kapitel 4.7. auf Seite 104) wichtig.

Methoden, die mit dem Schlüsselwort **sealed** (in Java: **final**) gekennzeichnet sind, können nicht überschrieben werden.

Aus einer überschreibenden Methode kann die überschriebene Methode mit **base** (in Java: **super**) erreicht werden.

```
base.Methode(); // Aufruf der Methode aus der OberKlasse
```

base ist generell geeignet, ein beliebiges Element der Oberklasse aus der Unterklasse zu erreichen. Leider gibt es kein **base.base**, daher können überschriebene Methoden weiter oben in der Klassenhierarchie nicht mehr erreicht werden. Wenn dies nötig ist, muss ein Trick (wie im Kapitel 7.2.5. auf Seite 217) verwendet werden.

3.3.3. Aufwärtskompatibilität von Referenzen

C♯ ist eine streng typisierte Sprache. Dies bedeutet, dass aktueller und formaler Parameter einer Methode oder auch die rechte und linke Seite einer Zuweisung von kompatiblen Typen sein müssen. Für Basistypen gelten hierfür die im Kapitel 2.1.9. auf Seite 22 aufgeführten Konvertierungen; Referenzen sind zueinander kompatibel, wenn sich ihre Typen innerhalb einer Klassenhierarchie befinden.

Für ein Objekt können Methoden aufgerufen werden, die in seiner Klasse oder in derer Oberklasse vereinbart wurden. Man sagt, die Unterklasse *erbt* die (**public** oder **protected**) Methoden der Oberklasse.

Wir können diese Regel auch folgendermaßen umformulieren: Eine Methode kann nicht nur für Objekte der Klasse aufgerufen werden, in der sie vereinbart wurde, sondern auch für Objekte ihrer Unterklassen:

```
class OberKlasse {                                              // (3.8)
    public virtual void OberMethode() { ... } ... }
class UnterKlasse : OberKlasse {
    public virtual void UnterMethode() { ... } ... }
class Programm {
    static void Main() {
        UnterKlasse unterReferenz = new UnterKlasse();
➜       unterReferenz.OberMethode(); // Objekt der UnterKlasse
        // Eine ähnliche Regel gilt auch für die Parameter einer Methode:
➜       Prozedur(unterReferenz); } // Unterklassenobjekt, Oberklassenparameter
    static void Prozedur(OberKlasse parameter) { ... } }
```

Somit ist es möglich, eine Methode mit einem OberKlasse-Parameter für ein Objekt der UnterKlasse aufzurufen. Ähnlich kann in eine Referenz vom Typ OberKlasse die Adresse eines Objekts der UnterKlasse gespeichert werden:

```
class Aufwärtskompatibel { // Vereinbarungen aus (3.8)              // (3.9)
    static void Prozedur(OberKlasse parameter) {
        parameter.OberMethode(); }
    static void Main() {
        OberKlasse oberReferenz = new OberKlasse();
        UnterKlasse unterReferenz = new UnterKlasse();
➜       oberReferenz = unterReferenz; // Aufwärtskompatibel
        oberReferenz.OberMethode();
        Prozedur(unterReferenz); } }
        // Objekt der UnterKlasse übergeben als Parameter der Oberklasse
```

Wir sagen, dass UnterKlasse *aufwärtskompatibel* zur OberKlasse ist. Die letzten drei Zeilen des Programms (3.9) nutzen diese Tatasche aus: Ein Methodenaufruf, eine Parameterübergabe und eine Zuweisung ist bei Aufwärtskompatibilität erlaubt. Am Beispiel der Zuweisung stellen wir dies in der Abbildung 3.2 dar: Wenn einer Referenz der Oberklasse eine Referenz der Unterklasse zugewiesen wird, erfolgt die Zuweisung (Kopieren eines Referenzwerts) von unten nach oben.

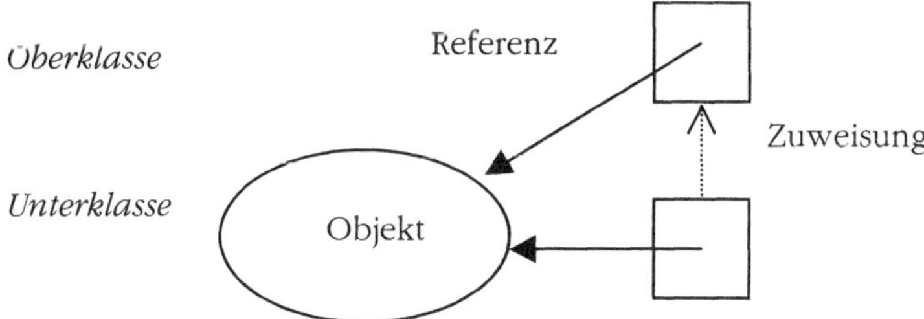

Abbildung 3.2: Zuweisung mit Aufwärtskompatibilität

Die Abbildung 3.2 zeigt, dass eine Referenz der Oberklasse ein Objekt der Unterklasse referieren kann: Der Inhalt einer Referenz darf „von unten nach oben" ohne weiteres kopiert werden; die Aufwärtskompatibilität in C♯ ist implizit. Die umgekehrte Richtung („abwärts") ist – wie im nächsten Kapitel erörtert – nur explizit möglich.

Generell gilt: Ein Objekt der Unterklasse kann wie ein Objekt der Oberklasse benutzt werden – es ist *aufwärts* kompatibel. Man sagt auch, dass die Unterklasse eine *Spezialisierung* der Oberklasse ist: Ein Objekt von UnterKlasse ist ein Objekt auch der Klasse OberKlasse, und zwar eine spezielle Art. Weil UnterKlasse eine *Erweiterung* von OberKlasse ist, kann dies so angesehen werden, dass ein Objekt von UnterKlasse ein (i.A. kleineres) Objekt von OberKlasse beinhaltet.

Man sagt auch, ein Objekt von UnterKlasse (wie auf der Abbildung 3.2) kann sich wie ein Objekt von OberKlasse benehmen: Wenn es von einer Referenz vom Typ

OberKlasse referiert wird, können für das Unterklassenobjekt nur Oberklassenmethoden aufgerufen werden.

```
UnterKlasse unterReferenz = new UnterKlasse();                       // (3.10)
unterReferenz.UnterMethode(); // OK: UnterMethode ist in der Klasse der Referenz
unterReferenz.OberMethode(); // OK: OberMethode vererbt an UnterKlasse
OberKlasse oberReferenz = unterReferenz; // aufwärtskompatible Zuweisung
        // UnterKlasse-Objekt jetzt referiert von oberReferenz
```
→ `oberReferenz.OberMethode(); // OK: OberMethode ist in der Klasse der Referenz`
⊠ `oberReferenz.UnterMethode(); // Fehler: UnterMethode nicht in Klasse der Referenz`

Eine Unterklassenmethode kann für das Unterklassenobjekt nicht aufgerufen werden, wenn es von einer Oberklassenreferenz („von oben") referiert wird: Der Compiler kann nämlich i.A. nicht feststellen, welches Objekt von der Referenz zur Laufzeit referiert wird. Es kann die Gültigkeit des Methodenaufrufs nur aufgrund der Klasse der Referenz nachprüfen.

Eine Oberklassenreferenz kann Objekte auch unterschiedlicher Unterklassen referieren. Man kann sich dies wie eine aufgehängte Lampe vorstellen: Der Haken in der Decke (entspricht der Referenz) wird vom Compiler festgeschraubt, es können aber zur Laufzeit unterschiedliche Lampen daran gehängt werden. Zu einem Zeitpunkt kann eine Referenz selbstverständlich nur ein Objekt referieren:

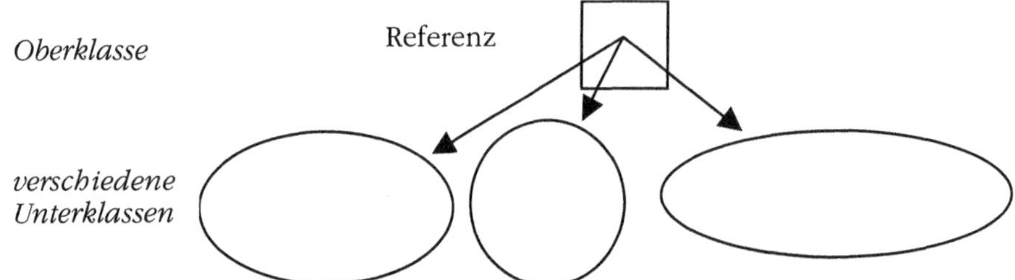

Abbildung 3.3: Unterklassenobjekte und Oberklassenreferenz

Beispielsweise kann für die Klasse Punkt aus dem Programm (3.6) auf Seite 63 eine zweite Unterklasse angefertigt werden:

```
class FarbigerPunkt : Punkt {                                       // (3.11)
    private Farbe farbe;
    public FarbigerPunkt(int x, int y, Farbe f) : base(x, y) {
        this.farbe = farbe; }
    public override void Ausgeben() {
        base.Ausgeben();
        System.Console.Write("Farbe: " + farbe); }
    public static void Main() {
        Punkt punkt; // Oberklassenreferenz
```
→ `        punkt = new Punkt3D(10, 20, 30); // Unterklassenobjekt`

```
➜          punkt = new FarbigerPunkt(10, 20, Farbe.Rot); // Unterklassenobjekt
           ... } }
```

Die Oberklassenreferenz `Punkt` kann also sowohl ein Objekt der Unterklasse `Punkt3D` wie auch der Unterklasse `FarbigerPunkt` referieren. Beim Versuch jedoch, `punkt.Z()` oder `punkt.Farbe()` aufzurufen, würde der Compiler Fehler melden, weil sich diese Methoden nicht in der Oberklasse befinden.

Dieser Mechanismus ist gleich wie in Java und ähnlich wie bei C++-Zeiger.

3.3.4. Aufwärtskompatibilität bei Reihungen

Ähnlich wie bei jeder Referenz, bewirkt die Zuweisung

```
reihung1 = reihung2;
```

nur, dass die Referenz `reihung1` dasselbe Reihungsobjekt referiert wie `reihung2`. So eine Zuweisung ist nur erlaubt, wenn `reihung1` und `reihung2` vom selben Typ sind, d.h. in ihren Vereinbarungen dieselbe Klasse benutzt wurde:

```
Klasse[] reihung1;
Klasse[] reihung2 = new Klasse[10];
```

Die Entwickler der Sprache C♯ haben sich entschieden, auch hier *Aufwärtskompatibilität* zu gewähren, d.h. die obige Zuweisung zu erlauben, wenn die Vereinbarung mit unterschiedlichen Klassen aus einer Klassenhierarchie stattfindet:

```
OberKlasse[] oberReihung;
UnterKlasse[] unterReihung;

   ...
oberReihung = unterReihung;
```

Hierdurch ist jedoch das sog. *Kovarianzproblem* entstanden. Dies bedeutet, dass eine Zuweisung von Reihungskomponenten zur Laufzeit die Ausnahme `System.ArrayTypeMismatchException` auslösen kann, wenn eine Oberklassenreihungsreferenz eine Unterklassenreihung referiert, ihrer Komponente jedoch ein Oberklassenobjekt zugewiesen werden soll:

```
oberReihung = unterReihung;
oberReihung[1] = new OberKlasse(); // throws ArrayTypeMismatchException
```

Das Unangenehmste ist allerdings gar nicht die Gefahr der Ausnahme (das kann man durch Programmdisziplin vermeiden), sondern dass das Laufzeitsystem zur Laufzeit jede Reihungszuweisung auf das Kovarianzproblem überprüfen muss. Dies ist eine beträchtliche Effizienzverminderung gegenüber Sprachen (wie Eiffel oder Ada), die das Kovarianzproblem nicht haben. In Java muss der Interpreter – ähnlich wie in C♯ – jede Zuweisung auf Reihungskomponenten prüfen; bei der Entwicklung vieler C++-Compiler wurde das Problem nicht beachtet.

3.3.5. Unspezifische Ausnahmebehandlung

Die Aufwärtskompatibilität ermöglicht die *unspezifische Behandlung* von Ausnahmen: Wenn in einer Methode unterschiedliche Ausnahmen gleich behandelt werden sollen, können sie – da sie alle Unterklassen von `System.Exception` sind – gemeinsam aufgefangen werden:

```
void UnspezifischeAusnahmebehandlung() {                              // (3.12)
    try { ... } // irgendwelche Ausnahmen werden ausgelöst
    catch (System.Exception ausnahme) { // alle gemeinsam aufgefangen
        System.Console.WriteLine(ausnahme); } } // Reaktion auf alle Ausnahmen
```

Im Ausnahmebehandlungsblock kann man das Ausnahmeobjekt über die Referenz `ausnahme` erreichen. Aufgrund der Aufwärtskompatibilität referiert sie möglicherweise ein Ausnahmeobjekt einer Unterklasse von `System.Exception`. Es enthält Information über seine eigene Klassenzugehörigkeit, die z.B. – wie oben – über `System.Console.WriteLine` sehr einfach ausgegeben werden kann: Seine von **object** geerbte `ToString`-Methode wird hier implizit aufgerufen.

Wenn das Ausnahmeobjekt im Ausnahmebehandlungsblock nicht benötigt wird, kann in C♯ – im Gegensatz zu Java – der Name weggelassen werden:

```
catch (System.Exception) { ...
```

Das Auffangen von `System.Exception` kann in C♯ vereinfacht auch ohne Angabe einer Ausnahmeklasse geschrieben werden:

```
try {
    ... // Ausnahmen werden ausgelöst
} catch { // alle auffangen
    System.Console.WriteLine("Fehler"); } // Reaktion auf alle Ausnahmen
```

3.3.6. Erzwungene Abwärtskompatibilität

Ein Objekt der Oberklasse kann nicht wie ein Objekt der Unterklasse benutzt werden:

```
public static void Prozedur(UnterKlasse parameter) { ... }            // (3.13)
    ...
    OberKlasse oberReferenz = new OberKlasse(); // Referenz der OberKlasse
⊠ oberReferenz.UnterMethode(); // Typfehler
⊠ Prozedur(oberReferenz); // Typfehler
⊠ UnterKlasse unterReferenz = oberReferenz; // Typfehler
```

Hier ist `UnterMethode` eine Methode der `UnterKlasse`; mit der `oberReferenz` vom Typ `OberKlasse` kann sie (in der ersten markierten Zeile) nicht aufgerufen werden. Ähnlich kann `oberReferenz` nicht als Parameter von `Prozedur` (in der zweiten markierten Zeile) benutzt werden; `Prozedur` könnte nämlich für seinen `parameter` Methoden aus `UnterKlasse` aufrufen, die für ein Objekt von `OberKlasse` nicht zur Verfügung stehen.

Es kommt aber – wie im vorherigen Kapitel, z.B. im Programm (3.11) auf Seite 66 gezeigt – vor, dass eine Referenz der Oberklasse ein Objekt der Unterklasse referiert. Für dieses Objekt könnte nun eine Methode der Unterklasse aufgerufen werden; der Compiler meldet aber Typfehler:

```
      UnterKlasse unterReferenz = new UnterKlasse();                    // (3.14)
      oberReferenz = unterReferenz; // aufwärtskompatibel
⌧     oberReferenz.UnterMethode(); // Typfehler, obwohl Objekt von UnterKlasse
```

Wenn der Programmierer sicher ist, dass seine Oberklassenreferenz ein Objekt der Unterklasse referiert, darf er die *Abwärtskompatibilität* durch eine *explizite Typkonvertierung* (*type cast*) erzwingen: (UnterKlasse)oberReferenz gilt als eine Referenz der <u>Unterklasse</u>. Für diese (konvertierte) Referenz kann dann UnterMethode aus der Unterklasse aufgerufen werden:

```
   ((UnterKlasse)oberReferenz).UnterMethode(); // Typkonvertierung
```

Er riskiert damit jedoch einen Laufzeitfehler: Wenn oberReferenz nun doch ein Objekt der <u>Oberklasse</u> referiert, wird zur Laufzeit die Ausnahme *System*.InvalidCastException ausgelöst.

```
   public class Abwärtskompatibel {                            // (3.15)
      public static void Prozedur(UnterKlasse objekt) {
         objekt.OberMethode();
         objekt.UnterMethode(); }
      public static void Main() {
         UnterKlasse unterReferenz = new UnterKlasse();
         OberKlasse oberReferenz = unterReferenz; // aufwärtskompatibel
⌧        Prozedur(oberReferenz); // Typfehler
         Prozedur((UnterKlasse)oberReferenz); } }
         // erzwungene Abwärtskompatibilität
```

Der Compiler lässt die Zuweisung einer Oberklassenreferenz in eine Unterklassenreferenz nur mit Typkonvertierung zu; ähnlich kann eine Oberklassenreferenz nur mit Typkonvertierung als Parameter in eine Unterklassenreferenz übergeben werden. Wenn die Oberklassenreferenz zur Laufzeit tatsächlich ein <u>Unterklassenobjekt</u> referiert, wird die Zuweisung auch vom Interpreter zugelassen:

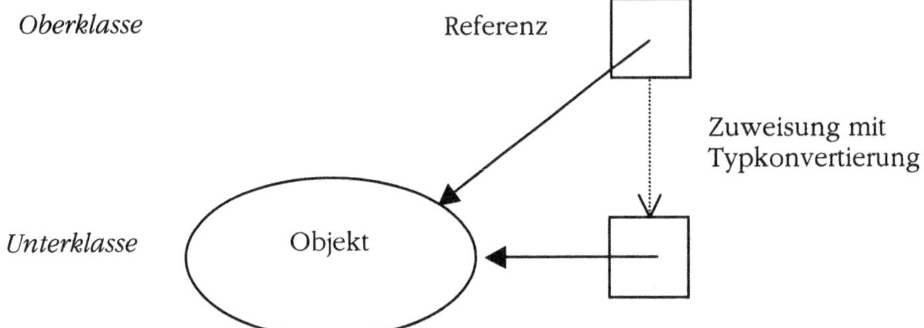

Abbildung 3.4: Erfolgreiche Zuweisung mit Abwärtskompatibilität

```
OberKlasse oberReferenz = new UnterKlasse(); // aufwärtskompatibel
UnterKlasse unterReferenz = (UnterKlasse)oberReferenz; // erfolgreich
```

Wenn die Oberklassenreferenz aber ein <u>Oberklassenobjekt</u> referiert, wird zur Laufzeit die Ausnahme *System*.InvalidCastException ausgelöst:

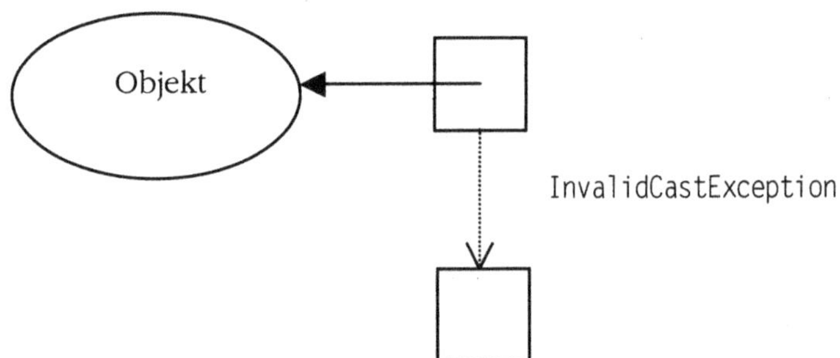

Abbildung 3.5: Erfolglose Zuweisung mit Abwärtskompatibilität

```
OberKlasse oberReferenz = new OberKlasse();
UnterKlasse unterReferenz = (UnterKlasse)oberReferenz; // erfolglos
```

Die erzwungene Abwärtskompatibilität schaltet also die Typprüfung des Compilers aus und überlässt sie dem Laufzeitsystem.

Die Begriffe Aufwärts- und Abwärtskompatibilität können auch folgendermaßen verstanden werden:

- ein <u>Objekt</u> kann wie ein Oberklassenobjekt benutzt werden (aufwärtskompatibel)
- eine <u>Referenz</u> kann zu einer Unterklassenreferenz konvertiert werden (abwärtskompatibel)

Objekte sind also (implizit) aufwärtskompatibel, Referenzen sind (explizit) abwärtskompatibel. Der Compiler kennt nur Referenzen, er überprüft aufgrund ihrer Typen die Gültigkeit eines Methodenaufrufs – zu diesem Zweck kann eine Referenz abwärts konvertiert werden. Das Laufzeitsystem kennt die Objekte, es wählt die aufgerufene Methode aus ihren Klassen aus (s. Kapitel 3.3.8. auf Seite 72).

Die Typkompatibilität kann man in drei typischen Situationen verwenden:

- Referenzzuweisung
- Zugriff auf ein Element (z.B. Methodenaufruf), mit zusätzlicher Klammerung
- Parameterübergabe

Diese drei Fälle können in der folgenden Tabelle zusammengefasst werden:

Kompatibilität	*aufwärts (implizit)*	*abwärts, erzwungen (explizit)*
Zuweisung	`oberRef = unterRef;`	`unterRef = (UnterKl)oberRef;`
Methodenaufruf	`unterRef.OberMethode();`	`((UnterKl)oberRef).UnterMethode();`
Parameter-übergabe	`void prozedur(OberKl par)` `prozedur(unterRef);`	`void prozedur(UnterKl par)` `prozedur((UnterKl)oberRef);`

Tabelle 3.6: Drei typische Fälle der Typkompatibilität

Die erzwungene Abwärtskompatibilität besteht hierbei nur dann, wenn `oberRef` zur Laufzeit ein Objekt der `UnterKlasse` referiert.

Die Mechanismen für Kompatibilität sind in Java und C♯ gleich; in C++ ist die Lösung nicht standardisiert und oft trifft man proprietäre Spracherweiterungen, mit denen der Programmierer sie selber steuern kann.

3.3.7. Typschwäche

Die explizite Typkonvertierung schwächt die Typprüfung des Compilers ab, somit ist sie eine gefährliche Fehlerquelle. Sie sollte nur in wirklich begründeten Fällen und wohl überlegt verwendet werden.

Es ist möglich, die Typstärke der Sprache gänzlich abzuschalten, indem man eine Referenz auf **object** (d.h. *System*.Object) konvertiert. Das Ergebnis ist zu jeder Klasse kompatibel:

```
Klasse referenz = new Klasse();                                    // (3.16)
Button knopf = new Button();
object objekt = referenz; // aufwärtskompatibel
referenz = (Klasse)objekt; // abwärtskompatibel
((Klasse)objekt).Methode(); // abwärtskompatibel
knopf = (Button)objekt; // throws InvalidCastException; kein Compiler-Fehler
((Button)objekt).SetBackgroundColor(); // throws InvalidCastException
```

Die Typkonvertierung muss – wie in der letzten Zeile – geklammert werden, damit der Compiler erkennt, dass `objekt` und nicht das Methodenergebnis von `SetBackgroundColor` zu konvertieren ist: Der Punkt-Operator hat sonst Priorität über den Klammer-Operator (s. Kapitel 2.1.5. auf Seite 18).

3.3.8. Polymorphie

Unter *Polymorphie* verstehen wir die Auswahl der Methode aufgrund des referierten Objekts. Wenn die Methode aufgrund der <u>Referenz</u> ausgewählt wird, sprechen wir von einem *monomorphen* (d.h. nicht-polymorphen) Aufruf. Alte (nicht-objektorientierte) Sprachen (wie z.B. C) kennen nur monomorphe Aufrufe. Auch in C++ werden nicht-virtuelle Methoden monomorph aufgerufen:

```
zeiger -> Methode(); // Methode aus der Klasse von zeiger wird aufgerufen
```

In Java dagegen ist jeder Methodenaufruf polymorph (weil jede Methode implizit virtuell ist). Entscheidend ist nicht der Typ der Referenz (ggf. eine Oberklasse), sondern die Klasse des Objekts (ggf. eine von vielen Unterklassen):

```
referenz.Methode(); // Methode aus Klasse des referierten Objekts aufgerufen
```

In C# (ähnlich wie in C++) sind Aufrufe nur für extra gekennzeichneter Methoden polymorph. Hierzu dient das Schlüsselwort **virtual**:

```
class OberKlasse {                                          // (3.17)
    public void NichtPolymorph() {
        System.Console.WriteLine("Oberklasse"); }
➔   public virtual void Polymorph() {
        System.Console.WriteLine("Oberklasse"); } }
class UnterKlasse : OberKlasse {
    public new void NichtPolymorph() {
        System.Console.WriteLine("Unterklasse"); }
    public override void Polymorph() {
        System.Console.WriteLine("Unterklasse"); } }
class NichtPolymorph {
    static void Main() {
        UnterKlasse unterReferenz = new UnterKlasse();
        OberKlasse referenz = unterReferenz;
        referenz.NichtPolymorph(); // Ausgabe: OberKlasse
        referenz.Polymorph(); } } // Ausgabe: UnterKlasse
```

Weil in der markierten Zeile die Methode Polymorph mit **virtual** vereinbart wurde, wird sie in der letzten Zeile nicht aus OberKlasse (die Klasse von referenz), sondern aus UnterKlasse (die Klasse des referierten Objekts) aufgerufen.

Welche virtuelle Methode beim Aufruf

```
referenz.Methode(); // Methode aus Klasse des referierten Objekts aufgerufen
```

ausgeführt wird, kann erst zur Laufzeit – aufgrund des referierten Objekts – entschieden werden. Deswegen spricht man von *später Bindung*. Polymorphe Aufrufe können nur spät (d.h. zur Laufzeit) gebunden werden.

Wenn wir Methode ohne **virtual** vereinbaren, wird sie nicht nach der Klasse des referierten Objekts (zur Laufzeit), sondern nach dem Typ der Referenz (schon zur

Übersetzungszeit) ausgewählt. Diese Vorgehensweise heißt *frühe Bindung* (d.h. des Methodenrumpfs an den Aufruf): Bei früher Bindung erfolgt die Verbindung zwischen Aufruf und Methode schon zu Übersetzungszeit, sie kann also bei monomorphen Methoden verwendet werden. Manche nennen dies auch *Compilezeit-Polymorphie* – im Gegensatz zur *Laufzeitpolymophie* bei später Bindung.

Es gilt (wie in C++): einmal **virtual**, immer **virtual**; Nur virtuelle (polymorph aufrufbare) Methoden können (mit **override**) überschrieben werden:

```
public class OberKlasse {                                        // (3.18)
    public virtual void Methode() {
        System.Console.WriteLine("Version 0"); } }
public class ErsteUnterKlasse : OberKlasse {
    public override void Methode() {
        System.Console.WriteLine("Version 1"); } }
public class ZweiteUnterKlasse : OberKlasse {
    public override void Methode() {
        System.Console.WriteLine("Version 2"); } }
public class Polymorph {
    public static void Prozedur(OberKlasse parameter) {
        parameter.Methode(); } // welche Version?
    public static void Main() {
        OberKlasse objektOber = new OberKlasse();
        ErsteUnterKlasse objektErste = new ErsteUnterKlasse();
        ZweiteUnterKlasse objektZweite = new ZweiteUnterKlasse();
        objektOber.Methode(); // Version 0 // keine Polymorphie
        objektErste.Methode(); // Version 1
        objektZweite.Methode(); // Version 2
        OberKlasse referenz; // Polymorphie über Zielobjekt:
        referenz = objektErste; // aufwärtskompatibel
  ➜     referenz.Methode(); // Version 1, nicht Version 0!
        referenz = objektZweite; // aufwärtskompatibel
  ➜     referenz.Methode(); // Version 2, nicht Version 0!
        Prozedur(objektOber); // ruft Version 0 auf
        // Polymorphie über Parameter:
        referenz = objektErste; // aufwärtskompatibel
  ➜     Prozedur(referenz); // ruft Version 1 auf, nicht Version 0!
        referenz = objektZweite; // aufwärtskompatibel
  ➜     Prozedur(referenz); } } // ruft Version 2 auf, nicht Version 0!
```

Polymorphie liegt also vor, wenn für eine Referenz der Oberklasse eine überschreibende Methode der Unterklasse aufgerufen wird. Hier wird auf Grund der Klasse des aktuell referierten <u>Objekts</u> zur Laufzeit entschieden, <u>welche Methode</u> aufgerufen wird.

Als Beispiel betrachten wir wieder die Unterklassen von Punkt aus dem Programm (3.11) auf Seite 66:

```
public static void Main() {                                    // (3.19)
    Punkt punkt = new Punkt3D(10, 20, 30);
⊠   int tiefe = punkt.Z(); // wird vom Compiler abgelehnt
⊠   Punkt3D punkt3D = punkt; // wird vom Compiler abgelehnt
    Punkt3D punkt3D = (Punkt3D)punkt; // mit Typkonvertierung OK
    int tiefe = ((Punkt3D)punkt).Z(); // mit Typkonvertierung OK
    ...
```

Polymorphie wird oft bei Schnittstellen benutzt: Die Referenz wird von einem Schnittstellentyp vereinbart; sie kann dann Objekte unterschiedlicher Unterklassen referieren. Von einer Schnittstelle kann kein Objekt erzeugt werden, daher muss (mindestens) eine Implementierung der Schnittstelle vorliegen. Wenn man Polymorphie sinnvoll nutzen möchte, müssen mindestens zwei Implementierungen vorliegen.

3.3.9. Abstrakte Klassen und Schnittstellen

Von mit dem Schlüsselwort **abstract** gekennzeichneten Klassen und von Schnittstellen können keine Objekte erzeugt werden. Abstrakte Klassen können abstrakte Methoden (ohne Rumpf) enthalten; diese sind implizit auch **virtual**. Methoden in Schnittstellen sind implizit abstrakt und öffentlich.

Abstrakte Methoden werden primär benutzt, um polymorph aufgerufen zu werden. Ein Objekt kann nur von einer Unterklasse erzeugt werden, in der die abstrakten Methoden überschrieben (implementiert) werden. Daher kann die Unterklassenmethode aufgrund des Objekts (aus seine Unterklasse) aufgerufen werden:

```
abstract class AbstrakteKlasse {                               // (3.20)
    public abstract void Methode(); }
interface Schnittstelle {
    int Funktion(); } // implizit public abstract
class KonkreteKlasse : AbstrakteKlasse , Schnittstelle {
    public int Funktion() { ... }
    public override void Methode() { ... } }
... // weitere Implementierungen von AbstrakteKlasse und/oder Schnittstelle
class AbstraktKonkret {
    public static void Main() {
        AbstrakteKlasse abstrakteReferenz = new KonkreteKlasse();
        Schnittstelle schnittstellenReferenz = new KonkreteKlasse();
        // zwei Oberreferenzen, zwei Unterobjekte
        abstrakteReferenz.Methode(); // Methode aus KonkreteKlasse
        // Oberreferenz referiert Unterobjekt, seine Methode aufgerufen
        schnittstellenReferenz.Funktion(); } }
```

Eine virtuelle Methode kann auch mit einer abstrakten Methode überschrieben werden. Dadurch wird die Unterklasse abstrakt.

Schnittstellen können in C# nur folgende Elemente enthalten:

- Methoden
- Eigenschaften (s. Kapitel 4.1. auf Seite 80)
- Ereignisse (s. Kapitel 4.6. auf Seite 102)
- Indizierungen (s. Kapitel 4.3. auf Seite 88)

(Abstrakte) C#-Klassen dürfen darüber hinaus auch folgende Elemente enthalten:

- Konstanten
- Datenelemente
- Operatoren (s. Kapitel 4.2. auf Seite 84)
- Konstruktoren (s. Kapitel 3.2.1. auf Seite 59)
- Destruktoren (s. Kapitel 3.2.4. auf Seite 61)
- innere Typen

Als Beispiel greifen wir wieder zu unserer Punkt-Klasse aus dem Programm (3.2) auf Seite 57. Oft wird es so gesehen, dass eine Klasse Kreis aus Punkt abgeleitet werden kann:

```
class Kreis : Punkt {                                    // (3.21)
    private int radius;
    public Kreis(int x, int y, int radius) : base(x, y) {
        this.radius = radius; }
    ... }
```

In der Praxis funktioniert dieses Konstrukt. Es entspricht aber nicht der Philosophie der objektorientierten Programmierung, wonach eine Unterklasse ein spezieller Fall der Oberklasse ist: Demnach wäre ein Kreis ein spezieller Punkt. Dies ist jedoch nicht der Fall. Es ist besser, eine abstrakte Klasse GeomFigur mit den Koordinaten X und Y zu definieren, und sowohl Punkt wie auch Kreis hiervon als Unterklassen abzuleiten:

```
abstract class GeomFigur {                               // (3.22)
    private int x, y; }
class Punkt : GeomFigur { }
class Kreis : GeomFigur {
    private int radius; }
```

Konstruktoren und Methoden können hinzugefügt werden.

Solche Hierarchien werden oft auch als Zeichnung dargestellt:

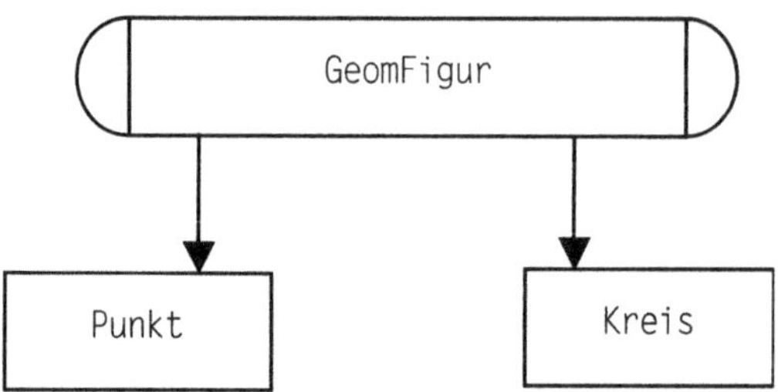

Abbildung 3.7: Klassenhierarchie

Die Abstraktheit der Klasse GeomFigur wird durch abgerundeten Rand dargestellt; der Pfeil bedeutet „erbt" oder „wird erweitert durch". Manchmal, z.B. in UML (*unified modeling language*, s. [Rum] im Literaturverzeichnis) zeigt der Pfeil in die andere Richtung und er bedeutet „erweitert".

3.3.10. Explizite Implementierung von Schnittstellen

Eine Klasse kann – wie in Java – eine Schnittstelle implementieren, indem sie alle vereinbarten Methoden definiert. Die Methoden können dann über eine Referenz der Klasse oder der Schnittelle aufgerufen werden.

In C♯ können Methoden aus einer Schnittstelle auch *explizit implementiert* werden. Dies bedeutet, dass die Methodendefinition in der Klasse mit der Schnittstelle qualifiziert wird:

```
interface Schnittstelle {                                             // (3.23)
    void Methode(); }
class Klasse : Schnittstelle {
➜   void Schnittstelle.Methode() { } } // explizite Implementierung
    ...
    Klasse klassenreferenz = new Klasse();
    Schnittstelle schnittstellenreferenz = klassenreferenz;
⊠   klassenreferenz.Methode(); // Fehler
➜   schnittstellenreferenz.Methode(); } } // erlaubt
```

In diesem Fall kann Methode nicht über eine Referenz der Klasse (wie in der als fehlerhaft markierten Zeile), nur über eine Referenz der Schnittstelle (wie in der letzten Zeile) aufgerufen werden.

Als Beispiel formulieren wir jetzt die Schnittstelle IPunkt, die von der Klasse Punkt explizit implementiert wird:

```
interface IPunkt { int X(); int Y(); }                                // (3.24)
class Punkt : IPunkt {
    private int x, y;
    public Punkt(int x, int y) { this.x = x; this.y = y; }
➜   int IPunkt.X() { return x; } // implizit public
```

```
→       int IPunkt.Y() { return y; }
        public static void Main() {
            Punkt punkt = new Punkt(10, 20);
            IPunkt ipunkt = punkt;
⊠           System.Console.WriteLine("X: " + punkt.X() + "; Y: " + punkt.Y());
            System.Console.WriteLine("X: " + ipunkt.X() + "; Y: " + ipunkt.Y()); } }
```

Der Versuch, in der vorletzten (fehlerhaften) Zeile die Methoden X und Y über die
Punkt-Referenz punkt zu erreichen, wird vom Compiler unterbunden, weil in den
markierten Zeilen die Methoden explizit (mit der Qualifikation IPunkt) implementiert
worden sind. Ein Aufruf ist nur über die IPunkt-Referenz ipunkt (in der letzten Zeile)
möglich.

Diese Fähigkeit von C♯ ermöglicht es, dass eine Klasse zwei Schnittstellen implementiert, die je eine Methode mit demselben Namen enthalten. In Java (oder in C♯ ohne
explizite Implementierung) bekommen diese Methoden denselben Rumpf. Es ist
aber möglich, sie unabhängig voneinander zu implementieren:

```
    interface IDimension { int X(); int Y(); }                              // (3.25)
    class Quadrat : Punkt, IPunkt, IDimension {
        private int breite, höhe;
        public Quadrat(int x, int y, int breite, int höhe) : base(x, y) {
            this.breite = breite; this.höhe = höhe; }
        int IDimension.X() { return breite; }
        int IDimension.Y() { return höhe; }
        public static void Main() {
            Quadrat quadrat = new Quadrat(10, 20, 30, 40);
⊠           System.Console.WriteLine("X: " + quadrat.X() + "; Y: " + quadrat.Y());
            System.Console.WriteLine("X: " + ((IPunkt)quadrat).X() + "; Y: " +
                ((IDimension)quadrat).Y()); } }
```

Die Aufrufe von X und Y in der vorletzten (fehlerhaften) Anweisung sind zweideutig;
der Compiler meldet Fehler. Die Typkonvertierung in den letzten beiden Zeilen
(muss geklammert werden, da der Punkt-Operator stärker bindet als die Typkonvertierung) macht den Aufruf eindeutig.

Eine Anwendung dieser Möglichkeit in C♯ befindet sich am Ende des Kapitels 5.3.3.
auf Seite 126.

3.4. Namensräume und Bibliotheken

Der C♯-Begriff *Namensraum* (*name space*) entspricht etwa dem Java-Begriff *Paket*
(package); die Inhalte werden aber unterschiedlich organisiert.

C♯ unterscheidet zwischen
- physikalischer und
- logischer Gruppierung von Typen.

Der *physikalischen* Gruppierung dient der Begriff *Modul* (*assembly*). Ein Modul besteht aus einer Quellprogrammdatei (bevorzugt mit der Dateinamenendung .cs) mit i.a. mehreren Typen (Klassen, Strukturen, Schnittstellen usw.). Es kann auch in übersetzter Form vorliegen. Es gibt drei Arten von übersetzten Programmen: *ausführbare Programme* (typischerweise mit der Dateinamenendung .exe), .NET-Module (mit der Dateinamenendung .netmodule) und *Bibliotheken* (*library*), in denen mehrere .NET-Module zusammengefasst werden können (typischerweise mit der Dateinamenendung .dll).

Ein *Namensraum* (*name space*) ist eine *logische* Gruppe von Typen, die in unterschiedlichen Programmen liegen können. Ein Programm kann auch Typen aus mehreren Namensräumen enthalten. Es ist jedoch nicht selten, dass sich ein Namensraum vollständig mit einem Programm deckt. So befinden sich auch alle Typen des Namensraums System.Drawing in der Bibliothek System.Drawing.dll; deswegen sprechen wir (vielleicht etwas lasch, aber bequem) von der Bibliothek *System.Drawing*.

Auf der anderen Seite enthält die Datei System.dll nicht nur den Namensraum *System*, sondern auch eine Reihe von Unternamensräumen wie *System.IO*, *System.Net* usw.

3.4.1. Import

Wenn Typen aus einem *Namensraum* wie *System* öfters in einem Programm benötigt werden, kann man sie mit **using** importieren. In Javas **import** werden aber einzelne Klassen genannt, während **using** alle Typen (wie etwa **import** *) des Namensraums importiert. C++ kennt keinen vergleichbaren Begriff; hier wird nur mit dem primitiven **#include**-Mechanismus von C die Spezifikationsdatei eines Moduls (mit den Funktionsprototypen) textuell eingelesen. Sie muss jedes Mal neu übersetzt werden; (um dies zu vermeiden, wurde das Konzept „precompiled header" entwickelt). In Java und C♯ ist dies nicht nötig, weil die Spezifikation in übersetzter Form aus dem Übersetzungsergebnis herauslesen lässt.

Darüber hinaus können mit **using** auch Abkürzungen (*alias*) für (qualifizierte) Typnamen definiert werden:

```
using Ausgabe = System.Console; // Alias                                    // (3.26)
class Konsolausgabe {
    static void Main() {
        Ausgabe.WriteLine("Ausgabe auf System.Console"); } }
```

Namensräume setzen wir in diesem Buch *kursiv*, um sie von anderen Namen deutlich unterscheiden zu können.

3.4.2. Export

Um den eigenen Typ in einen Namensraum zu setzen, wird das Schlüsselwort **name-space** gebraucht, das weitgehend Javas **package** entspricht. Der Unterschied ist, dass C♯ keine der Paketstruktur entsprechende Verzeichnisstruktur erwartet. Syntaktisch unterscheidet sich **namespace** von **package** dadurch, dass in Java die gesamte Quellprogrammdatei demselben Paket angehört, während in C♯ der **namespace**-Rumpf mit { und } geklammert wird. Daher können in einem Quellprogramm auch mehrere **namespace**-Angaben vorhanden sein, wenn es auch unüblich ist.

```
namespace Namensraum {                                          // (3.27)
    public class Klasse {
        public void Methode() {
            System.Console.WriteLine("Methode wurde aufgerufen"); } }
    ... } // weitere Typen des Namensraums
```

Damit Klasse und Methode aus einem anderen Namensraum heraus erreicht werden können, müssen sie als **public** definiert werden. Das Programm muss dann mit /target:module übersetzt werden, damit der Namensraum in einer anderen Klasse benutzt werden kann:

```
csc /target:module Namensraum.cs
```

Der Compiler erzeugt aus der Komponente eine Datei Namensraum.netmodule, die bei der Übersetzung des Benutzerprogramms mit /addmodule angegeben werden muss:

```
csc /addmodule:Namensraum.netmodule Benutzer.cs
```

Das Benutzerprogramm kann nun aus dem Namensraum Namensraum die Klasse Klasse benutzen:

```
using Namensraum;                                               // (3.28)
class Benutzer {
    static void Main() {
        new Klasse().Methode(); } }
```

Eine Alternative zu .netmodule ist das Erzeugen von Bibliotheken mit Hilfe von /target:library. Der Compiler erzeugt daraus eine .dll-Datei:

```
csc /target:library Namensraum.cs
csc /reference:Namensraum.dll Benutzer.cs
```

Eine solcher Namensraum wird oft als *Komponente* verwendet, und ihre gekapselten Typen können auch aus anderen Sprachen wie C++, JScript oder Visual Basic erreicht werden. Ähnlich können Komponenten in diesen Sprachen entwickelt werden, die dann auf dieselbe Weise in C♯ benutzt werden können (s. Kapitel 8. auf Seite 231).

4. C♯-spezifische Sprachelemente

Über die klassischen und objektorientierten Sprachelementen hinaus, die es auch in
Java und C++ gibt, wurden in die Sprache C♯ spezielle, teilweise ganz neu entwickel-
te Sprachelemente aufgenommen. Ein Teil von ihnen (wie Eigenschaften) ist nur
eine syntaktische Abkürzung, ein anderer Teil (wie Delegate) ersetzt veraltete
Sprachelemente (wie Funktionszeiger aus C++), ein dritter Teil (wie Attribute) verleihen der Sprache eine zusätzliche Ausdruckskraft.

4.1. Eigenschaften

Die *Eigenschaft* (*property*) einer C♯-Klasse ist nur eine sprachliche Abkürzung für den
impliziten Aufruf von bestimmten (**set**- und **get**-) Methoden. Im folgenden Beispiel
wird die rechte und die linke Seite einer Zuweisung benutzt, um **get**- und **set**-
Methoden für eine Variable aufzurufen. Die Angelegenheit erinnert an Java-Beans:

```
class Klasse {                                              // (4.1)
    private int variable;
    public int Eigenschaft {
        set { // set-Methode
            variable = value; }
        get { // get-Methode
            return variable; } } }
...
Klasse referenz = new Klasse();
referenz.Eigenschaft = 5; // set-Methode wird aufgerufen
int variable = referenz.Eigenschaft; // get-Methode wird aufgerufen
System.Console.WriteLine(referenz.Eigenschaft); // get-Methode
```

set, **get** und **value** sind zwar keine Schlüsselwörter (man kann sie als Bezeichner
benutzen), sie werden aber als solche gebraucht: Sie haben eine feste syntaktische
und semantische Position, der Programmierer hat keine Austauschmöglichkeit. Aus
diesem Grund drucken wir sie fett wie Schlüsselwörter (auch viele C♯-Editoren wie
Visual Studio 7.0 tun das), und wir verzichten auf sie als Bezeichner; C♯-Editoren
zeichnen sie auch in einer Bezeichner-Position als Schlüsselwörter aus.

Die Blöcke nach **set** und **get** heißen *Zugreifer* (*accessor*) oder auch **set**- und **get**-
Methoden der Eigenschaft. Eine Eigenschaft ohne **set**-Methode ist *schreibgeschützt*
(nur lesbar).

4.1.1. Eigenschaft als öffentliche Variable

Im einfachsten Fall ist eine Eigenschaft gleichwertig mit der Veröffentlichung einer
globalen Variable. Wir betrachten die Klasse Person mit einer privaten string-

Variable name, die von außen über die **public**-Eigenschaft Name erreicht werden kann:

```
class Person {                                                    // (4.2)
    private string name = "";
    public string Name {
        get {
            return name; }
        set {
            name = value; } } }
```

Die Eigenschaft Name kann nun genauso benutzt werden, als ob sie eine **public** Variable (anstelle von name) wäre. Wenn die Eigenschaft auf der linken Seite einer Zuweisung steht, wird ihre **set**-Methode aufgerufen; auf der rechten Seite die **get**-Methode. Die **get**-Methode wird auch bei der Übergabe als Parameter (wie in der letzten Zeile) ausgeführt:

```
Person person = new Person();
person.Name = "Andreas"; // set-Methode wird aufgerufen
System.Console.WriteLine(person.Name); } } // get-Methode aufgerufen
```

Die Verwendung einer Eigenschaft gegenüber einer globalen Variable bedeutet keineswegs Laufzeiteinbuße: Der Compiler optimiert den Aufruf von **set**- und **get**-Methoden (wie auch Aufrufe anderer kurzen Methoden) durch *inlining*, ohne dies explizit – wie in C++ durch das Schlüsselwort **inline** – auszuzeichnen. Der Rumpf solcher Methoden wird beim Aufruf nicht angesprungen (mit einem Rücksprung zum Schluss), sondern anstelle des Aufrufs eingesetzt.

Die **get**- und **set**-Methoden können auch weitere Anweisungen enthalten. Sie werden immer dann ausgeführt, wenn die Eigenschaft gelesen oder geschrieben wird:

```
struct IntelligentePerson {                                       // (4.3)
    private string name;
    public string Name {
        get { System.Console.WriteLine("get: " + name); return name; }
        set { System.Console.WriteLine("set: " + value); name = value; } }
class Programm {
    public static void Main() {
        IntelligentePerson person = new IntelligentePerson();
        person.Name = "Andreas"; // set
        Prozedur(person.Name); // get
        System.Console.WriteLine("Nach Prozedur: " + person.Name); } // get
    private static void Prozedur(string name) {
        name = "Peter";
        System.Console.WriteLine("In Prozedur: " + name); } } }
```

Eine Eigenschaft darf nicht als ein **ref**- oder **out**-Parameter eingesetzt werden, selbst wenn sie eine **set**-Methode hat:

```
private static void Prozedur(ref string name) { ... }
        ...
```

⊠ `Prozedur(ref person.Name);` // der Compiler meldet Fehler
   `string n = person.Name;` // die gangbare Alternative
   `Prozedur(ref n);`
   `person.Name = n;`

Statt dessen muss die Eigenschaft in eine Variable eingelesen werden (**get**); die Variable darf als **ref**-Parameter übergeben werden. Anschließend darf ihr (ggf. veränderter) Inhalt in die Eigenschaft geschrieben werden (**set**).

Ein schönes Beispiel für den Gebrauch von Eigenschaften ist die Standardklasse *System*.Console. Über ihre Eigenschaften In, Out und Error können die drei Standardströme des Systems (s. Kapitel 5.4. auf Seite 128) erreicht werden:

```
using System.IO;                                                      // (4.4)
public class Console {
    private static TextReader reader;
    private static TextWriter writer;
    private static TextWriter error;
    public static TextReader In {
        get {
→           if (reader == null) {
                reader = new StreamReader(System.Console.OpenStandardInput());}
            return reader; } }
    public static TextWriter Out { ... } // ähnlich mit OpenStandardOutput
    public static TextWriter Error { ... } } } // ähnlich mit OpenStandardError
```

Wie aus der markierten Zeile ersichtlich ist, werden hier die benötigten StreamReader und StreamWriter-Objekte (s. Kapitel 5.4. auf Seite 128) nur bei Bedarf erzeugt.

Die Zugreifer **get** und **set** können nicht als **public** oder **static** gekennzeichnet werden, nur die Eigenschaft selbst.

4.1.2. Polymorphe Eigenschaften

Eigenschaften werden – im Gegensatz zur einfachen Zuweisung – polymorph angesprochen. Im folgenden Programm wird die (schreibgeschützte) Eigenschaft Fläche in der Oberklasse GeomForm abstrakt vereinbart; beim Aufruf in der Methode Ausgabe wird die geeignete **get**-Methode aus den Unterklassen (in den markierten Zeilen) in Abhängigkeit vom Objekt ausgewählt:

```
using System;                                                         // (4.5)
public struct Position { // Position einer geometrischen Form
    internal int posX, posY;
    internal Position(int posX, int posY) {
        this.posX = posX; this.posY = posY; } }
public abstract class GeomForm {
```

```
    private Position position;
    public GeomForm(int posX, int posY) {
        position = new Position(posX, posY); }
    public Position Pos { // Eigenschaft
        get { return position; }
        set { position = value; } }
    public abstract double Fläche { get; } // abstrakte Eigenschaft
    public string Ausgabe() { // abstrakte Eigenschaft wird aufgerufen:
→       return "Pos = " + Pos + "; Fläche = " + Fläche; } }
  // drei konkrete Unterklassen der abstrakten Klasse GeomForm:
  public class Quadrat : GeomForm {
    private int seite;
    public Quadrat(int posX, int posY, int seite) : base(posX, posY) {
        this.seite = seite; }
    public override double Fläche { // Eigenschaft überschrieben
→       get { return seite * seite; } } }
  public class Kreis : GeomForm {
    private int radius;
    public Kreis(int posX, int posY, int radius) : base(posX, posY) {
        this.radius = radius; }
    public override double Fläche { // Eigenschaft überschrieben
→       get { return radius * radius * System.Math.PI; } } }
  public class Rechteck : GeomForm {
    private int breite, höhe;
    public Rechteck(int posX, int posY, int breite, int höhe) :
        base(posX, posY) { this.breite = breite; this.höhe = höhe; }
    public override double Fläche { // Eigenschaft überschrieben
→       get { return breite * höhe; } } }
  public class GeomFormen {
    public static void Main() {
        GeomForm[] formen = { new Quadrat(5, 5, 15), new Kreis(30, 100, 50),
            new Rechteck(200, 300, 10, 20) }; // drei Unterklassenobjekte
        foreach(GeomForm form in formen) {
→           System.Console.WriteLine(form.Ausgabe()); } } }
```

Hier wird in der letzten Zeile die Methode Ausgabe für alle Elemente in formen aufgerufen: zuerst für Quadrat, dann für Kreis, schließlich für Rechteck. Im Rumpf der Methode Ausgabe (die markierte Zeile in der abstrakten Klasse GeomForm) wird die abstrakte Eigenschaft Pos gelesen. Sie wurde erst in den Unterklassen definiert. Weil aber die Objekte Unterklassenobjekte sind, wird die **get**-Methode abhängig vom jeweiligen Objekt (d.h. polymorph) aufgerufen.

Eigenschaften können **static, virtual, override** oder **abstract** sein; dann sind ihre **set**- und **get**-Methoden **static, virtual, override** oder **abstract**.

4.1.3. Intelligente Zuweisung

In die get- und set-Methoden einer Eigenschaft können weitere Anweisungen programmiert werden; somit werden Eigenschaften zu „intelligenten Zuweisungen".
Wenn zum Beispiel das obige Programm in einer grafischen Umgebung abläuft,
kann die set-Methode der Eigenschaft Position dafür sorgen, dass die geometrische
Figur an der alten Position gelöscht und an der neuen Position gezeichnet wird:

```
public Position Pos { // Eigenschaft                              // (4.6)
    get { return position; }
    set {
        draw(position.posX, position.posY, getBackgroundColor());
➜       position = value;
        draw(position.posX, position.posY, getForegroundColor()); } }
```

Selbstverständlich sind diese draw-Aufrufe polymorph, d.h. ihr Aufruf ist nicht refe-
renz-, sondern objektabhängig: In der abstrakten Klasse GeomForm muss die Methode
draw abstrakt vereinbart und in den Unterklassen Quadrat, Rechteck und Kreis überschrieben werden. Dann bewirkt eine etwaige Zuweisung

```
formen[2].Pos = new Position(60, 250);
```

im Hauptprogramm nicht nur, dass die Variablen posX und posY des GeomForm-Objekts
formen[2] an die angegebenen Werte 60 und 250 gesetzt werden (in der markierten
Zeile), sondern auch, dass die Form auf die angegebene Position verschoben neu
gezeichnet wird (die beiden draw-Aufrufe vor und nach der markierten Zeile): Die
Zuweisung wird „intelligent".

4.2. Operatoren

In Java ist die Regelung einfach: Objekte können durch Methoden, Variablen durch
Operatoren manipuliert werden. Die einzige Ausnahme ist *java.lang*.String: für die
Objekte dieser Klasse steht der Operator + zur Verfügung.

C♯ hat in Bezug auf die Operatoren die Philosophie von C++ (allerdings deutlich
eingeschränkt) geerbt: Operatoren sind Methoden mit einem besonderen Syntax.
Durch die Vereinheitlichung des Typsystems (primitive Typen wie **int** sind nur besondere Schreibweisen für Klassen wie *System*.Int32) ist diese Philosophie sehr kon-
sistent geworden.

4.2.1. Syntax von Operatoren

Ein *Operator* wird ähnlich wie eine Methode benutzt, aber mit einer anderen Syntax:
Der Name eines Operators ist kein Bezeichner, sondern ein Zeichen (wie +), eine
Zeichenfolge (wie ++) oder ein Schlüsselwort (wie **new**); der Parameter – er heißt jetzt
Operand – wird nicht in runden Klammern übergeben. Operatoren mit zwei Ope-
randen heißen *diadische*, manchmal auch *binäre* (*binary*) *Operatoren*, Operatoren

mit einem Operanden heißen *monadische*, manchmal *unäre* (*unary*) *Operatoren*.
Der Operator ?: ist *triadisch* (oder *trinär*), weil er drei Operanden hat.

Während eine parameterlose Methode mit der Syntax

```
zielvariable.Methode()
```

aufgerufen wird, braucht ein (monadischer) Operator weder den Punkt, noch die
Klammer. Er kann vor oder nach seinem Operanden stehen, dementsprechend heißt
er Präfix- oder Postfix-Operator:

```
operator zielvariable
zielvariable operator
```

Eine parametrisierte Methode wird mit der Syntax

```
zielvariable.Methode(parameter)
```

aufgerufen, der Aufruf eines diadischen Operators lautet:

```
zielvariable operator parameter
```

Eine statische Methode mit zwei (Lese-)Parametern

```
Klasse.Methode(links, rechts)
```

kann ebenfalls als Operator

```
links operator rechts
```

formuliert werden. Obwohl in C♯ alle Operatoren **static** sind, spielt ihr linker Operand die Rolle der Zielvariable einer Objektmethode (d.h. der Operator wird aus
ihrer Klasse – polymorph – ausgewählt).

Einige Operatoren (nämlich die Zuweisungsoperatoren) verändern ihren linken O-
peranden; sie sollten wie **void**-Methoden aufgerufen werden. Alle anderen Operatoren sollen nur wie Funktionen aufgerufen werden (ansonsten geht ihr Ergebnis verloren):

```
zielvariable = wert; // Zuweisung
Methode(new Klasse()); // Objekterzeugung ist ein Operator
```

In C♯ (wie auch in Java und C++) liefern alle Operatoren einen Wert, so auch die
Zuweisung:

```
prozedur(variable = wert); // Zuweisung als Funktionsaufruf
```

Die Vermischung von verändernden Operatoren und Funktionen ist oft verwirrend:

```
i = j++; // verändernder Operator mit Ergebnis
i = ++j; // nicht für jeden sofort eindeutig, welchen Wert i bekommt
```

Im Interesse der Lesbarkeit von Programmen sollten verändernde Operatoren nicht
als Funktionen benutzt werden:

```
j++; // verändernder Operator ohne Ergebnis
i = j; // für jeden sofort eindeutig verständlich
```

Operatoren können auch mit Methoden-Syntax aufgerufen werden; der Name der Methode ist dann (wie auch bei der Vereinbarung des Operators) das Schlüsselwort **operator** und anschließend das Operatorzeichen. Weil C♯-Operatoren immer statisch sind, steht davor die Klasse, in der der Operator vereinbart wurde (die Klasse des linken Operanden):

```
Klasse.operator + (links, rechts)
```

4.2.2. Vereinbarung von Operatormethoden

Weil C♯-Operatoren nur Methoden mit besonderer Syntax sind, können sie in jeder Klasse wie Methoden vereinbart werden. Dies wird oft auch *Überladen von Operatoren* (*operator overloading*) genannt, obwohl diese Terminologie nicht ganz korrekt ist.

Operatormethoden in C♯ sind immer **static** und **public**; ihre Operanden sind immer Werteparameter (*call by value*).

Ein bekanntes Beispiel für Operatormethoden ist die Arithmetik mit komplexen Zahlen:

```
using System;                                                        // (4.7)
public class Komplex {
    public int r = 0, i = 0; // reeller und imaginärer Teil
    public Komplex(int r, int i) { this.r = r; this.i = i; }
    public override string ToString() { // string-Darstellung
        return r + (i>0 ? "+" : "-") + Math.Abs(i) + "i"; }
➜   public static Komplex operator + (Komplex links, Komplex rechts) {
        return new Komplex(links.r + rechts.r, links.i + rechts.i); }
➜   public static Komplex operator - (Komplex links, Komplex rechts) {
        return new Komplex(links.r - rechts.r, links.i - rechts.i); }
➜   public static Komplex operator * (Komplex links, Komplex rechts) {
        return new Komplex(links.r * rechts.r - links.i * rechts.i,
            links.r * rechts. i + links.i * rechts. r); }
    public static void Main() {
        Komplex komplex1 = new Komplex(2, 3), komplex2 = new Komplex(-3, -4);
        Komplex summe = komplex1 + komplex2; // Aufruf des Operators
        Console.WriteLine("Summe = " + summe); } }
```

Wie aus den markierten Zeilen ersichtlich ist, wird eine Operatormethode wie eine übliche Methode, aber mit Hilfe des Schlüsselwortes **operator** vereinbart. Anschließend steht ein Operatorzeichen; hier dürfen nur bestimmte Operatoren der Sprache C♯ verwendet werden, und zwar mit der definierten Anzahl von Operanden (z.B. die Negation ! darf nur mit einem Operanden vereinbart werden).

In der vorletzten Zeile steht der Aufruf des Operators +, wie wir es mit primitiven Typen (`int` usw.) gewohnt sind. Wichtig ist, sich daran zu erinnern, dass hier tatsächlich ein Aufruf erfolgt. Der Unterschied zu den üblichen Methoden ist rein syntaktisch. Ein methodenähnlicher Aufruf wie in C++ ist allerdings nicht möglich:

⊠ `a = operator + (b, c); // nur in C++, nicht in C#`

Das Überladen der Operatoren ist in Verruf geraten, weil sie – undiszipliniert verwendet – zu unlesbaren Programmen führt, wenn die gewohnte Semantik der Operatoren außer Acht gelassen wird:

```
public static Komplex operator + (Komplex links, Komplex rechts) {
    return new Komplex(links.r - rechts.r, links.i - rechts.i); }
```

Natürlich können übliche Methoden genauso mit falscher Semantik vereinbart werden, z.B. eine Methode `plus`, deren Rumpf Subtraktion durchführt:

```
public static Komplex plus(Komplex links, Komplex rechts) {
    return new Komplex(links.r - rechts.r, links.i - rechts.i); }
```

Es wird also wie bei der Namensgebung von Methoden auch zur semantisch gut lesbaren Verwendung der Operatormethoden gemahnt.

Operatoren sind also einfach zu vereinbaren und bequem zu benutzen, sofern ihre Semantik intuitiv ist. In C♯ gibt es nur einen triftigen Grund, statt Operatoren – wie in Java – Methoden zu benutzen: Operatoren dürfen nicht in Schnittstellen vereinbart werden (s. Kapitel 6.7.11. auf Seite 197).

4.2.3. Überladbare Operatoren

Nicht alle Operatoren sind in C♯ als Namen von Operatormethoden geeignet. Die überladbaren *monadischen* (*unary*) Operatoren sind

```
+   -   !   ~   ++   --   true   false
```

Die überladbaren *diadischen* (*binary*) Operatoren sind:

```
+   -   *   /   %   &   |   ^   <<   >>   ==   !=   >   <   >=   <=
```

Die weiteren Operatoren =, &&, ||, ?:, `new`, `typeof`, `sizeof`, und `is` sind – im Gegensatz zu C++ – nicht überladbar. Dadurch wurden der Überwucherung Grenzen gesetzt. Das Überladen der Zuweisung = wird durch *Eigenschaften* (s. Kapitel 4.1. auf Seite 80), das Überladen des Reihungszugriffs [] wird durch *Indizierung* (s. Kapitel 4.3.) ersetzt.

Eine Besonderheit ist das Überladen von `true` und `false`: Jede Klasse kann je eine parameterlose Methode `operator true()` und `operator false()` definieren (sie müssen den Ergebnistyp `boolean` haben). Nützlich sind sie z.B. in einer Klasse, die eine dreiwertige (`true`, `false` und `null`) Logik implementiert; sie kann beispielsweise als Ergebnistyp von mancher Datenbankoperationen verwendet werden.

4.3. Indizierungen

Durch die Verwendung der *Indizierung* (*indexer*) verhalten sich Behälterobjekte (s. Kapitel 5.3. auf Seite 124) wie Reihungsobjekte: Mit Hilfe von Indizes kann man auf ihren Inhalt zugreifen, allerdings – im Gegensatz zu Reihungen – „intelligent". Das heißt, es werden nicht nur die Inhaltsobjekte erreicht, sondern beim Zugriff können zusätzliche Operationen (z.B. Berechtigung überprüfen, Logbuch führen usw.) ausgeführt werden.

4.3.1. Syntax der Indizierung

Die Indizierung wird ähnlich wie eine Eigenschaft, jedoch mit Hilfe des Schlüsselwortes this und mit einer Indexvariable vereinbart:

```
class IndizierteKlasse {                                          // (4.8)
    private int[] daten = new int[100];
        // vielleicht besser das Reihungsobjekt im Konstruktor zu erzeugen
➜   public int this[int index] {
        get { return daten[index]; }
        set { daten[index] = value; } }
```

Objekte dieser Klasse können nun wie Reihungen angesprochen werden:

```
    IndizierteKlasse referenz = new IndizierteKlasse();
➜   referenz[25] = 300; // set-Methode wird aufgerufen
➜   System.Console.WriteLine(referenz[33]); // get-Methode wird aufgerufen
```

In die get- und set-Methoden können selbstverständlich weitere Anweisungen programmiert werden, so, dass die Indizierung – ähnlich wie eine Eigenschaft – auch „intelligent" wird.

Obwohl das obige Schema typisch ist, es besteht nicht einmal die Notwendigkeit, mit dem Index tatsächlich eine Reihung anzusprechen; die get- und set-Methoden können den Index auch anders verwerten:

```
class Gödel {                                                     // (4.9)
    private SehrGroßeGanzzahl gödel; // ausreichend groß für die Gödelisierung
    public int this[int i] {
        get { return ... } // die i-te Primkomponente von gödel wird ermittelt
        set { ... } } } // die i-te Primkomponente von gödel wird gesetzt
```

Mit dem Thema Gödelisierung und ihrer philosophischen Konsequenzen beschäftigt sich das Buch [Kes] im Literaturverzeichnis.

Eine Indizierung kann auch mehrere Parameter haben; dann wird sie wie eine mehrdimensionale Reihung angesprochen:

```
class Tabelle {
➜   public int this[int reihe, int spalte] { ... }
```

```
    ...
  Tabelle tabelle = new Tabelle();
➜ tabelle[i, j] = wert; // i und j können auch negativ sein
```

Eine Besonderheit der Indizierung ist, dass ihre Parameter nicht – wie bei Reihungen – nur Ganzzahltypen sein können; beliebige Datentypen (auch Referenztypen) sind geeignet. So können solche Objekte z.B. auch mit Zeichenketten indiziert sein:

```
  class Umsatz {
➜     public int this[string firma] { ... }
      ...
  Umsatz tabelle = new Umsatz();
➜ tabelle["APSIS GmbH"] = 500000;
```

Datenbanktabellen werden beispielsweise oft mit Zeichenketten als Schlüssel indiziert. So z.B. auch die Klasse *System.Data*.TablesCollection kann ein DataTable-Objekt aufgrund seines Namens (eine Zeichenkette) über ihre Indizierung finden.

Die Indizierung einer Klasse kann somit auch überladen sein, d.h. eine Klasse kann auch mehrere Indizierungen (mit unterschiedlichen Parameterlisten) haben. So hat beispielsweise die Klasse *System.Data*.DataRow mehrere überladene Indizierungen; eine von ihnen hat den Parameter **string**, d.h. eine Tabellenzeile kann aufgrund einer Zeichenkette (als Primärschlüssel) gefunden werden.

Wenn für eine Klasse Indizierung definiert wird, dürfen keine Methoden mit dem Namen get_Item und set_Item definiert werden, weil die .NET Laufzeitumgebung diese Methoden für die Übersetzung der Indizierung benutzt. In der sprachunabhängigen Dokumentation befinden sich die Indizierungen unter der Eigenschaft Item.

4.3.2. Verwendung der Indizierung

Die folgende Klasse ermöglicht die bequeme Arbeit mit einer Direktzugriffdatei FileStream (s. Kapitel 5.4. auf Seite 128) wie mit einer Reihung: Elemente werden mit Hilfe der Indizierung erreicht; hinter jedem Zugriff können sich allerdings Ein- und Ausgabeoperationen verbergen.

```
  using System; using System.IO;                          // (4.10)
  public class DateiWieReihung {
    private Stream strom;
    public DateiWieReihung(string dateiname) {
➜       strom = new FileStream(dateiname, FileMode.Open); }
    public void Close() { strom.Close(); strom = null; }
    public byte this[long index] {
➜       get { // lesen
          byte[] puffer = new byte[1];
          strom.Seek(index, SeekOrigin.Begin);
          strom.Read(puffer, 0, 1);
          return puffer[0]; }
```

```
→        set { // schreiben
             byte[] puffer = new byte[1] { value };
             strom.Seek(index, SeekOrigin.Begin);
             strom.Write(puffer, 0, 1); } }
         public long Länge {
             get { return strom.Seek(0, SeekOrigin.End); } } }
     public class DateiUmkehren { // Testklasse
         public static void Main(String[] kzp) {
             if (kzp.Length == 0) { // Kommandozeilenparameter kzp prüfen
                 Console.WriteLine("Benutzung: DateiUmkehren <Dateiname>");
                 return; }
             DateiWieReihung datei = new DateiWieReihung(kzp[0]);
             long länge = datei.Länge;
             for (long i = 0; i < länge / 2; ++i) {
                 byte @byte = datei[i]; // Aufruf der get-Methode der Indizierung
                 datei[i] = datei[länge - i - 1]; // set und get
                 datei[länge - i - 1] = @byte; } // set
             datei.Close(); } }
```

Bei der Benennung der **byte**-Variable @byte (lokal in der letzten **for**-Schleife) haben wir – mangels einer besseren Idee – die C♯-Möglichkeit ausgenutzt, Schlüsselwörter mit einem vorangestellten @-Zeichen als Bezeichner benutzen zu können (s. Kapitel 1.2.5. auf Seite 6).

Hier kapseln wir also ein Objekt der Klasse System.IO.FileStream (in der ersten markierten Zeile) in DateiWieReihung, um den Inhalt der Datei mit Indizierung erreichen zu können. In der Indizierung definieren wir sowohl eine **get**- wie auch eine **set**-Methode (in den weiteren markierten Zeilen): In der ersten wird ein **byte** gelesen (hier könnte man sicherlich Optimierungen einbauen, indem man überprüft, ob das zu lesende Byte nicht schon im Puffer ist; dies wird aber auf einer niedrigeren Ebene von der Klasse FileStream erledigt), in der zweiten wird ein **byte** geschrieben. Die **get**-Methode wird in den ersten beiden Zeilen der **for**-Schleife aufgerufen (Indizierung [] auf der rechten Seite einer Zuweisung), die **set**-Methode wird in den letzten beiden Zeilen der **for**-Schleife aufgerufen (Indizierung [] auf der linken Seite einer Zuweisung).

Für Indizierung bei Parameterübergabe gelten dieselben Regeln wie bei den Eigenschaften (s. Kapitel 4.1. auf Seite 80).

Eine Indizierung ohne **set**-Methode ist – ähnlich wie eine Eigenschaft – *schreibgeschützt* (nur lesbar).

Sollten weitere Operationen beim **set** oder **get** nötig sein (z.B. das Dokumentieren des Zugriffs auf der Konsole oder in einer Logdatei), kann einfach zusätzliche Intelligenz in die Methoden eingebaut werden.

Ein weiteres Beispiel für die sinnvolle Verwendung der Indizierung wäre eine sehr große Reihung mit nur sehr wenigen Elementen. Damit die ungenutzten Reihungselemente keinen Speicherplatz belegen, kann für die Speicherung der Elemente z.B. eine verkettete Liste (s. Kapitel 6.4. auf Seite 169) benutzt werden. Der Zugriff ist trotzdem mit einem Index möglich, wohinter sich das Durchsuchen der Liste verbirgt. Dieser Zeitaufwand ist der Preis für das Speicherplatzersparnis – eine häufige Entscheidungsalternative.

4.3.3. Indizierte Eigenschaften

Indizierung (*indexer*) und Eigenschaften (*property*) können miteinander kombiniert werden. Wenn ein öffentlicher Datenelement der Klasse indiziert ist, kann man darauf wie auf eine Eigenschaft, aber mit Hilfe eines Index zugreifen. Die Eigenschaft braucht gar nicht als solche vereinbart werden:

```
public class IndizierteKlasse {                                    // (4.11)
   ... // Konstruktor
   private int[] daten;
   public int this[int index] {
      get { return daten[index]; }
      set { daten[index] = value; } }
class KlasseMitIndizierterEigenschaft {
   public IndizierteKlasse Eigenschaft; } } // indiziertes Element ohne get/set
```

Das (an und für sich Referenz-) Element Eigenschaft dieser Klasse kann nun wie eine Eigenschaft mit **set**- und **get**-Methoden, jedoch indiziert, benutzt werden:

```
KlasseMitIndizierterEigenschaft k = new KlasseMitIndizierterEigenschaft();
if (k.Eigenschaft[5] == 325) // get
   k.Eigenschaft[6] = -5; // set
```

Beispielsweise kann der Inhalt einer Textdatei nicht nur byteweise indiziert werden (wie im vorigen Kapitel), sondern auch wortweise. Hierzu ist natürlich ein Algorithmus notwendig, der ein bestimmtes Wort im Text findet: Die Methode WortFinden, WortErsetzen und AnzahlWörter wollen wir im folgenden Programm nicht ausformulieren – ein ähnlicher Algorithmus befindet sich im Programm (5.9) auf Seite 126. Wenn diese Methoden zur Verfügung stehen, können sie in indizierten Eigenschaften aufgerufen werden.

In der folgenden Klasse Text definieren wir das Element wörter (in der markierten Zeile) vom Typ Wörter mit Indizierung:

```
public class Text {                                                // (4.12)
   public class Wörter {
      private readonly Text schrift;
      internal Wörter(Text schrift) { this.schrift = schrift; }
      public string this[int index] { // Indizierung
```

```
          get {
              return schrift.WortFinden(index); }
          set {
              schrift.WortErsetzen(index, value); } }
          public int Anzahl { // schreibgeschützte Eigenschaft
              get { return schrift.AnzahlWörter(); } } }
→     public readonly Wörter wörter; // indizierte Eigenschaft
      public Text(string dateiname) {
          ... // Datei einlesen
          wörter = new Wörter(this); }
      ~Text() { ... } // Datei speichern im Destruktor
      private string WortFinden(int n) { ... } // n-tes Wort wird geliefert
      private void WortErsetzen(int n, string w) { ... } // n-tes Wort wird ersetzt
      private int AnzahlWörter() { ... } }
```

Weil die Klasse des Elements wörter eine Indizierung besitzt, kann in einem Objekt der Klasse Text ein bestimmtes Wort über seinen Index (wie über eine Eigenschaft) erreicht werden:

```
      public static void Main(string[] kzp) { // ersetzt Wort im Text
          ... // drei Kommandozeilenparameter in kzp prüfen
          Text text = new Text(kzp[0]); // kzp[0] == Name der Textdatei
          string suchen = kzp[1], ersetzen = kzp[2];
          for (int i = 0; i < text.wörter.Anzahl; i++) {
→             if (text.wörter[i] == suchen) { // get
                  text.wörter[i] = ersetzen; } } } // set
```

In diesem Programm wird eine Textdatei (mit Namen im ersten Kommandozeilenparameter) nach einem Wort (2. Kommandozeilenparameter) durchsucht, und alle Vorkommnisse dieses Wortes werden durch ein anderes Wort (3. Kommandozeilenparameter) ersetzt. Der Lesezugriff auf die indizierte Eigenschaft von text.wörter in der markierten Zeile ruft die **get**-Methode der Indexierung von Wörter auf; der Schreibzugriff in der nächsten Zeile ruft die **set**-Methode auf.

4.4. Benutzerdefinierte Konvertierungen

Ein besonderer Operator ist die Typkonvertierung (), der auch überladen werden darf. Der Aufruf ist derselbe, wie der der vordefinierten Konvertierungen aus dem Kapitel 2.1.9. auf Seite 22; sie wurden in den Strukturen für Datentypen *System.Int32* usw. auf ähnliche Weise definiert wie die benutzerdefinierten Konvertierungen.

Bei der Vereinbarung des Konvertierungsoperators muss mit Hilfe der Schlüsselwörter **explizit** oder **implizit** angegeben werden, ob die Konvertierung nur explizit oder auch implizit aufgerufen werden darf:

```
      class Klasse {                                              // (4.13)
          ... // Datenelemente
```

```
public static implicit operator int(Klasse wert) { // Konvertierung zu int
    int ganzzahl; ... // Berechnen von ganzzahl aus wert
    return ganzzahl; }
public static explicit operator Klasse(int wert) { // von int
    Klasse objekt = new Klasse(); ... // berechnen von objekt aus wert
    return objekt; } }
```

Ein Objekt dieser Klasse kann nun implizit <u>nach</u> `int` konvertiert werden, aber nur explizit <u>von</u> `int`:

```
public static void Main() {
    Klasse objekt = new Klasse(); ...
    int i = objekt + 1; // implizite Konvertierung
    objekt = 5; // Fehler: nur explizite Konvertierung ist erlaubt
    objekt = (Klasse)5; } // explizite Konvertierung
```

Als Beispiel betrachten wir eine Klasse, die eine Dezimalzahl sowohl im internen (binären) Format wie auch als Zeichenkette speichern kann. Dies ist sinnvoll, wenn eine Zahl oft als Zeichenkette gebraucht wird: Die Hin- oder Herkonvertierung wird nur dann durchgeführt, wenn sie wirklich benötigt wird. Die Information, in welchem Format die Zahl vorliegt, speichern wir als ein **enum**-Wert:

```
class Dezimalzahl {                                             // (4.14)
    enum Konvertiert { Binär, Zeichenkette, Beides };
    private int wert; // binäre Darstellung
    private string zkd; // Zeichenkettendarstellung
    private Konvertiert konvertiert;
    public Dezimalzahl(int wert) { // Konstruktor für die binäre Darstellung
        this.wert = wert; zkd = "";
        konvertiert = Konvertiert.Binär; }
    public Dezimalzahl(string zkd) { // Zeichenkettendarstellung
        this.zkd = zkd; wert = 0;
        konvertiert = Konvertiert.Zeichenkette; }
    public static implicit operator string(Dezimalzahl dezimalzahl) {
        // Konvertierung nach string
        if (dezimalzahl.konvertiert == Konvertiert.Binär) {
            dezimalzahl.konvertiert = Konvertiert.Beides;
            dezimalzahl.zkd = "" + dezimalzahl.wert; } // Umrechnen
        return dezimalzahl.zkd; }
    public static explicit operator int(Dezimalzahl dezimalzahl) { // nach int
        if (dezimalzahl.konvertiert == Konvertiert.Zeichenkette) {
            dezimalzahl.konvertiert = Konvertiert.Beides;
            dezimalzahl.wert = int.Parse(dezimalzahl.zkd); } // Umrechnen
        return dezimalzahl.wert; }
    public static implicit operator Dezimalzahl(string zkd) { // von string
        return new Dezimalzahl(zkd); }
    public static implicit operator Dezimalzahl(int wert) { // von int
```

```
      return new Dezimalzahl(wert); }
  public static Dezimalzahl operator + (Dezimalzahl links,
       Dezimalzahl rechts) {
    Dezimalzahl l = new Dezimalzahl((int)links);
    Dezimalzahl r = new Dezimalzahl((int)rechts);
    return new Dezimalzahl(l.wert + r.wert); }
  ... // weitere arithmetische Operatoren ähnlich
```

Die beiden Konstruktoren (mit `int` bzw. `string`-Parameter) erhalten die Dezimalzahl entweder in binärer Form oder als Zeichenkette. Die Umrechnung in die jeweils andere Form erfolgt erst, wenn die Konvertierungsoperatoren nach `string` bzw. nach `int` (in den ersten beiden markierten Zeilen) aufgerufen werden. Den ersten haben wir als `implizit`, den zweiten als `explizit` vereinbart. Hier erfolgt das Umrechnen nur, wenn die Zahl in der benötigten Form nicht vorliegt. Außerdem haben wir zwei implizite Konvertierungsoperatoren von `string` bzw. `int` nach Dezimalzahl (in den letzten beiden markierten Zeilen) definiert.

Im Rumpf des +-Operators (die letzten drei Zeilen) wird nun die Konvertierung nach `int` für den linken und rechten Operanden aufgerufen, um zwei neue Dezimalzahl-Objekte mit dem `int`-Konstruktor zu erzeugen. Dadurch wird sichergestellt, dass die in der letzten Zeile benötigten `wert`-Elemente besetzt sind.

In einem Benutzerprogramm werden diese Operatoren aufgerufen:

```
  public static void Main() {
    Dezimalzahl d1 = -5; // implizite Konvertierung
    Dezimalzahl d2 = "25"; // implizite Konvertierung
    Dezimalzahl d3 = d1 + d2; // d2 wird erst hier in Binärform umgerechnet
    int i = d3; // implizite Konvertierung nach int verboten
    int i = (int)d3; // explizite Konvertierung erlaubt
    string s = d3; // implizite Konvertierung nach string erlaubt
    System.Console.WriteLine("Konvertierungen: " +
       (int)d1 + " + (" +
       (string)d2 + ") = " + s); } }
```

Weil die Konvertierung nach `int` explizit ist, wird die Zuweisung in der als fehlerhaft markierten Zeile vom Compiler abgelehnt.

Mit den impliziten Konvertierungen muss man vorsichtig umgehen. Lässt man in der ersten Zeile im Rumpf des Operators + die explizite `int`-Angabe fälschlicherweise weg, wird der linke Operand nicht nach `int`, sondern implizit (wie in der Klasse erlaubt) nach `string` konvertiert:

```
    Dezimalzahl l = new Dezimalzahl(links); // logischer Fehler!
```

Weil aber der linke Operand in Zeichenkettenform vorliegt, enthält sein `int`-Element eine 0: Eine falsche Summe wird geliefert. Ein Verbot der impliziten Konvertierung –

eine Empfehlung für sichere Programme – würde diesen Programmfehler zutage fördern.

4.5. Delegate

Ein *Delegat* ist ein Typ, ähnlich einer Schnittstelle, in der genau eine Methode vereinbart wurde; eine Methode mit der vorgegebenen Signatur kann in einer beliebigen Klasse definiert werden. Ein Delegat wird aber (im Gegensatz zur Schnittstelle) zu einem *Delegatobjekt* ausgeprägt, indem ihm eine solche Methode überreicht wird; man sagt, das Delegatobjekt *kapselt* diese Methode. Typischerweise wird dieses Delegatobjekt anderswohin übergeben, damit von dort die gekapselte Methode zurückgerufen (*call back*) werden kann.

Man kann sich ein Delegat auch wie eine Variable vorstellen, der – anstelle von Werten – unterschiedliche Methoden (mit vorgegebenem Profil) zugewiesen werden können. Beim Aufruf des Delegats wird dann diejenige Methode ausgeführt, die zuletzt zugewiesen wurde. In anderen Sprachen (wie C++) wird diese Aufgabe von *Funktionszeigern* erfüllt; Delegate sind hingegen objektorientiert und typsicher.

4.5.1. Syntax von Delegaten

Ein Delegat wird ähnlich wie eine (vielleicht innere) Klasse, jedoch mit Ergebnistyp und Parameterliste (wie eine Methode) vereinbart:

```
public delegate void Delegat(int parameter);                    // (4.15)
    // Delegat kann mit int-parametrisierten void-Methoden ausgeprägt werden
```

Das Delegat muss ausgeprägt werden, damit man es benutzen kann. Hierzu sind (evtl. statische) Methoden mit demselben Profil nötig, mit dem das Delegat vereinbart wurde:

```
void Methode(int p) { ... }
static void StatischeMethode(int p) { ... }
```

Eine solche Methode muss bei Erzeugung eines Delegatobjekts (ähnlich wie ein Konstruktorparameter) übergeben werden:

```
Delegat delegat = new Delegat(Methode); // Ausprägung des Delegats
```

Das Delegatobjekt kann über die Delegatreferenz erreicht werden. Die gekapselte Methode kann über die Delegatreferenz aufgerufen werden; was aussieht, wie der Aufruf des Delegats, ist in Wirklichkeit ein Aufruf der gekapselten Methode:

```
delegat(5); // Methode(5); wird ausgeführt
delegat = new Delegat(StatischeMethode);
    // eine weitere Ausprägung wird der Delegatreferenz zugewiesen
delegat(-300); // StatischeMethode(-300); wird ausgeführt
```

Der Versuch, ein Delegat mit einer Methode mit falscher Signatur auszuprägen, führt zum Fehler:

```
⊠ delegat = new Delegat(Funktion); // Profil passt nicht: vom Compiler abgewie-
              sen
      ...
   int Funktion() { ... }
```

Ein Delegat kann nicht nur wie eine „Funktionsvariable" ausgeprägt und aufgerufen werden; eine viel wichtigere Verwendung von Delegaten ist die Übergabe einer Methode über einen Delegatparameter. So kann in C♯ *Rückruf* (*call back*) programmiert werden. Der Mechanismus hierfür ist:

```
   void MethodeMitRückruf(Delegat delegatParameter) {
      ...; delegatParameter(6); ... } // Methode des Aufrufers zurückgerufen
      ...
   MethodeMitRückruf(new Delegat(Methode)); // Aufruf; Rückruf erwartet
⊠ MethodeMitRückruf(new Delegat(Funktion)); // Fehler: Profil passt nicht
```

In Java gibt es keine Entsprechung; dort können ähnliche Aufgaben nur durch Polymorphie (Überschreiben abstrakter Methoden) gelöst werden. In Java stehen oft Schnittstellen (z.B. *java.awt*.ActionListener) zu solchen Zwecken zur Verfügung; sie werden zuerst implementiert (beispielsweise wird die Methode actionPerformed in einer Lauscherklasse definiert), dann ausgeprägt (z.B. zu einem Lauscherobjekt). Dieses Objekt wird dann überreicht, damit die implementierte Methode aufgerufen werden kann. Es entspricht dem Delegatobjekt in C♯; hier findet jedoch die Implementierung der Methode in einer beliebigen Klasse statt; Delegat und Methode werden erst bei der Ausprägung (mit **new**) miteinander verbunden.

Jedes Delegat erweitert implizit die Oberklasse *System*.Delegate und *System*.MulticastDelegate, und erbt alle ihre Elemente wie die Eigenschaften Method und Target sowie Combine und Remove.

4.5.2. Integral

Ein einfaches Beispiel für Delegate ist das Berechnen des *bestimmten Integrals* einer mathematischen Funktion, d.h. das Errechnen der Fläche unter der Funktionskurve:

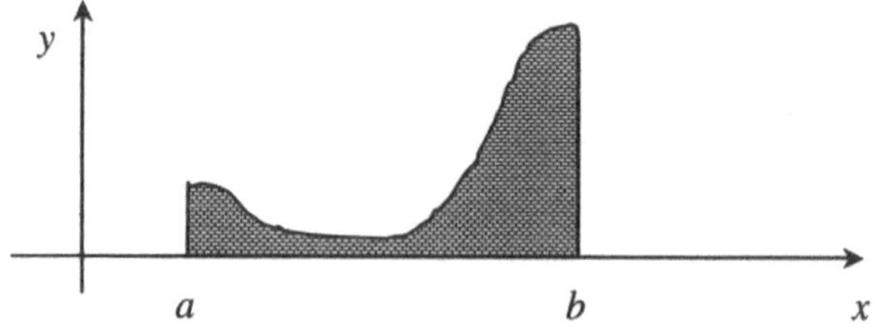

Abbildung 4.1 Bestimmtes Integral

Beim bestimmten Integral wird eine untere und eine obere Grenze sowie das Integrand, d.h. die zu integrierende Funktion angegeben; das Integral einer Funktion $f(x)$ wird von a bis b berechnet, indem das unbestimmte Integral gesucht wird (d.h. eine Funktion F, deren Derivat $F' = f$) und die Differenz der Werte von F an den beiden Grenzen errechnet wird:

$$\int_a^b f(x) = F(b) - F(a)$$

Das Integral der Funktion *sin* von 0 bis π ist beispielsweise 1.

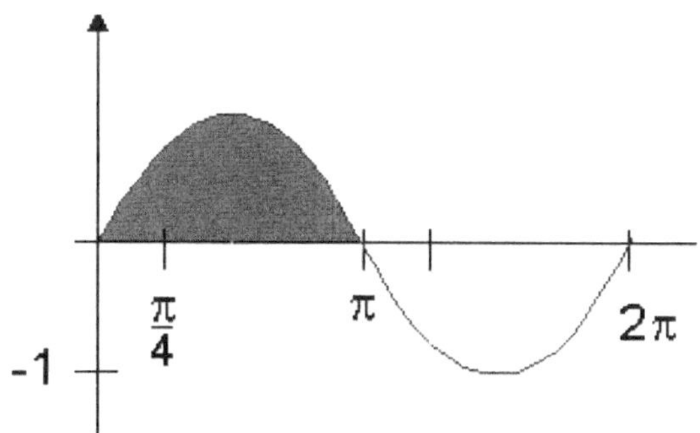

Abbildung 4.2 Integral von *sin* zwischen 0 und π

Ein Delegat ist ein geeignetes Werkzeug, das Berechnen des Integrals dem Benutzer zur Verfügung zu stellen. Die Funktion selbst ist ein Parameter:

```csharp
public delegate double Integrand(double parameter);            // (4.16)
public class Math {
    public static double Integral(Integrand Funktion, double a, double b) {
        double Fa, Fb;
        ... // Berechnen der Integralwerte F(a) und F(b), wobei F' = Funktion
        return Fb - Fa; } }
```

Der Benutzer kann nun sehr einfach das Integral einer beliebigen Funktion errechnen; er muss beim Aufruf das Delegat Integrand mit seiner Funktion (z.B. *System*.Math.Sin) ausprägen und die **static**-Funktion Integral aus der obigen Klasse Math aufrufen:

```csharp
double integral = Math.Integral(
    new Integrand(System.Math.Sin), 0.0, System.Math.PI);
```

Die C♯-Funktion *System.Math*.Sin wird also in das Delegat Integrand eingekapselt und als Parameter der Funktion Math.Integral (zusammen mit den beiden Grenzen) übergeben.

4.5.3. Rückruf

Sortierverfahren verwenden typischerweise die Operatormethode "<" der Elementklasse (z.B. *System.Int32*), um zwei Objekte miteinander zu vergleichen. Manche
Objekte können aber nach verschiedenen Kriterien sortiert werden (z.B. Kunden
nach Kundennummer, alphabetisch nach Namen oder nach Postleitzahlen). In diesem Fall ist es zweckmäßig, wenn der Aufrufer der Sortiermethode per Delegatparameter bestimmen kann, welche Vergleichsmethode vom Sortieralgorithmus zurückgerufen werden soll:

```
delegate bool Vergleich(Element links, Element rechts);              // (4.17)
static void bubbleSort(Element[] sammlung, Vergleich kleiner) {
    for (int i = 0; i < sammlung.Length; i++)
        for (int j = 0; j < sammlung.Length-1; j++)
→           if (kleiner(sammlung[j+1], sammlung[j])) { // vergleichen
                Element temp = sammlung[j+1]; // austauschen
                sammlung[j+1] = sammlung[j];
                sammlung[j] = temp; } }
```

Der Benutzer muss nun das Delegat Vergleich mit seiner Vergleichsmethode ausprägen:

```
class Kunde : Element {
    string name;
    int kundennummer;
    char[] postleitzahl; }
static bool Alphabetisch(Element erstes, Element zweites) {
    return string.Compare(((Kunde)zweites).name, ((Kunde)erstes).name) < 0; }
static bool NachKundennummer(Element erstes, Element zweites) {
    return ((Kunde)erstes).kundennummer < ((Kunde)zweites).kundennummer; }
static bool NachPLZ(Element erstes, Element zweites) { ... } // ähnlich
Kunde[] kartei;
    ...
→   bubbleSort(kartei, new Vergleich(NachKundennummer));
    ...
→   bubbleSort(kartei, new Vergleich(NachPLZ));
    ...
```

Manchmal ist es sinnvoll, das Delegat gleich in die Elementklasse zu platzieren, damit der Benutzer es sich nur holen muss:

```
class Kunde : Element {
    ... // wie oben
    private static bool Alphabetisch(Element erstes, Element zweites) { ... }
    private static bool NachKundennummer(Element erstes, Element zweites) {...}
    private static bool NachPLZ(Element erstes, Element zweites) { ... }
    public static Vergleich alphabetisch = new Vergleich(Alphabetisch);
    public static Vergleich nachKundennummer = new Vergleich(NachKundennummer);
```

```
      public static Vergleich nachPLZ = new Vergleich(NachPLZ); }
   ...
➔     bubbleSort(kartei, Kunde.nachKundennummer);
```

Selbstverständlich soll ein globales Delegat immer **static** sein, damit die Referenz nicht in jedem Objekt Platz belegt – sein Inhalt ist nicht objektabhängig. Vielleicht wird es aber nie benötigt. Wenn es als schreibgeschützte Eigenschaft (d.h. ohne **set**-Methode) definiert wird, kann seine Erzeugung auf die erste Benutzung hinausgezögert werden:

```
class Kunde : Element {
    ... // wie oben
    public static Vergleich alphabetisch {
        get { return new Vergleich(Alphabetisch); } }
    ... // andere ähnlich
```

Hier wird bei jeder Benutzung ein neues Delegatobjekt erzeugt. Wenn dies zu oft geschehen soll, kann die Technik aus dem Programm (4.4) auf Seite 82 verwendet werden:

```
private static Vergleich alph;
public static Vergleich alphabetisch {
    get {
        if (alph == null)
            alph = new Vergleich(Alphabetisch);
        return alph; } }
```

4.5.4. Iterator

Ein *Iterator* wird benötigt, wenn eine bestimmte Methode für jedes Element eines Behälters (einer Reihung oder eines *Collections*-Objekts) ausgeführt werden soll. Die Aufgabe kann ohne Delegate gelöst werden, wenn die Methode in der Elementklasse (oder einer Unterklasse davon) definiert wurde.

Beispielsweise ermöglicht eine Iteratormethode (in den letzten drei Zeilen des folgenden Programms), dass jedes Element des Behälters eine gerade Zahl wird, indem die ungeraden inkrementiert (oder alternativ dekrementiert) werden:

```
public class Element {                                   // (4.18)
    private int wert;
    public Element(int wert) { this.wert = wert; }
    public int Wert { get { return wert; } }
➔   public void Gradieren() { if (wert % 2 != 0) wert++; }
    public void Degradieren() { if (wert % 2 != 0) wert--; } }
public class Behälter {
    protected Element[] inhalt;
    public Behälter(int[] inhalt) {
        this.inhalt = new Element[inhalt.Length];
```

```
    for (int i = 0; i < inhalt.Length; i++) {
        inhalt[i] = new Element(inhalt[i]); } }
→   public void AllesGradieren() {
        for (int i = 0; i < inhalt.Length; i++) {
            inhalt[i].Gradieren(); } } }
```

Das Problem bei dieser Lösung ist, dass der Programmtext des Iterators AllesGradieren (in den letzten drei Zeilen) bestimmt, welche Methode (in der letzten Zeile) für jedes Element aufgerufen wird (hier: Gradieren und nicht Degradieren). Ein Delegat ist flexibler: Mit seiner Hilfe kann die aufzurufende Methode als Parameter der Iteratormethode übergeben werden:

```
    public class BehälterMitDelegat : Behälter {                        // (4.19)
→       public delegate void Iterand(Element element);
        public BehälterMitDelegat(int[] inhalt) : base(inhalt) { }
→       public void Iterator(Iterand Methode) {
            foreach (Element element in inhalt) {
                Methode(element); } } }
```

Nun kann im folgenden Programm die Methode Iterator entweder mit Gradieren (zweite Zeile im folgenden Programm) oder mit Degradieren (dritte Zeile) aufgerufen werden. Hierzu muss das Delegat Iterand (in der markierten Zeile des folgenden Programms) ausgeprägt werden. Sein Profil (zweite Zeile im vorherigen Programm) bestimmt, mit welchen Methoden (nämlich mit einem Element-Parameter) sie ausgeprägt werden darf. Für diesen Zweck definieren wir die Methoden Gr und Degr (2. und 3. Zeile des folgenden Programms), die jeweils Gradieren bzw. Degradieren für ihr Parameter-Element aufrufen. Mit den ausgeprägten Delegaten (referiert durch die Delegatreferenz g) als Parameter kann nun der Iterator mit behälter.Iterator(g); aufgerufen werden:

```
    class Programm {                                                    // (4.20)
        private void Gr(Element element) { element.Gradieren(); }
        private void Degr(Element element) { element.Degradieren(); }
        private void main() {
            int[] zahlen = {1, -2, 3, 4, -5};
→           BehälterMitDelegat behälter = new BehälterMitDelegat(zahlen);
            BehälterMitDelegat.Iterand g = new BehälterMitDelegat.Iterand(Gr);
            behälter.Iterator(g);
            g = new BehälterMitDelegat.Iterand(Degr);
            behälter.Iterator(g);
            behälter.Iterator(new BehälterMitDelegat.Iterand(
                ElementDrucken.Drucken)); }
        static void Main() { new Programm().main(); } }
    class ElementDrucken {
        public static void Drucken(Element element) {
            System.Console.WriteLine(element.Wert); } }
```

Wie aus der letzten Zeile von main (vor Main) ersichtlich ist, kann die Methode Iterator nicht nur mit Methoden der aktuellen Klasse aufgerufen werden. Ein beliebiges Delegatobjekt ist geeignet: Die anonyme Ausprägung von Iterand mit der statischen Methode Drucken der Klasse ElementDrucken iteriert auch über alle Elemente von behälter und ruft die gekapselte Methode mit jedem Element als Parameter auf.

Die Ausprägung der Delegate findet hier bequemlichkeitshalber in der nichtstatischen Methode main statt, weil sie eine Objektumgebung (**this**) braucht.

Abgesehen davon, dass ein Delegat ähnlich wie eine Klasse ausgeprägt werden kann, ist es einer Schnittstelle ähnlich: Es vereinbart die Signatur (diesmal nur einer) Methode, die an einer anderen Stelle (ggf. mehrfach, und unterschiedlich) definiert wird. Ein Vorteil gegenüber Schnittstellen ist jedoch, dass die Methode einer beliebigen Klasse oder Struktur angehören kann. Der Aufrufer des Delegats (ähnlich wie einer Schnittstellenmethode) weiß nicht, aus welcher Klasse die Methode aufgerufen wird. Allerdings, *Typkonvertierung* (*type casting*) ist bei Delegaten nicht möglich.

Ähnlich wie jedes Reihungsobjekt eigentlich ein Objekt der Klasse *System*.Array ist (s. Kapitel 2.4. auf Seite 46), ist auch jedes Delegatobjekt ein Objekt der Klasse *System*.MulticastDelegate.

4.5.5. Verkettung von Delegaten

Eine Delegatvariable kann i.A. ein Delegatobjekt referieren; ein Delegatobjekt ist die Ausprägung eines Delegats mit einer Methode, die genau dem Profil des Delegats entspricht. Das Delegat kann – wie jeder andere Typ – auch außerhalb von Klassen definiert werden.

Delegatobjekte können aber miteinander auch verkettet werden, d.h. der Operator + (in der markierten Zeile) ist für sie definiert. Mit dem Operator - kann das erste Delegatobjekt aus einer Verkettung entfernt werden:

```
delegate void Gruß(string zeichenkette); // globales Delegat        // (4.21)
public class Grüße {
    public static void Hallo(string name) { // zwei Methoden zum Kapseln
        System.Console.WriteLine("Hallo, " + name + "!"); }
    public static void Tschüß(string name) {
        System.Console.WriteLine("Tschüß, " + name + "!"); }
    public static void Main() {
        Gruß d1 = new Gruß(Hallo), d2 = new Gruß(Tschüß), // 2 Delegatobjekte
            d3 = d1 + d2, // Verkettung: Hallo und Tschüß
            d4 = d3 - d1; // Hallo wird entfernt
        d1("Andreas"); // Hallo
        d2("Peter"); // Tschüß
        d3("Rosmarie"); // Hallo und Tschüß
        d4("Ingrid"); } } // Tschüß
```

Diese Fähigkeit haben nur Delegate mit **void**-Ergebnis ohne **out**-Parameter. Für die
Operatoren + und - werden implizit die Methoden Combine und Remove der Klasse
System.Delegate aufgerufen.

4.6. Ereignisse

Die wohl häufigste Verwendung von Delegaten sind *Ereignisse*. Ereignisse werden in
C++ mit *Funktionszeigern* (*function pointer*) in Java mit *Lauschern* (*listener*), in C♯ mit
Delegaten programmiert.

4.6.1. Delegate als Ereignisse

Als erstes Beispiel betrachten wir eine Erweiterung der Klasse *System.Collec-
tions.*ArrayList (s. Kapitel 5.3. auf Seite 124), die die Veränderungen des Objektzu-
stands über ein Delegat signalisiert. Hierzu vereinbaren wir das parameterlose Delegat Lauscher (in der ersten Zeile des folgenden Programms) und eine Referenz Änderung von diesem Typ (in der dritten Zeile) als Element der Unterklasse. Dieses Delegat wird dann in allen verändernden Methoden Add, Clear und **this** (zusätzlich zu
den geerbten) aufgerufen. Im Testprogramm wird der Delegatvariable Änderung ein
Delegatobjekt zugewiesen: die Ausprägung des Delegats mit der Methode Änderung-
Melden.

```
public delegate void Lauscher();                                    // (4.22)
public class ListeMitLauscher: System.Collections.ArrayList {
    public Lauscher Änderung;
    public override int Add(object wert) { Änderung(); return base.Add(wert); }
    public override void Clear() { Änderung(); base.Clear(); }
    public override object this[int index] {
        set { Änderung(); base[index] = value; } } }
public class Programm {
    private void ÄnderungMelden() {
        System.Console.WriteLine("Liste wurde verändert"); }
    private void main() {
        ListeMitLauscher liste = new ListeMitLauscher();
        liste.Änderung = new Lauscher(ÄnderungMelden);
        liste.Add("Ein Objekt");
        liste.Add("Noch ein Objekt");
        liste[1] = liste[0];
        liste.Clear(); }
    public static void Main() { new Programm().main(); } }
```

Die Ausführung des Programms beweist, dass alle vier Veränderungen von liste (in
der Methode main) die Methode ÄnderungMelden aufrufen.

4.6.2. Standard-Ereignisbehandlung

Das obige Programm kann so verändert werden, dass es anstelle des selbstdefinierten Delegats Lauscher den Standarddelegat *System*.EventHandler benutzt. Weil es zwei Parameter hat, muss die Methode ÄnderungMelden mit zwei Attrappenparametern (*dummy*) versehen werden (die Parameter werden also nicht benutzt). Hierzu kann null benutzt werden (wie in den Methoden Add und Clear des folgenden Programms); oft trifft man aber **this** und *System*.EventArgs.Empty (wie in der markierten Zeile):

```
public class ListeMitEreignis: System.Collections.ArrayList {        // (4.23)
    public System.EventHandler Änderung;
    public override int Add(object wert) {
        Änderung(null, null);
        return base.Add(wert); }
    public override void Clear() {
        Änderung(null, null);
        base.Clear(); }
    public override object this[int index] {
        set { Änderung(this, System.EventArgs.Empty); base[index] = value; } } }
public class Programm {
    private void ÄnderungMelden(object quelle, System.EventArgs ereignis) {
        System.Console.WriteLine("Liste wurde verändert"); }
    private void main() {
        ListeMitEreignis liste = new ListeMitEreignis();
        liste.Änderung = new System.EventHandler(ÄnderungMelden);
        ... // weiter unverändert
```

Wenn das Ereignis Änderung aus anderen .NET-Komponenten (wie z.B. von der Windows-Oberfläche oder aus einer Web-Komponente) aktiviert werden soll, muss es mit **event** markiert werden; innerhalb von C♯ ist dies nicht nötig. Im Kapitel 7. (ab Seite 211) werden wir Beispiele für Windows-Programme mit Ereignissen sehen.

4.6.3. Ereignisse als event

Mit dem Schlüsselwort **event** können Delegatvariablen markiert werden. Im Programm (4.22) auf Seite 102 kann man die Delegatvariable Änderung als **event** vereinbaren:

```
public event Lauscher Änderung;
```

Dies ist eine syntaktische Abkürzung. Jeder **public event**-Variable entspricht ein **private** Element vom Typ *System*.EventHandler, d.h. innerhalb der Klasse können die EventHandler-Methoden (z.B. die Eigenschaften Method und Target, geerbt von *System*.MulticastDelegate und *System*.Delegate) benutzt werden. Außerhalb der Klasse können für die **event**-Variable die Operatoren += und -= benutzt werden:

```
public class Formular {                                          // (4.24)
    private Knopf knopf;
    public Formular() {
        knopf = new Knopf();
➜       knopf.Klick += new System.EventHandler(ReaktionAufKnopfdruck); }
    private void ReaktionAufKnopfdruck(object quelle,
            System.EventArgs ereignis) {
        System.Console.WriteLine("Knopf wurde gedrückt");
        knopf.Klick -= new System.EventHandler(ReaktionAufKnopfdruck); }
```

Die Klasse Knopf muss hierzu die **event**-Variable Klick (ein Mehrfachdelegat, s. Kapitel 4.5.5. auf Seite 101) enthalten, der mit dem Operator += Objekte des Delegats EventHandler hinzugefügt werden können. Im obigen Beispiel entfernen wir es in der Ereignisbehandlungsmethode ReaktionAufKnopfdruck mit Hilfe des Operators -=.

In der Klasse Knopf soll zu diesem Zweck einfach die **event**-Variable Klick vereinbart werden. Der Compiler fügt dann automatisch die Operatoren += und -= hinzu:

```
public event System.EventHandler Klick;
```

Es besteht aber auch die Möglichkeit, das Ereignis explizit zu definieren (um z.B. bei += und -= zusätzliche Aktivitäten zu programmieren). Hierzu müssen wir das Ereignis nicht als Variable, sondern als Eigenschaft vereinbaren. Hier heißen die Zugreifer (*accessor*) aber nicht **set** und **get**, sondern **add** und **remove**:

```
public class Knopf {
    private System.EventHandler ereignisbehandlung;
    public event System.EventHandler Klick {
        add { ... } // Algorithmus bei +=
        remove { ... } } } // Algorithmus bei -=
```

Ereignisse können mit **virtual**, **override** oder **abstract** gekennzeichnet werden.

Ereignisse aus anderen Komponenten der .NET-Plattform (wie z.B. von Windows aus) können aufgerufen werden, wenn die .NET-Konventionen für das Delegat eingehalten werden. Diese schreiben vor, dass die Signatur des Delegats zwei Parameter haben muss: der erste vom Typ **object** (für die *Quelle* des Ereignisses), der zweite vom Typ EventArgs (für zusätzliche Information über das Ereignis). Die Bibliothek *System* enthält ein solches Delegat namens EventHandler; es kann benutzt werden, um Ereignisse zu behandeln.

4.7. Versionen

Die Sprache C♯ ist so entworfen worden, dass eine Unterscheidung der *Versionen* zwischen Ober- und Unterklassen in unterschiedlichen Bibliotheken erfolgen kann. Ein solches System ermöglicht *Rückwärtskompatibilität* (*backwards compatibility*). Dies bedeutet, dass ein neues Element in der neuen Version der Oberklasse mit demselben Namen wie in der alten Version der Unterklasse erlaubt ist. Eine solche Klasse muss aber explizit festlegen, ob die geerbte Methode überschrieben ist oder die neue Methode die alte einfach *verdeckt* (*hide*).

Diese Festlegung erfolgt mit den Schlüsselwörtern **new** oder **override**. Wenn für eine überschriebene virtuelle Methode weder die eine noch die andere angegeben wird, nimmt der Compiler **new** an und gibt eine Warnung aus.

```
public class OberKlasse {                                           // (4.25)
    public virtual int Meth1() { return 1; }
    public virtual int Meth2() { return 2; }
    public virtual int Meth3() { return 3; } }
 class UnterKlasse : OberKlasse {
    public override int Meth1() { return -1; } // Überschreiben
    public virtual new int Meth2() { return -2;} // Verdecken
    public virtual int Meth3() { return -3; } // implizit new
        // Warnung es Compilers: method hides the inherited member
    public virtual int Meth4() { return -4; } // neue Methode
    public static void Main() {
        OberKlasse ober = new OberKlasse();
        System.Console.WriteLine(ober.Meth1()); // 1
        System.Console.WriteLine(ober.Meth2()); // 2
        System.Console.WriteLine(ober.Meth3()); // 3
        UnterKlasse unter = new UnterKlasse();
        ober = (OberKlasse)unter;
        System.Console.WriteLine(ober.Meth1()); // -1 // polymorpher Aufruf
        System.Console.WriteLine(ober.Meth2()); // 2 // monomorpher Aufruf
        System.Console.WriteLine(ober.Meth3()); // 3
        System.Console.WriteLine(unter.Meth4()); // -4
        System.Console.WriteLine(ober.Meth4()); } } // noch Fehler
```

Hier wurden in der OberKlasse drei Methoden definiert, von denen Meth1 in der UnterKlasse mit **override** überschrieben, Meth2 mit **new** verdeckt wurde. Aus diesem Grund ist der zweite Aufruf von Meth1 polymorph (objektabhängig), von Meth2 jedoch nicht: Obwohl von ober ein Objekt der UnterKlasse referiert wird, die Ausgabe ist 2 (wie in der OberKlasse definiert).

Die letzte Zeile ist noch fehlerhaft, weil es in OberKlasse noch keine Meth4 gibt. Es ist aber möglich, dass in einer späteren Version von OberKlasse die Methode Meth4 aufgenommen wird:

```
public class OberKlasse {                                           // (4.26)
    ... // wie oben
    public virtual int Meth4() { return 4; } }
```

Da Meth4 in der UnterKlasse mit der Standardannahme **new** übersetzt wurde, *verdeckt* (*hide*) sie die neue Meth4 aus der Oberklasse: Die letzte Programmzeile kann nun übersetzt werden. Der Aufruf von `Meth4` in der vorletzten Zeile erfolgt (obwohl die Methode `virtual` ist) monomorph: Das Programm verändert sein Verhalten nicht.

Daher ist die neue Version von `OberKlasse` (ausgeliefert wahrscheinlich in einer `.dll`-Datei) zur alten Version von `UnterKlasse` kompatibel.

4.8. Attribute

Vereinbarungen (von Typen, Methoden, Variablen usw.) werden in C# mit deklarativen Informationen versehen. Hierzu gehören z.B. der Zugriffsschutz (`public`, `private` usw.), Konstanz (`sealed, const, readonly`) usw. *Attribute* ermöglichen dem Programmierer, Vereinbarungen zusätzliche (auch selbstdefinierte) Information hinzufügen. Beispielsweise können Autor und Erstellungsdatum, Eigenschaften der Programmeinheit (Testzustand) und andere Attribute definiert werden.

Die Attribute sind ein selbständiger Teil der Sprache C#, d.h. ohne Attribute wäre die Sprache auch vollständig. Sie verleihen ihr aber eine zusätzliche Mächtigkeit.

Attribute werden in eckigen Klammern vor der Programmeinheit platziert:

```
[Autor("Andreas Solymosi")]
class Klasse { ... }
```

Attribute (wie `Autor`) können vom Programmierer definiert werden. Meistens arbeitet man aber mit vordefinierten Attributen. Einige Attributnamen sind von der Sprachdefinition reserviert, sie dürfen nicht zu anderen Zwecken benutzt werden. Diese sind:

```
System.AttributeUsage
System.Conditional
System.Obsolete
```

Ein Attribut wird durch eine Klasse realisiert; ihr Name ist der Name des Attributs, ergänzt mit der Zeichenfolge „Attribute". Für ein Attribut `Autor` muss also eine Klasse `AutorAttribute` entwickelt werden. Für die obigen reservierten Attribute stehen also die Klassen `AttributeUsageAttribute`, `ConditionalAttribute` und `ObsoleteAttribute` im Namensraum *System* zur Verfügung.

4.8.1. Vordefinierte Attribute

Das Attribut *System*`.AttributeUsage` wird für die Definition neuer Attribute verwendet (s. Kapitel 4.8.3. auf Seite 109).

Mit dem Attribut *System*`.Obsolete` werden Methoden gekennzeichnet, die noch unterstützt werden, für die aber bessere Alternativen schon zur Verfügung stehen:

```
[Obsolete("Veraltete Methode: 'Neu' verwenden", false)]
void Alt( ) { ... }
void Neu( ) { ... }
```

Die Wirkung des Attributs Obsolete ist, dass der Compiler eine Warnung mit dem angegebenen Text ausgibt. Wenn der zweite Parameter **true** ist, wird der Text vom Compiler nicht als Warnung, sondern als Fehlermeldung ausgegeben.

Eine interessante Verwendung hat das vordefinierte Attribut *System*.Conditional: Es macht die Präprozessoranweisungen **#if** und **#endif** (s. Kapitel 1.2.7. auf Seite 7) überflüssig, sofern sie Methoden umfassen. Anstelle von

```
#if Bedingung
void Methode() { ... }
#endif
```

kann man auch

```
[Conditional("Bedingung")]
void Methode() { ... }
```

schreiben. Aufrufe der Methode werden übersetzt, wenn textuell davor

```
#define Bedingung
```

geschrieben oder der Compiler mit der Option /d (s. Kapitel 1.1.1. auf Seite 1) aufgerufen wurde:

```
> csc /d:Bedingung Programm.cs
```

Eine mit dem Attribut Conditional versehene Methode heißt *bedingte Methode* (*conditional method*). Sie dürfen nicht als Parameter eines Delegats verwendet werden. Der Vorteil gegenüber den Präprozessoranweisungen **#if** und **#endif** ist, dass es reicht, nur die Definition und nicht auch jeden Aufruf einer bedingten Methode zu kennzeichnen: Der Aufruf einer nicht übersetzten bedingten Methode wird ignoriert.

Eine häufige Verwendung der bedingten Methoden ist die Spurverfolgung:

```
[Conditional("Debug")]
public static void Testausgabe(string meldung) {
    System.Console.WriteLine(meldung); }
```

Die Übersetzung mit /d:Debug produziert Testausgaben überall, wo die Methode Testausgabe aufgerufen wird. Diese Aufrufe werden in einer Übersetzung ohne /d:Debug ignoriert.

Eine Methode kann auch mehreren Bedingungen unterliegen; die Übersetzung erfolgt unter der Disjunktion („oder") der Bedingungen:

```
[Conditional("ErsteBedingung"), Conditional("ZweiteBedingung")]
public void EineBedingungReicht() { ... }
```

Die Methode wird übersetzt, wenn eine der beiden Bedingungen definiert ist. Wenn die Konjunktion („und") der Bedingungen erreicht werden soll, muss man einen Trick verwenden:

```
[Conditional("ErsteBedingung")]
private void Trick() { ... }
[Conditional("ZweiteBedingung")]
public void BeideBedingungenNötig() { Trick(); }
```

Die Aufrufe der Methode BeideBedingungenNötig führen den Rumpf der Methode Trick aus, wenn beide Bedingungen erfüllt sind. Wenn ZweiteBedingung nicht erfüllt ist, werden die Aufrufe von BeideBedingungenNötig ignoriert. Wenn ErsteBedingung nicht erfüllt ist, können zwar die Aufrufe von BeideBedingungenNötig stattfinden, doch ist ihr Rumpf leer, da der Aufruf von Trick ignoriert wird.

4.8.2. Attribute aus Standardbibliotheken

Außer den obigen sprachdefinierten Attributen liefert die Plattform .NET einige weitere vordefinierte Attribute für unterschiedliche Zwecke. Beispielsweise bedeutet das Attribut ParamArray, dass eine Parameterreihung in der aufgerufenen Methode wie eine variable Anzahl von Parametern behandelt wird (s. Kapitel 2.2.6. auf Seite 30):

```
[System.ParamArray()]
public void Methode(int[] reihung) { ... }
    ...
Methode(1, 2, 3);
Methode(1, 2, 3, 4); // variable Anzahl von Parametern
```

Auch Unterbibliotheken von *System* exportieren Attributklassen. Beispielsweise kann man mit dem Parameter des Attributs *System.Runtime.*InteropServices.DllImport angeben, in welcher .dll sich eine *externe Funktion* befindet (s. Kapitel 7.2.1. auf Seite 213):

```
[System.Runtime.InteropServices.DllImport("Kernel32.dll")]
private static extern bool Beep(int frequenz, int dauer); // externe Methode
```

Nach dieser Vereinbarung kann nun die Methode Beep im Programm aufgerufen werden.

Manchmal ist es nicht eindeutig, auf welche Programmeinheit sich ein Attribut bezieht. Es kann z.B. die ganze Methode oder nur den Ergebnistyp (*return type*) modifizieren. In diesen Fällen kann es mit einem Zielspezifizierer (*target specifier*) versehen werden:

```
[Attribut(...)]string Methode(); // bezieht sich auf die Methode
[return:Attribut(...)]string Methode(); // bezieht sich auf das Ergebnis
```

Folgende Zielspezifizierer dürfen in einem Attribut verwendet werden: assembly, module, type, method, property, field, param, event, return.

4.8.3. Definition von Attributen

Um selber ein Attribut zu definieren, muss eine Klasse mit der Namensendung Attribute vereinbart werden. Sie muss *System*.Attribute als Oberklasse sowie einen
parametrisierten Konstruktor haben und muss mit dem Attribut *System*.AttributeUsage versehen werden. Beispielsweise kann das Attribut Autor folgendermaßen definiert werden:

```
using System;                                                    // (4.27)
[AttributeUsage(AttributeTargets.Class | AttributeTargets.Struct)]
public class AutorAttribute : Attribute {
    public AutorAttribute(string name) { this.name = name; }
    public string Name { get { return name; } }
    private string name; }
```

Das Attribut *System*.AttributeUsage hat einen AttributeTargets-Parameter (ein **enum**-
Typ), wie dies in der Dokumentation der Klasse *System*.AttributeUsageAttribute
beschrieben ist; hier wird definiert, welchen Programmeinheiten das zu definierende
Attribut hinzugefügt werden kann. Wir haben hier das Attribut Autor sowohl für
Klassen (AttributeTargets.Class) wie auch für Strukturen (AttributeTargets.Struct)
zugelassen.

Die möglichen Werte dieses Aufzählungstyps sind: Class, Assembly, Constructor,
Delegate, Enum, Event, Field, Interface, Method, Module, Parameter, Property, Re-
turnValue, Struct. Diese Programmeinheiten können also mit Attributen versehen
werden.

Weil wir den Attributkonstruktor mit einem **string**-Parameter definiert haben, muss
das Attribut mit einem **string**-Parameter verwendet werden:

```
[Autor("Andreas Solymosi")]
class Klasse { ... }
```

Als Attributparameter (d.h. Konstruktorparameter einer Attributklasse) sind nur fol-
gende Typen zugelassen: **bool**, **byte**, **char**, **double**, **float**, **int**, **long**, **short**, **string**,
object, *System*.Type sowie **enum**.

Wenn der Attributkonstruktor mehrere formale Parameter hat, müssen auch mehrere
aktuelle Attributparameter (getrennt durch Kommata) angegeben werden. Sie heißen
in diesem Zusammenhang *positionelle Parameter*. Zusätzlich zu ihnen können Attribute auch *benannte Parameter* haben. Diese entsprechen den öffentlichen beschreibbaren und nicht-statischen Variablen und Eigenschaften der Attributklasse.
Beispielsweise besitzt die Klasse *System*.AttributeUsageAttribute die **bool**-Eigenschaft
AllowMultiple. Sie kann (nach den positionellen Parametern) als benannter Parameter verwendet werden:

```
[System.AttributeUsage(System.AttributeTargets.Class, AllowMultiple = true)]
public class AutorAttribute : System.Attribute { ... } // wie gehabt
```

Dieser Parameter bewirkt speziell, dass einer Klasse (AttributeTargets.Class) mehre-re Autor-Attribute hinzugefügt werden können:

```
[Autor("Andreas Solymosi")] [Autor("Peter Solymosi")]
class CisKlasse { ... }
```

Mehrere Attribute können entweder in getrennten eckigen Klammern oder mit Komma getrennt aufgelistet werden. Ihre Reihenfolge ist nicht relevant:

```
[Autor("Andreas Solymosi"), Datum("15. September 2001")]
class ZweiAttribute { ... }
```

4.8.4. Lesen von Attributen

Attribute eines Programmeinheit können mit *Reflexion* (s. Kapitel 5.6. auf Seite 142) ausgewertet werden. Für eine Klasse liefert der **typeof**-Operator ein Objekt der Klas-se *System*.Type, das die Klasse repräsentiert. Seine (von *System*.MemberInfo geerbte) Methode GetCustomAttributes liefert eine Liste der Attribute als **object**[].

So kann der Autor der Klasse eines Objekts ermittelt werden:

```
string autor = "";                                      // (4.28)
System.Reflection.MemberInfo info = typeof(CisBuch);
object[] alleAttribute = info.GetCustomAttributes(true); // β1 parameterlos
foreach (System.Attribute attribut in alleAttribute) {
    if (attribut is AutorAttribute) {
        autor = ((AutorAttribute)attribut).Name; } }
System.Console.WriteLine(autor); // bei AllowMultiple eben der Letzte
```

5. Benutzung von Standardklassen aus .NET-Bibliotheken

In diesem Kapitel verschaffen wir einen Überblick über einige wichtigen Standardbibliotheken von .NET, die Klassen für häufige Aufgaben enthalten:

- Zeichenketten
- Kultur
- Behälter
- Ströme
- nebenläufige Vorgänge
- Reflexion
- Sicherheit

Die Bibliothek *System* (mit Unterbibliotheken) bietet sehr viel mehr Klassen an; ein Überblick darüber befindet sich im Kapitel 9. (ab Seite 235). Einzelne Themenbereiche ausführlich zu behandeln, würden ganze Bücher wie dieses füllen. Wichtiger, als alle zu kennen, ist die Vorgehensweise zu verstehen, wie man zu einer gegebenen Aufgabe die geeigneten Klassen gefunden werden können. Hierzu ist es nötig, sich im Dokument *.NET Framework Reference* auszukennen (s. Kapitel 1.1.2. auf Seite 4).

5.1. Zeichenketten

Die Arbeit mit Zeichenkettenobjekten in C# ist ähnlich einfach wie in Java. Objekte der Klasse *System*.String (abgekürzt **string**) sind (wie Objekte von *java.lang*.String) konstant (unveränderbar), weil die Klasse nur **const**-Methoden (im Sinne von C++) exportiert. Veränderbare Zeichenkettenobjekte können mit der Klasse *System*.StringBuilder (wie *java.lang*.StringBuffer) erzeugt werden.

Die Klasse *System*.String enthält allerdings auch einige interessante Methoden, z.B. Split, die eine Zeichenkette in seine Bestandteile aufsplittert:

```
public class WorteGottes {                                          // (5.1)
    public static void Main() {
        string johannes_3_16 =
            "Also hat Gott die Welt geliebt,dass er seinen einzigen Sohn hergab"+
            "damit jeder,der an ihn glaubt,nicht verloren gehe" +
            "sondern das ewige Leben habe";
        foreach (string wort in johannes_3_16.Split(new char[]{' ', ','})) {
            System.Console.WriteLine("Johannes 3.16: " + wort); } } }
```

Dieses Programm listet die Bibelworte einzeln auf. Die Methode **string**.Split braucht hierzu ein **char[]**-Parameter, in der die Trennzeichen (im obigen Beispiel das Leerzeichen und Komma) aufgelistet werden.

5.1.1. String

In der folgenden Auflistung der wichtigsten Methoden von *System*.String bedeuten die eckigen Klammern [] nur direkt nebeneinander eine Reihung; ansonsten umklammern sie optionale Parameter, die weggelassen werden können:

- Compare vergleicht zwei Zeichenketten; ein **bool**-Parameter steuert, ob Klein- und Großbuchstaben gleich geachtet werden sollen; **int**-Parameter bestimmen den Anfang und die Länge von Teilzeichenketten:

```
static int Compare(string a, string b [, bool kleinGross [, CultureInfo k]]);
static int Compare(string a, int von, string b, int von, int anzahl [,
    bool kleinGross, [CultureInfo kultur]]);
```

Der kultur-Parameter beschreibt hierbei Besonderheiten der verwendeten Schriftweise (typischerweise bei nicht-lateinischen Schriften; s. Kapitel 5.2. auf Seite 123).

Das Ergebnis von Compare ist (wie in Java und C++) ein **int**-Wert: -1 wenn a < b, 0 wenn a == b und +1 wenn a > b.

- Concat fügt zwei, drei oder mehr Zeichenketten oder Objekte (über ihre ToString-Methode) zusammen (ähnlich wie der +-Operator):

```
static string Concat(string a, string b [, string c [, string d]]);
static string Concat(params string[] werte);
static string Concat(object a [, object b [, object c]]);
static string Concat(params object[] werte);
```

- CopyTo kopiert eine angegebene Anzahl von Zeichen von einer Position in der einen Zeichenkette in eine Zeichen-Reihung. Sie ist eine der wenigen **void**-Methoden von **string**; sie legt das Ergebnis in seinen Parameter ziel ab:

```
public void CopyTo(int quelleIndex, char[] ziel, int zielIndex, int anzahl);
```

- Insert kopiert die Zeichenkette und fügt ab dem gegebenen Index einen neuen Teil hinein:

```
public string Insert(int anfangIndex, string einzufügen);
```

- Join fügt mehrere Zeichenketten zusammen und trennt sie mit der angegebenen Trennzeichenfolge:

```
public static string Join(string trennung, string[] werte [, int anfangPos,
    int anzahl]);
```

- PadLeft und PadRight verlängern die Zeichenkette zur angegebenen Länge und polstern sie am Anfang bzw. Ende mit Leerzeichen (oder das angegebene Zeichen):

```
public string PadLeft(int länge [, char polster]);
public string PadRight(int länge [, char polster]);
```

● TrimStart, TrimEnd und Trim tun das Gegenteil: Sie löschen die in der Sprache definierten Trennzeichen (*white space*) oder die angegebenen Zeichen am Anfang, am Ende oder an beiden Enden der Zeichenkette:

```
public string Trim();
public string Trim(params char[]);
public string TrimStart(char[]);
public string TrimEnd(char[]);
```

● Remove löscht eine angegebene Anzahl von Zeichen ab dem angegebenen Index:

```
public string Remove(int anfangIndex, int anzahl);
```

● Replace ersetzt alle Vorkommnisse eines Zeichens durch ein anderes:

```
public string Replace(char alt, char neu);
public string Replace(string alt, string neu);
```

● Substring kopiert einen Teil von der angegebenen Anfangsposition bis zum Ende oder bis zur angegebenen Endposition:

```
public string Substring(char anfang [, char ende]);
```

● ToLower und ToUpper konvertieren eine Zeichenkette zu Klein- bzw. zu Großbuchstaben:

```
public string ToLower([CultureInfo kultur]);
public string ToUpper([CultureInfo kultur]);
```

Es sei noch einmal erwähnt (s. Kapitel 3.1.2. auf Seite 57), dass *System*.String als **struct** vereinbart wurde; deswegen kopiert die Zuweisung nicht die Referenz, sondern die Zeichenkette:

```
string zeichenkette1 = zeichenkette2; // Kopie, auch wenn lang
```

5.1.2. StringBuilder

Alle Methoden von **string** sind **const**-Methoden (im Sinne von C++), d.h. sie verändern ihr Zielobjekt nicht, sondern liefern ein neues **string**-Objekt mit dem Ergebnis ihrer Berechnungen. Ein **string**-Objekt kann aber einfach in ein Objekt der Klasse *System.Text*.StringBuilder konvertiert werden, das dann auch verändert werden kann. Insbesondere ist die Länge einer solchen Zeichenkette dynamisch veränderbar; solche Veränderungen aber können – wegen der notwendigen Kopieroperationen – recht aufwändig sein. Um dies zu steuern, gibt es neben der – hier beschreibbaren (also nicht wie bei *System*.String oder *System*.Array) – Eigenschaft Length (die aktuelle Länge) auch die Eigenschaft Capacity (ebenfalls mit **set**- und **get**-Methoden), die die reservierte Länge darstellt. Mit Hilfe der Indizierung **this**[] (s. Kapitel 4.3. auf Seite 88) können einzelne Zeichen im StringBuilder-Objekt (wie in einem **char**[]-Objekt) direkt erreicht werden:

```
System.Text.StringBuilder zk = new System.Text.StringBuilder(200);    // (5.2)
    // Speicherplatz für 200 Zeichen reserviert
zk.Capacity = 100; // Kapazität verringert, Speicherplatz freigegeben
zk.Length = 300; // Kapazität wird automatisch vergrößert
zk[225] = 'x'; // Index muss zwischen 0 und Length liegen
zk.Length = 100; // Rest abgeschnitten; Kapazität bleibt
zk[225] = 'x'; // löst ArgumentOutOfRangeException aus
```

Neben Größe kann auch der Inhalt eines StringBuilder-Objekts ausgetauscht werden. Hierzu stellt die Klasse *System.Text*.StringBuilder u.a. die folgenden Methoden zur Verfügung.

● Append ermöglicht die Verlängerung einer bestehenden Zeichenkette durch Anhängen von angegebenen Werten. Sie ist überladen, d.h. sie kann mit allen primitiven Typen als Parameter aufgerufen werden. Außerdem nimmt sie Parameter vom Typ **string**, **char[]** und **object** (d.h. mit implizitem ToString()) an. Weitere Überladungen sind:

```
public StringBuilder Append(char wert, int wiederholung);
public StringBuilder Append(char[] wert, int anfangIndex, int anzahl);
public StringBuilder Append(string wert, int anfangIndex, int anzahl);
```

Die letzteren beiden hängen eine gegebene Anzahl von Zeichen aus einer Zeichenreihung bzw. aus einem **string**-Objekt von einer gegebenen Anfangsposition an. Wie aus der Signatur ersichtlich, liefern die Methoden eine Referenz auf das veränderte StringBuilder-Objekt als Ergebnis.

● Eine ähnliche Methode ist AppendFormat, die eine formatierte Zeichenkette quelle dem StringBuilder-Objekt anhängt:

```
public StringBuilder AppendFormat(string quelle, object par0 [, object par1 [,
    object par2 [, object par3]]]);
public StringBuilder AppendFormat([IFormatProvider fp, ] string quelle,
    params object[] par);
```

Die Formatierungsregeln sind dieselben wie bei **string**.Format; sie werden im nächsten Kapitel 5.1.3. (auf Seite 115) beschrieben.

● Die Methode Remove funktioniert ähnlich wie für **string**, verändert aber das aktuelle Objekt. Die Methoden Insert, und Replace haben – neben vergleichbarer Funktionsweise – eine Reihe Überladungen:

```
public StringBuilder Remove(int anfangPos, int länge);
public StringBuilder Replace(string alt, string neu [,int anfang, int länge]);
public StringBuilder Replace(char alt, char neu [, int anfang, int länge]);
public StringBuilder Insert(int index, string wert [, int anzahl]);
public StringBuilder Insert(int index, char[] wert [, int anfang, int länge]);
```

Außerdem kann `Insert` mit einem beliebigen primitiven Typen oder auch mit **object** als zweiter Parameter aufgerufen werden.

5.1.3. Formatierung

Eine besondere Methode der Klasse *System*.`String` ist `Format`. Sie funktioniert ähnlich wie `Replace`; hier werden allerdings Formatierungsangaben in einer gegebenen Zeichenkette durch andere Zeichenketten (bzw. `ToString`-Ergebnisse von Objekten) ersetzt. Ihre einfachsten überladenen Formen sind:

```
public static string Format(string quelle, object par0 [, object par1 [,
    object par2]]);
public static string Format([IFormatProvider fp] string qu,params object par);
```

Das Ergebnis von `Format` ist die Zeichenkette, die als der **string**-Parameter `quelle` übergeben wurde; in ihr wurden aber Formatierungsangaben durch die weiteren Parameter ersetzt. Eine Formatierungsangabe hat die Form

$${index [,breite] [:formatierung]},$$

wobei `index` und `breite` nichtnegative Ganzzahlen sind und `formatierung` eine Zeichenkette ist, die Formatierungszeichen enthält. `Format` liest also die Zeichenkette `quelle`, sucht darin nach Klammerpaaren { und }, und wenn sie eine syntaktisch richtige Formatierung enthalten (ansonsten wird `FormatException` ausgeworfen), wird das Klammerpaar samt Inhalt mit dem Formatierungsergebnis ersetzt.

`breite` gibt die Länge des Ergebnisses der Formatierung an. Dieses ist also eine Zeichenkette der Länge `breite`, in der das Ergebnis ausgerichtet wird, und zwar nach rechts, wenn `breite` > 0 und nach links, wenn `breite` < 0 ist. Wenn `breite` fehlt, wird die möglichst kürzeste Länge genommen.

Jede solche Formatierungsangabe mit `index` entspricht dem `index`-ten Parameter `par0`, `par1`, `par2` bzw. dem `index`-ten Reihungselement von `par`. Die Formatierungsangabe wird durch eine Zeichenkette ersetzt, die aus dem `index`-ten Reihungselement errechnet wird: Wenn die Klasse des `index`-ten Reihungselements die Schnittstelle *System*.`IFormattable` implementiert, wird ihre `Format`-Methode mit dem aktuellen Parameter `formatierung` (aus der Formatierungsangabe) aufgerufen; ansonsten wird die `ToString`-Methode aufgerufen und `formatierung` wird ignoriert.

Es ist interessant an dieser Stelle zu bemerken, dass `ToString` der primitiven Typen kultursensibel ist: Der Wert 1234.56 wird z.B. in Deutschland nach 1234,56 konvertiert. Wenn ein kulturunabhängiges Formatierungsergebnis benötigt wird, muss `CulturInfo.InvariantCulture` benutzt werden (s. Kapitel 5.2. auf Seite 123).

In `formatierung` können Formatierungsregeln für Zahlenformate wie Anzahl der Dezimalstellen oder führende Nullen angegeben werden. Mit Hilfe des *System*.`IFormatProvider`-Parameters können sogar eigene Formatierungsregeln definiert werden.

Die einfachste Verwendung ist die verbreitete (von C's `printf` gewohnte) Benutzung der `WriteLine`-Methode:

```
System.Console.WriteLine("objekt1 = {0}; objekt2 = {1};", objekt1, objekt2);
```

`WriteLine` ruft **string**.`Format` auf, die die Formatangaben {0} durch object1.ToString() und {1} durch object2.ToString() ersetzt.

Wenn das Zeichen { oder } ausgegeben werden soll, muss es verdoppelt werden:

```
System.Console.WriteLine("{{objekt1}} = {0}", objekt1);
```

Die folgenden Beispiele geben einen ersten Einblick in die Möglichkeiten der Formatierung; das Formatierungsergebnis wird unterstrichen als Kommentar angegeben.

```
const double PI = Math.PI, PJ = PI * 10000; const int K = 123;        // (5.3)
// Fließkommaformatierung:
Console.WriteLine("{0, -25}", PI); // 3,1415926535897931
Console.WriteLine("{0, 25}", PJ); //           3,1415926535897931
Console.WriteLine("{0, 25:E}", PI); //                 3,1416E+000
// E und F mit 4 Ziffern nach dem Komma:
Console.WriteLine("{0, 25:E4}", PI); //                3,1416E+000
Console.WriteLine("{0, 25:F4}", PI); //                      3,1416
// G mit 4 signifikanten Ziffern:
Console.WriteLine("{0, 25:G4}", PI); //                       3,142
Console.WriteLine("{0, 25:G4}", PJ); //                      3,142E4
// N und C haben Kommata als Trennzeichen
// und standardmäßig 2 Ziffern nach dem Komma (gerundet Richtung Gerade):
Console.WriteLine("{0, 25:N}", PJ); //                    31.415,93
Console.WriteLine("{0, 25:N4}", PJ); //                  31.415,9265
Console.WriteLine("{0,25:C}", PI); //                      3,14 DM
// D (dezimal) und X (hexadezimal) arbeiten nur mit Ganzzahltypen
// ein Bruchwert wirft FormatException aus:
Console.WriteLine("{0, 25:D}", K ); //                          123
Console.WriteLine("{0, 25:D7}", K ); //                      0000123
Console.WriteLine("{0, 25:X}", K ); //                           7B
Console.WriteLine("{0, 25:X8}", K ); //                     0000007B
```

Die folgende Tabelle enthält die verwendbaren Formatierungszeichen für Zahlenformate:

Zeichen	Beschreibung	Standardergebnis
C oder c	Währung	$XX,XX.XX
D oder d	dezimal (nur Ganzzahl)	[-]XXXXXXX
E oder e	exponentiell	[-]X.XXXXXXE+xxx
		[-]X.XXXXXXe-xxx
F oder f	Festkomma	[-]XXXXXXX.XX
G oder g	E oder F	variabel
N oder n	Nummer mit Trennzeichen	[-]XX,XXX.XX
X oder x	hexadezimal (nur Ganzzahl)	variabel

Tabelle 5.1: Zahlenformate

Das Standardergebnis wird ohne *Genauigkeitsangabe* ausgegeben. Diese kann als Ziffer nach dem Formatierungszeichen angegeben werden (z.B. D7 in der markierten Zeile des obigen Programms).

Die *Bildformate* (*picture format*) bieten mächtige Formatierungsmöglichkeiten:

```
const long M = 34000000; // 34,000,000
// eine 0 wird ohne Ziffer nicht ausgegeben
// ein Literal wie K wird immer ausgegeben
// ein Punkt steht an der Position des Dezimaltrennzeichens (Komma):
Console.WriteLine("{0, 10:K: 0000.0}", K); // K:0123.0
// # ohne signifikante Ziffer verschwindet
// ein Komma bedeutet Trennzeichen
// in numerischen Bildern sollte mindestens eine 0 benutzt werden:
Console.WriteLine("{0, 10:##,##0.#}",-PJ); // -31.415,9
Console.WriteLine("{0, 10:0., Millionen}", M); // 34 Millionen
Console.WriteLine("{0, 10:#0.#E+00}", PJ); // 31,4E+03
// % multipliziert mit 100 und gibt das Prozentzeichen % aus:
Console.WriteLine("{0, 10:###0.##%}", PI); // 314,16%
// die Multiplikation wird mit \\ unterbunden:
Console.WriteLine("{0, 10:###0.##\\%}", PI); // 3,14%
// dasselbe mit @
Console.WriteLine(@"{0, 10:###0.##\%}", PI); // 3,14%
Console.WriteLine("{0, 10:'#'#0}", 10); // #10
// bedingte Formatierung in Abhängigkeit vom Vorzeichen;
// Zahl wenn 0 oder positiv, (Zahl) wenn negative:
Console.WriteLine("{0, 10:0;(0)}", -5); // (5)
// Zahl wenn positiv, -Zahl wenn negativ, nil wenn 0
Console.WriteLine("{0, 10:0;-0;nil}", 0); // nil
```

Die folgende Tabelle enthält die verwendbaren Formatierungszeichen für Bildformate:

Zeichen	Beschreibung
0	Ziffer
#	Ziffer als Platzhalter
.	Dezimalpunkt
,	Tausendertrennzeichen
%	Prozent
E/e	Exponent
\	Zeichenliteral
'ABC' "ABC"	Zeichenkettenliteral
;	Abschnitttrennung

Tabelle 5.2: Bildformate

Das Zeichen # wird durch signifikante Ziffern ersetzt, d.h. führende Nullen sowie abschließende Nullen nach dem (kulturabhängigen) Dezimalzeichen werden durch Leerstelle ersetzt. Wenn ein Format nur # und keine 0 enthält, wird der 0-Wert unsichtbar. Das kulturabhängige Gruppentrennzeichen trennt Zahlengruppen, z.B. "1,000". E formatiert die Ausgabe exponentiell. Das Prozentzeichen bewirkt, dass die Zahl mit 100 multipliziert wird. Mit \ wird eine traditionelle Formatierungssequenz wie "\n" eingeleitet.

Die Datums- und Zeitangaben sind ebenfalls kulturabhängig; in Deutschland erhalten wir für die verschiedenen Formate folgende Ausgaben:

```
DateTime dt = DateTime.Parse("1 Jan 2001 12:01:00am");
Console.WriteLine("{0:d}", dt); // 01.01.2001
Console.WriteLine("{0:D}", dt); // Montag, 1. Januar 2001
Console.WriteLine("{0:f}", dt); // Montag, 1. Januar 2001 00:01
Console.Write("{0:F}", dt); // Montag, 1. Januar 2001 00:01:00
Console.WriteLine("{0:g}", dt); // 01.01.2001 00:01
Console.WriteLine("{0:G}", dt); // 01.01.2001 00:01:00
Console.WriteLine("{0:M}", dt); // 01 Januar
Console.WriteLine("{0:R}", dt); // Sun, 31 Dez 2000 23:01:00 GMT
Console.WriteLine("{0:s}", dt); // 2001-01-01T00:01:00
Console.WriteLine("{0:t}", dt); // 00:01
Console.WriteLine("{0:T}", dt); // 00:01:00
Console.WriteLine("{0:u}", dt); // 2000-12-31 23:01:00Z
Console.WriteLine("{0:U}", dt); // Sonntag, 31. Dezember 2000 23:01:00
Console.WriteLine("{0:Y}", dt); // Januar 2001
// selbstdefinierte Datumsformate (t und z müssen mit \ „entschärft" werden):
Console.WriteLine(@"{0:dddd, dd MMMM yyyy"" um ""HH:mm:ss in der \Zone zzz}",
    dt); //   Montag, 01 Januar 2001 um 00:01:00 in der Zone +01:00
```

Die folgende Tabelle enthält die verwendbaren Formatierungszeichen für Datumsformate:

Zeichen	Beschreibung	Standardergebnis
d	kurzes Datum	`MM/tt/jjjj`
D	langes Datum	`tttt, MMMM tt, jjjj`
f	langes Datum und kurze Zeit	`tttt, MMMM tt, jjjj HH:mm`
F	langes Datum und lange Zeit	`tttt, MMMM tt, jjjj HH:mm:ss`
g	kurzes Datum und kurze Zeit	`MM/tt/jjjj HH:mm`
G	kurzes Datum und lange Zeit	`MM/tt/jjjj HH:mm:ss`
m, M	Monat und Tag	`MMMM tt`
r, R	RFC1123	`ttt, tt MMM jjjj HH':'mm':'ss'GMT'`
s	sortierbar (ISO 8601)	`jjjj-MM-tt HH:mm:ss`
t	kurze Zeit	`HH:mm`
T	lange Zeit	`HH:mm:ss`
u	wie s aber universelle Zeit	`jjjj-MM-tt HH:mm:ss`
U	universell sortierbar	`tttt, MMMM tt, jjjj HH:mm:ss`
Y, y	Jahr und Monat	`MMMM, jjjj`

Tabelle 5.3: Datums- und Zeitformate

Es gibt einen Unterschied, ob ein Datum mit z.B. `M`, `MM`, `MMM` oder `MMMM` formatiert wird:
`M` zeigt den Monat als Zahl ohne führende Null an, `MM` mit führender Null. `MMM` bedeutet die Abkürzung (z.B. `Sep`), `MMMM` den vollen Namen (`September`) – entsprechend der
aktuellen Kultur. Das Gegenteil der Formatierung ist die `Parse`-Methode aller numeri-
schen Typen und der Klasse `DateTime`: Sie stellt aus der **string**-Ausgabe den ursprünglichen Wert wieder her. Der `Parse`-Methode kann in einem zweiten Parameter
zusätzliche Information über die verwendete Formatierung übergeben werden:

```
double d = double.Parse(betrag, NumberStyles.Currency);
```

5.1.4. Benutzerdefinierte Formatierungen

Mit der Implementierung der Schnittstelle *System*.IFormattable (mit der Methode
`ToString`) kann man eigene Formatierungsregeln definieren. Im folgenden Beispiel
wollen wir mit dem Formatierungszeichen b die binäre Repräsentation (geliefert
durch die Klasse *System*.Convert) eines **int**-Werts ausgeben:

```
public class Binärformatierbar : IFormattable {                        // (5.4)
    private int wert;
    public Binärformatierbar(int wert) { this.wert = wert; }
    public string ToString(string format, IFormatProvider fp) {
        if (format.Equals("b")) // unser Zeichen
➜           return Convert.ToString(wert, 2);
```

```
else // anderes Zeichen
    return wert.ToString(format, fp); } }
```

Für alle andere Formatierungszeichen wird die standardmäßige ToString-Methode von **int** aufgerufen. Hier wird der IFormatProvider-Parameter benutzt, um die Formatierung kulturabhängig zu gestalten: Dezimalpunkt (, in Deutschland) und Tausendertrennzeichen (. in Deutschland) werden gesetzt. Wenn hier als aktueller Parameter **null** angegeben wird, werden diese aus der aktuellen Kultur genommen (s. Kapitel 5.2. auf Seite 123).

Für ein Binärformatierbar-Objekt (konstruierbar mit einem **int**-Parameter) liefert also die ToString-Methode mit Formatierungszeichen "b" die binäre Darstellung der Ganzzahl:

```
Binärformatierbar ganzzahl = new Binärformatierbar(23);
System.Console.WriteLine(ganzzahl.ToString("b", null)); // 10111
```

Interessanter ist es aber, wenn die WriteLine-Methode die ToString-Methode des Objekts automatisch aufruft:

```
System.Console.WriteLine("{0:b}", ganzzahl); // 10111
```

Die anderen Formate werden – wie in der obigen ToString-Methode programmiert – an die Standardformatierung übergeben:

```
System.Console.WriteLine("{0:e}", ganzzahl); // 2,300000e+001
```

Die Formatierung existierender Klassen oder auch der primitiven Typen kann überschrieben werden, wenn die Schnittstelle IFormatProvider implementiert wird. Ihre GetFormat-Methode wird nämlich von **string**.Format aufgerufen, um ein ICustomFormatter-Objekt zu besorgen, dessen Format-Methode die Formatierung durchführt.

Beispielsweise kann das Zeichen B für Formatierung mit unterschiedlicher Basis (wie oktal oder hexadezimal) auch für primitive Typen (wie **int**) definiert werden:

```
using System;                                                    // (5.5)
public class IntFormate : IFormatProvider {
    public object GetFormat(Type typ) { // wird aufgerufen von string.Format
        return new IntFormatierer(); } // unser ICustomFormatter-Objekt
    private class IntFormatierer : ICustomFormatter { // innere Klasse
        // string.Format ruft diese Methode für alle Parameter einzeln auf:
        public string Format(string format, object objekt, IFormatProvider fp) {
            if (format == null || !format.StartsWith("B")) {
                string standard = "{0:" + ((format != null) ? format : "") +"}";
                return string.Format(standard, objekt); } // Standardformatierung
            // eigene Formatierung fängt mit 'B' an:
            int basis = int.Parse(format.Substring(1)); // 'B' am Anfang löschen
➜           return Convert.ToString((int)objekt, basis); } } }
```

Die in der letzten Zeile verwendete Methode *System*.Convert.ToString verarbeitet nur die basis-Werte 2, 8, 10, oder 16; ansonsten wirft sie (wie auch unsere Methode) die Ausnahme ArgumentException aus.

Das folgende Programm benutzt diese Formatierung, um seine Ganzzahl-Kommandozeilenparameter oktal und hexadezimal auszugeben:

```
public static void Main(string[] kzp) {
    foreach (string ganzzahl in kzp) {
        int i = int.Parse(ganzzahl);
        System.Console.WriteLine(string.Format(new IntFormate(),
            "{0} oktal ist {1:B8}", new object[] { i, i }));
        System.Console.WriteLine(string.Format(new IntFormate(),
            "{0} hexadezimal ist {1:B16}", new object[] { i, i })); } } }
```

Der Aufruf und die Ausgabe dieses Programms ist:

```
> IntFormate 23 123
23 oktal ist 27
23 hexadezimal ist 17
123 oktal ist 173
123 hexadezimal ist 7b
```

Weil wir die Version mit dem IFormatProvider-Parameter

```
public static string Format(IFormatProvider fp, string quelle, object[] par);
```

der Format-Methode verwenden, müssen wir die zu formatierenden Werte in der markierten Zeile als object[] übergeben.

5.1.5. Reguläre Ausdrücke

Wenn die Suchmethoden von **string** nicht ausreichen, bietet die Bibliothek *System.Text.RegularExpressions* einen leistungsfähigen Mechanismus für Such- und/oder Ersetzungsaufgaben. Er kann auch in Compilern benutzt werden, um z.B. die Bestandteile eines Programms (Schlüsselwörter, Bezeichner usw.) zu finden. Er ist jedoch nicht ausreichend leistungsfähig, um einen gesamten Programmtext zu analysieren. Hierzu sind Compilerbau-Techniken nötig; Klassen der Bibliothek *System.CodeDOM.Compiler* bieten hierzu Hilfe.

Die Arbeit mit regulären Ausdrücken fängt typischerweise damit an, dass ein Objekt der Klasse *System.Text.RegularExpressions*.Regex erzeugt wird. Sein **string**-Parameter ist ein regulärer Ausdruck, der die reguläre Sprache beschreibt; diese soll vom Regex-Objekt erkannt und ggf. übersetzt werden. Der Konstruktor erzeugt einen „Mini-Compiler", der einen beliebigen Text einlesen und analysieren kann. Hierzu dient die Match-Methode der Klasse Regex: Sie bekommt als **string**-Parameter die zu analysierende Zeichenkette und produziert ein Objekt der Klasse *System.Text.RegularExpressions*.Match. Dieses enthält die – der Sprache entsprechende – Struktur des analysierten Textes. Mit Hilfe von `Match`-Methoden können darin z.B. Teilketten gefunden werden, die der regulären Sprache angehören.

Regex-Objekte sind konstant, d.h. ein einmal erzeugter „Mini-Compiler" kann nicht mehr verändert werden: Ähnlich wie `string`, auch `Regex` exportiert nur `const`-Methoden (im Sinne von C++).

Ein bekanntes Beispiel für die Verwendung von regulären Ausdrucken ist, die Hypertext-Referenzen auf einer Internet-Seite zu finden. Die Sprache der Hypertext-Referenzen kann mit dem regulären Ausdruck

```
"href\\s*=\\s*(?:\"(?<1>[^\"]*)\"|(?<1>\\S+))"
```

beschrieben werden (s. am Ende des Kapitels). Eine Methode, die alle Hypertext-Referenzen und ihre Position auf der Seite ausgibt, kann folgendermaßen formuliert werden:

```
using System; using System.Text.RegularExpressions;                // (5.6)
class HRefSuchen {
    static void hRefSuchen(string seite) {
→       Regex r = new Regex("href\\s*=\\s*(?:\"(?<1>[^\"]*)\"|(?<1>\\S+))");
            // der Mini-Compiler wird erzeugt
        Match m = r.Match(seite);
        while (m.Success) {
            Console.WriteLine(m.Groups[1] + " " + m.Groups[1].Index);
            m = m.NextMatch(); } } }
```

Das `Match`-Objekt `m` enthält das Ergebnis der Analyse der angegebenen Zeichenkette `seite`. Darin können alle Teilketten gefunden werden, die der untersuchten Sprache (dargestellt durch `r`) angehören. Hierzu dient die `Match`-Indizierung `Groups` (die hier das 1-ste Vorkommnis einer solchen Teilkette als Objekt der Klasse *System.Text.RegularExpressions*.`Group` liefert; seine `Index`-Eigenschaft ist ihre Position in der ursprünglichen Zeichenkette `seite`). Die Methode `NextMatch` positioniert auf das nächste Vorkommnis, die Eigenschaft `Success` besagt, ob ein Vorkommnis gefunden wurde.

Die Klasse `Regex` kann nicht nur Vorkommnisse von der Sprache angehörenden Teilketten in einer Zeichenkette finden; sie kann solche Vorkommnisse mit Hilfe ihrer Methode `Replace` auch übersetzen. Daher ist der Ausdruck „Mini-Compiler" angebracht. Hierfür ist ein Beispiel das Übersetzen eines Datums vom amerikanischen Format `mm/tt/jj` in das deutsche Format `tt.mm.jj`.:

```
class DatumÜbersetzen {                                            // (5.7)
    static string datumÜbersetzen(string datum) {
        return System.Text.RegularExpressions.Regex.Replace(datum,
→           "\\b(?<monat>\\d{1,2})/(?<tag>\\d{1,2})/(?<jahr>\\d{2,4})\\b",
            "${tag}.${monat}.${jahr}."); } }
```

Hier werden im regulären Ausdruck die Variablen monat, tag und jahr mit ?<...>
definiert (die jeweils 1 oder 2 Dezimalziffern aufnehmen), deren gefundenen Werte
in das Ergebnis mit ${...} übernommen werden. Eine Besonderheit der Methode
Replace ist, dass sie auch eine (hier verwendete) **static**-Version hat: Es ist nicht nötig, zuvor ein (möglicherweise aufwändiges) Regex-Objekt zu erzeugen. Dies ist dann
günstig, wenn mit der Sprache nur eine einzige Zeichenkette (hier datum) verarbeitet
werden soll.

Die Sprache, mit der reguläre Ausdrucke beschrieben werden können, ist recht
komplex. Sie entspricht einem traditionellen nichtdeterministischen *endlichen Automaten* (s. [SolAut] im Literaturverzeichnis), wie in Perl, Python, Emacs und Tcl benutzt wird. Die .NET-Dokumentation enthält ihre Beschreibung. Hier untersuchen wir
nur die in den Beispielen verwendeten Elemente.

Der reguläre Ausdruck "href\\s*=\\s*(?:\"(?<1>[^\"]*)\"|(?<1>\\S+))" aus dem
Programm (5.6) auf Seite 122 besteht aus folgenden Elementen:

href	Literal
\\s	Leerstelle (white space)
*	0 oder mehr \\s
=	Literal
(?: ...)	Gruppe
|	Alternative („oder")
\"	Literal \
(?<1> ...)	Gruppe mit Namen <1>
[^\"]	Zeichen, das kein \" (d.h. kein ") ist
*	0 oder mehr [^\"]
(?<1>\\S+)	Gruppe
\\S	Zeichen, das keine Leerstelle ist
+	1 oder mehr \\S

Der Ausdruck "\\b(?<monat>\\d{1,2})/(?<tag>\\d{1,2})/(?<jahr>\\d{2,4})\\b" aus
dem Programm (5.7) auf Seite 122 enthält folgende zusätzliche Elemente:

\\b	Wortgrenze
(?<monat>...)	Gruppe mit Namen <monat>
\\d	Dezimalziffer
{1,2}	1 oder 2 \\d
/	Literal /
{2,4}	2 oder 4 \\d

5.2. Kultur

Jedes Programm läuft in einer bestimmten Sprach- und Kulturumgebung ab. Verschiedene Länder haben verschiedene Währungen ($, DM, €), Dezimalzeichen
(Punkt . oder Komma ,), Datumsformate und Sortierreihenfolgen (ö kann z.B. zwischen o und p oder aber nach allen Buchstaben einsortiert werden). Um alle diese

Besonderheiten in einem Objekt zu speichern, wurde die Klasse *System.Globaliza-tion*.CultureInfo entwickelt. Ihre statische schreibgeschützte Eigenschaft CurrentCulture referiert ein CultureInfo-Objekt, das die Information über die aktuelle Kultur enthält. Ein ähnliches aber kulturneutrales Objekt kann über die Eigenschaft InvariantCulture erreicht werden.

Eine Kultur wird nach dem Standard ISO 639-1 bzw. ISO 3166 identifiziert. Demnach kann Deutschland mit de-DE, Österreich mit de-AT usw. im Konstruktor des Culture-Info-Objekts angegeben werden. Damit ist es möglich, ein Programm in einer fremden Umgebung ablaufen zu lassen. Hierzu muss die Eigenschaft CurrentCulture der statischen Eigenschaft CurrentThread der Klasse Thread auf ein Objekt gesetzt werden, das die gewünschte Kultur repräsentiert:

```
public class Währung {                                          // (5.8)
    public static void Main(string[] kzp) {
        double summe = double.Parse(kzp[0]);
        System.Console.WriteLine(string.Format("{0:C}", new object[]{summe}));
        string kultur = kzp[1];
        System.Threading.Thread.CurrentThread.CurrentCulture =
            new System.Globalization.CultureInfo(kultur);
        System.Console.WriteLine(string.Format("{0:C}", new object[]{summe}));}}
```

Beim Aufruf

```
> Währung 3.14 hu-HU
```

produziert die erste Ausgabe (ausgeführt in Deutschland im Jahre 2001) 3.14 DM; die zweite (bis zum Beitritt Ungarns, der Autoren Heimatlandes, zur Euro-Zone) 3.14 Ft.

Dieses Beispiel deckt eine Schwäche der .NET-Bibliotheken auf: Nur wenige kommen auf die Idee, eine Methode zur Veränderung der aktuellen Kultur in der Bibliothek *System.Threading* zu suchen.

5.3. Behälter

Behälterobjekte sind in erster Linie fürs Speichern von Objekten geeignet; sie unterscheiden sich voneinander durch die Art der Speicherung (mit oder ohne Schlüssel), die Art der Wiedergewinnung (welche Objekte, wie und wann erreichbar sind) sowie die Technik der Speicherung (Tabelle, Reihung, verkettete Liste usw.; s. Kapitel 6.4. auf Seite 169).

5.3.1. Die Hierarchie von Behältern

Die Bibliothek *System.Collections* enthält folgende Hierarchie aus Schnittstellen (mit Vorsilbe I) und Klassen. In Klammern werden auch Eigenschaften (kursiv gesetzt) und Methoden angegeben.

```
IEnumerable (GetEnumerator)
└─ ICollection (Count, IsSynchronized, SynchRoot, CopyTo)
        ├─ IDictionary (Item, Keys, Values, Add, Clear, Contains, Remove usw.)
        │       ├─ SortedList* (Capacity, ContainsKey, ContainsValue usw.)
        │       │     └─ CaseInsensitiveSortedList ()
        │       └─ Hashtable* (ContainsKey, ContainsValue, GetObjectData)
        │              └─ CaseInsensitiveHashtable ()
        ├─ IList (Item, Add, Clear, Contains, IndexOf, Insert, Remove usw.)
        │       ├─ ArrayList* (Capacity, AddRange, BinarySearch, GetRange usw.)
        │       └─ StringCollection (AddRange)
        ├─ Queue* (Dequeue, Enqueue, Peek, ToArray)
        ├─ Stack* (Push, Pop, Peek, ToArray)
        ├─ BitArray* (Set, SetAll, Not, And, Or, Xor)
        └─ NameObjectCollectionBase (BaseAdd, BaseClear, BaseGet, BaseSet usw.)
               └─ NameValueCollection (GetKey, GetValues, HashKeys, Remove, Set)
IEnumerator (Current, MoveNext, Reset)
└─ IDictionaryEnumerator (Entry, Key, Value)
IHashCodeProvider (GetHashCode)
└─ CaseInsensitiveHashCodeProvider ()
IComparer (Compare)
├─ Comparer ()
└─ CaseInsensitiveComparer ()
```

Die mit * gekennzeichneten Klassen implementieren auch *System.*IClonable (mit der
Methode Clone). Die Klasse Hashtable implementiert auch die Schnittstellen *System.Runtime.Serialization.*ISerializable (Methode GetObjectData) und *System.Runtime.Serialization.*IDeserializationEventListener (OnDeserialisation). Alle Klassen
(ohne Vorsilbe I) haben *System.*Object als Oberklasse und erben oder überschreiben
ihre Methoden (ToString usw.).

Klassen für verkettete Listen (s. Kapitel 6.4. auf Seite 169) sowie für Baumstrukturen
wurden in die Bibliothek *System.*Collections leider nicht aufgenommen.

5.3.2. Überblick über die Behälterklassen

Die wesentlichen Klassen der Bibliothek erben also die Methode GetEnumerator (von
IEnumerable) sowie Count, IsReadOnly, IsSynchronized, SynchRoot und CopyTo (von
ICollection). Es gibt zwei wichtige Gruppen von ICollection-Klassen: die IDictionary-Klassen (sie speichern die Objekte mit Schlüssel) SortedList und Hashtable sowie
die IList-Klassen (sie speichern ohne Schlüssel) ArrayList und StringCollection.

Die ICollection-Klassen Queue ist ein *FIFO-Behälter*, Stack ist ein *LIFO-Behälter* (s.
Kapitel 6.1.1. auf Seite 153). BitArray führt logische Operationen über eine Bitreihung durch; ihre Unterklasse NameObjectCollectionBase und NameValueCollection

assoziieren **string**-Objekte miteinander (ähnlich wie eine Hashtable, jedoch mit einer anderer Technik).

5.3.3. Aufzähler

Bei der Wiedergewinnung des Inhalts aus einem Behälter spielen *Aufzähler* (*enumerator*) eine wichtige Rolle: Die Methode GetEnumerator eines Behälterobjekts liefert ein IEnumerator-Objekt, mit deren Methoden (Current, MoveNext und Reset) die Elemente des Behälterobjekts durchlaufen werden können. Der Aufzähler von IDictionary-Behälterobjekten sind IDictionaryEnumerator-Objekte mit zusätzlichen Eigenschaften Entry, Key und Value. Diese können also nicht nur sequentiell durchlaufen werden, sondern auch direkt (mit Hilfe von Schlüsseln). Wir untersuchen ein Beispiel im folgenden Kapitel.

Im Kapitel 2.4.3. auf Seite 48 haben wir die Zählschleife mit **foreach** kennen gelernt, um Reihungen durchzulaufen (iterieren). Mit **foreach** kann man auch den Inhalt eines Behälterobjekts unter der Voraussetzung durchlaufen, dass die Behälterklasse die Schnittstellen *System.Collections*.IEnumerable implementiert.

Im folgenden Beispiel wollen wir eine Zeichenkette auf Wörter (getrennt durch angegebene Trennzeichen) aufteilen. Der Konstruktor der Klasse Wörter erhält sie als Parameter, zerlegt sie mit Hilfe der **string**-Methode Split in ihre Bestandteile und speichert sie im **string[]**-Objekt elemente. Um die einzelnen Wörter mit **foreach** aus dem Wörter-Objekt herauslesen zu können, wird die Schnittstelle IEnumerable implementiert (in der markierten Zeile):

```
using System; using System.Collections;                            // (5.9)
public class Wörter : IEnumerable {
    private string[] elemente;
    Wörter(string quelle, char[] trennzeichen) {
        elemente = quelle.Split(trennzeichen); } // parsing-Methode von string
➜   public IEnumerator GetEnumerator() { // IEnumerable wird implementiert
        return new MusterEnumerator(this); }
    private class MusterEnumerator : IEnumerator {
        // die innere Klasse implementiert die Schnittstelle IEnumerator
        private int position = -1;
        private Wörter wörter;
        public MusterEnumerator(Wörter wörter) { this.wörter = wörter; }
        public bool MoveNext() {
            if (position < wörter.elemente.Length - 1) {
                position++;
                return true; }
            else {
                return false; } }
        public void Reset() { position = -1; }
        public object Current {
```

```
        get { return wörter.elemente[position]; } } }
    public static void Main() {
        Wörter wörter = new Wörter("Test für die IEnumerable-Klasse Wörter",
            new char[] {' ','-'});
        foreach (string wort in wörter) {
            Console.WriteLine(wort); } } }
```

In der Main-Methode (am Ende des Programms) erzeugen wir das Wörter-Objekt mit dem Inhalt "Test für die IEnumerable-Klasse Wörter" und geben als Trennzeichen ' 'und '-' an. Die **foreach**-Anweisung nutzt die IEnumerator-Methoden MoveNext, Reset, und Current, um ein **string** nach dem anderen aus dem Wörter-Objekt herauszulesen. Zu diesem Zweck implementiert Wörter die Schnittstelle IEnumerable mit der einzigen Methode GetEnumerator (in der markierten Zeile), die ein IEnumerator-Objekt liefert. Dies ist nur möglich, wenn auch die Schnittstelle IEnumerator (im obigen Beispiel durch die innere Klasse MusterEnumerator, nach der markierten Zeile) implementiert wird. Deren Methoden MoveNext, Reset, und Current sorgen dafür, dass die einzelnen Wörter im Wörter-Objekt geliefert werden.

Es ist nicht unbedingt nötig, die Schnittstelle IEnumerable zu implementieren, um **foreach** benutzen zu können. Die Anweisung **foreach** verlangt nur, dass die Methoden GetEnumerator, MoveNext, Reset, und Current zur Verfügung stehen. Der Verzicht auf die Schnittstellenimplementierung bringt sogar den Vorteil, dass Current einen besseren Ergebnistyp (*return type*) als **object** liefern kann – der Compiler kann so Typfehler aufdecken:

⊠   **foreach** (**int** wort **in** wörter) ... // Typfehler

Allerdings, wenn die Schnittstellen IEnumerable und IEnumerator nicht implementiert werden, kann die Klasse von anderen Sprachen (wie C++, Visual Basic oder JScript) nicht mehr auf der Basis von .NET mit **foreach** bearbeitet werden. Beide Vorteile werden erlangt, wenn die Klasse MusterEnumerator eine typsichere und eine kompatible Version der Methode GetEnumerator enthält:

```
public MusterEnumerator GetEnumerator() { // typsichere Version
    return new MusterEnumerator(this); }
IEnumerator IEnumerable.GetEnumerator() { // kompatible Version
    return (IEnumerator) new MusterEnumerator(this); }
```

Hier wurde die Schnittstelle IEnumerable explizit implementiert; eine solche Methode ist immer **public** (s. Kapitel 3.3.10. auf Seite 76). In C#-Programmen kann dann die typsichere Version aufgerufen werden, von anderen Sprachen heraus die kompatible.

5.4. Ströme

Die Bibliothek *System.IO* enthält eine Reihe von Klassen, mit denen Ein- und Ausgabe auf sequentielle und direkte Dateien sowie auf andere *Ströme* (*streams*) programmiert werden kann. Ein Strom ist ein Objekt, das andere Objekte (die Elemente) aufnehmen und ggf. in bestimmter Reihenfolge (sequentiell oder direkt) wiedergeben kann.

Die Stromklassen in C♯ sind (noch) nicht so hochentwickelt wie etwa in Java. Insbesondere fehlen noch zahlreichen Filterströme, die die Arbeit auf einer hohen Abstraktionsebene möglich machen. Somit müssen in C♯ viele Aufgaben (z.B. Ausgeben einer Objekthierarchie) „per Hand" erledigt werden, für die in Java fertige Klassen (z.B. *java.io*.ObjectStream) zur Verfügung stehen (s. Kapitel 5.4.7. auf Seite 136).

5.4.1. Arten von Strömen

Ein Strom kann eine Datei im üblichen Sinne kapseln, d.h. die Daten werden auf die Festplatte oder auf eine Diskette gespeichert bzw. von dort gelesen. Ein Strom kann ebenso eine Internet-Verbindung, einen Drucker, den Bildschirm, die Tastatur usw. darstellen – jeden Behälter, der die Daten sequentiell aufnimmt bzw. von dem Daten sequentiell gelesen werden können. Dementsprechend wird zwischen *Eingabe-* und *Ausgabeströmen* unterschieden.

Wir können die Ströme auch danach unterscheiden, in welcher Form die Daten gespeichert werden: Es gibt *zeichenorientierte* und *byteorientierte* Ströme. Zeichenorientierte Ströme speichern die Werte in einer für Menschen lesbaren oder direkt ausdruckbaren Form: Ein Drucker, die Tastatur, Bildschirmfenster oder Textdateien werden von solchen Strömen bedient; der Inhalt einer solchen Datei kann mit einem beliebigen Texteditor gelesen und beschrieben werden. Die byteorientierten Ströme enthalten die Daten in der Form, wie sie innerhalb eines C♯-Programms dargestellt werden (z.B. eine `float`-Zahl als 4 Bytes mit Exponent, Mantisse und Vorzeichen). Diese Ströme (z.B. als Dateien) können nur von ähnlich aufgebauten Programmen (z.B. innerhalb der .NET-Plattform) gelesen und interpretiert werden.

Die byteorientierten Ströme können vom C♯-Programm relativ schnell beschrieben und gelesen werden; beim Schreiben in einen zeichenorientierten Strom (oder beim Lesen von dort) müssen die Daten manchmal aufwändig von der internen in die externe, d.h. für Menschen lesbare Form (bzw. zurück) konvertiert werden (s. Kapitel 4.4. auf Seite 22).

In C♯ werden Zeichen in Unicode kodiert; hierbei hat jedes Zeichen einen 16 Bits langen Code. Aus diesem Grund enthalten die zeichenorientierten Ströme 2 Bytes lange `char`-Werte, d.h. Ganzzahlen zwischen 0 und 65535; die byteorientierten Ströme enthalten 8 Bit lange `byte`-Werte, d.h. Ganzzahlen zwischen 0 und 255.

Die Ströme lassen sich auch nach ihren Funktionen in zwei Gruppen einteilen:
• Ströme, die den Anschluss an eine Datenquelle (z.B. eine Eingabedatei) bzw. einen Datenspeicher (z.B. eine Ausgabedatei) herstellen (die *Behälterströme*), und
• Ströme, die die übertragenen Daten vor- bzw. nachverarbeiten (die *Filterströme*)

Behälterströme haben ihre Datenquellen bzw. -senken entweder im Speicher (eine Reihung aus **byte**), in einer Datei oder sind mit einem anderen Strom als *Rohr* (*pipe*) verbunden (noch nicht in C♯).

In C♯ stehen folgende Behälterströme (Klassen von *System.IO*) zur Verfügung:

Behältertyp	byteorientierte Ströme	zeichenorientierte Ströme
Speicher	MemoryStream	StringReader/Writer
Datei	FileStream	

Tabelle 5.4: Behälterströme in C♯

Die Filterströme können die Daten
• puffern (*buffering*),
• konvertieren von einer (z.B. C♯-internen) Darstellungsform in die andere (z.B. les- und druckbare) oder zwischen Zeichen und Bytes,
• Ströme miteinander verknüpfen (noch nicht in C♯),
• Zeilen zählen (noch nicht in C♯),
• vorauslesen und ggf. in einen Strom zurückschieben (noch nicht in C♯),
• zu Zeilen zusammenfassen (noch nicht in C♯) usw.

In C♯ finden wir folgende Filterströme:
•   BufferedStream
•   BinaryReader und BinaryWriter
•   StreamReader und StreamWriter

Alle diese Filterströme können mit einem Stream-Parameter konstruiert werden, die letzten beiden alternativ auch mit einem **string** als Pfad der Datei (s. Kapitel 5.4.3. auf Seite 131).

5.4.2. Überblick über die Stromklassen

Die Bibliothek *System.IO* enthält die folgenden Klassen für Behälterströme:

```
Stream abstract
   ├─ BufferedStream
   ├─ FileStream
   └─ MemoryStream
```

Die Filterströme sind folgende:

```
.BinaryReader
 BinaryWriter
 TextReader abstract
 ├─ StreamReader
 └─ StringReader
 TextWriter abstract
 ├─ StreamWriter
 └─ StringWriter
```

Wichtige Klassen der Bibliothek *System.IO* sind noch `File`, `Directory` und `Path`.

Fast alle `Stream`-Methoden können Ausnahmen auslösen. Die meisten von ihnen sind Unterklassen von *System.IO.*`IOException`:

```
System.Exception
├─ IOException
│   ├─ EndOfStreamException // Ende der Datei
│   ├─ FileNotFoundException // Datei nicht gefunden
│   ├─ DirectoryNotFoundException // Verzeichnis nicht gefunden
│   └─ FileLodeException // Datei gefunden, kann aber nicht geladen werden
├─ PathTooLongException // Pfad zu lang
└─ System.SystemException
    └─ InternalBufferOverflowException // interner Pufferüberlauf
```

Einige IO-Klassen unterstützen den Überwachungsmechanismus, mit denen Ereignisse ausgelöst werden können:

```
System.ComponentModel.Component
└─ FileSystemWatcher // überwacht Datei/Verzeichnis nach Veränderung
System.Delegate
└─ System.MulticastDelegate
    ├─ ErrorEventHandler // Ereignis Error von FileSystemWatcher
    ├─ RenamedEventHandler // Ereignis Renamed von FileSystemWatcher
    └─ FileSystemEventHandler // Changed/Created/Deleted: FileSystemWatcher
System.EventArgs
├─ ErrorEventArgs // Parameter für Error von FileSystemWatcher
└─ FileSystemEventArgs // Changed/Created/Deleted von FileSystemWatcher
    └─ RenamedEventArgs // Parameter für Renamed von FileSystemWatcher
```

Die Bibliothek enthält auch einige Aufzählungstypen für die Parameter von *System.IO*-Methoden:

```
System.ValueType
 ├─ WaitForChangedResult
 └─ System.Enum
      ├─ FileMode = { Append, Create, CreateNew, Open, OpenOrCreate,Truncate }
      ├─ FileAccess = { Read, Write, ReadWrite }
      ├─ FileShare = { None, Read, Write, ReadWrite }
      ├─ FileAttributes = { Archive, Hidden, ... }
      ├─ SeekOrigin = { Begin, Current, End }
      ├─ WatcherChangeTypes = { All, Changed, Created, Deleted, Renamed }
      └─ NotifyFilters = { Attributes, LastAccess, LastWrite, Security, Size }
```

Die letzte *System.IO*-Klasse wird als Attribut benutzt:

```
System.Attribute
 └─ System.ComponentModel.MemberAttribute
      └─ System.ComponentModel.DescriptionAttribute
           └─ IODescriptionAttribute
```

5.4.3. Konstruktion von Behälterströmen

Die Konstruktoren der ausprägbaren Stromklassen akzeptieren folgende Parameter
(die eckigen Klammern [] bedeuten nur direkt nebeneinander eine Reihung; ansonsten umklammern sie optionale Parameter, die weggelassen werden können):

```
BufferedStream(Stream [, int puffergröße]);
FileStream([string pfad, FileMode [, FileAccess [, FileShare
    [, int puffergröße [, bool istAsynch]]]]]);
FileStream(int handle, FileAccess [, bool hatHandle [,int puffergröße
    [, bool istAsynch]]]);
MemoryStream([int puffergröße]);
MemoryStream(byte[] puffer [, bool beschreibbar]);
MemoryStream(byte[] puffer [, int index, int länge [, bool beschreibbar
    [, bool öffentlichSichtbar]]]);
BinaryReader(Stream [, System.Text.Encoding]);
BinaryWriter([Stream [, System.Text.Encoding]]);
StreamReader(string pfad [, System.Text.Encoding [, int puffergröße
    [, bool detekt]]]);
StreamReader(Stream [, System.Text.Encoding [, int puffergröße
    [, bool detekt]]]);
StreamWriter(string pfad [, bool anhängen [, System.Text.Encoding
    [, int puffergröße]]]);
StreamWriter(Stream [, System.Text.Encoding [, int puffergröße]]);
StringReader([string quelle]);
StringWriter([System.Text.StringBuilder]);
```

Beispielsweise kann BufferedStream mit einem oder zwei Parametern (Stream und evtl. int für die Puffergröße), StringReader ohne oder mit einem **string**-Parameter (für die Quelle, aus der gelesen werden soll) erzeugt werden.

Für ein FileStream-Objekt mit Pfad (als **string**) der Datei muss FileMode (einer der Werte Append, Create, CreateNew, Open, OpenOrCreate oder Truncate), kann aber auch FileAccess (Read, Write oder ReadWrite) angegeben werden. Anschließend kann noch FileShare (None, Read, Write, ReadWrite), anschließend auch die Puffergröße (als **int**) stehen. Wenn all das vorhanden ist, kann die Datei auch asynchron (mit **true** als letzter Parameter) geöffnet werden. Alternativ kann FileStream auch mit einem *Handle* als **int**-Wert (und evtl. zusätzlichen Parametern) geöffnet werden. (Der Handle kann von einem anderen FileStream-Objekt mit der Methode GetHandle besorgt werden.)

Der Konstruktorparameter der Klassen StreamReader und StreamWriter kann entweder ein Stream-Objekt (z.B. der Klasse FileStream) sein, oder der Dateiname als Zeichenkette; das bedeutet, dass der Benutzer nicht unbedingt mit Objekten der Klasse FileStream zu operieren braucht; sein Anknüpfungspunkt zum Dateisystem ist dann das StreamReader/Writer-Objekt.

5.4.4. Verkettung von Strömen

Stream-Objekte können über ihr Konstruktorparameter mit einem anderen Stream-Objekt verkettet werden können. Da Stream selbst eine abstrakte Klasse ist, müssen hier Unterklassenobjekte genommen werden: BufferedStream, FileStream oder MemoryStream. Ein häufiges Beispiel ist, dass einem FileStream (erzeugt mit einem **string** als Dateiname, evtl. mit Pfad) ein StreamWriter angehängt wird:

```
FileStream datei = new FileStream(dateiname, FileMode.Open);
StreamWriter ausgabeDatei = new StreamWriter(datei);
```

Der Sinn der Verkettung von Strömen ist, dass hier z.B. FileStream nicht die Methoden besitzt, die für die Ein- oder Ausgabe von Daten vonnöten wären, StreamReader aber sehr wohl:

```
⊠    datei.WriteLine(); // Fehler: FileStream enthält kein WriteLine
     ausgabeDatei.WriteLine(); // StreamWriter enthält WriteLine
```

Der Behälterstrom, der eine Datei direkt ansprechen kann, enthält typischerweise nur einfache Ein- und Ausgabemethoden. Die Write-Methode von FileStream nimmt zum Beispiel nur einen **byte**-Parameter oder einen **byte**[]-Parameter:

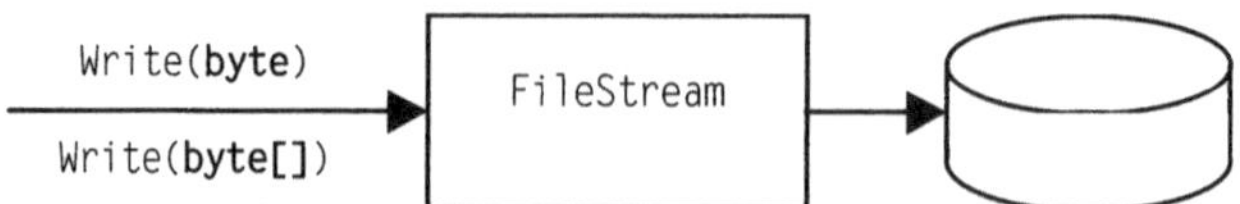

Abbildung 5.5: Byteweises Schreiben in eine Datei

Wenn man komplexere Daten schreiben möchte, ist es nötig, dem Behälterstrom einen Filterstrom (z.B. `StreamWriter`) vorzuschalten:

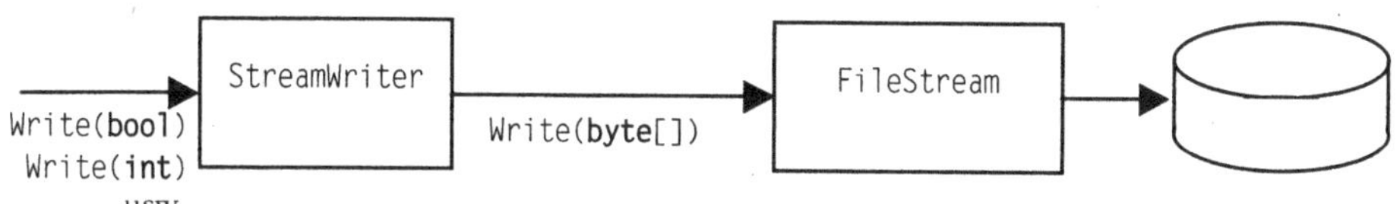

Abbildung 5.6: Schreiben von Daten in eine Datei

`StreamWriter` enthält überladene `Write`-Methoden für alle primitiven Datentypen, und eine auch für **object**. Hier wird die (von **object** geerbte oder überschriebene) `ToString`-Methode des Objekts aufgerufen und die von ihr gelieferte **string**-Darstellung des Objekts wird in den Strom geschrieben.

Natürlich kann `StreamWriter` nicht nur mit `FileStream`, sondern mit einem beliebigen andren Behälterstrom (z.B. `MemoryStream`) verkettet werden. Ebenso sind andere Filterströme wie `BinaryWriter` geeignet, mit Behälterströmen verkettet zu werden. Während `StreamReader/Writer` die Daten in Zeichen konvertieren, bearbeiten `BinaryReader/Writer` die Daten byteorientiert.

Zwischen Strömen können folgende Verknüpfungen hergestellt werden:

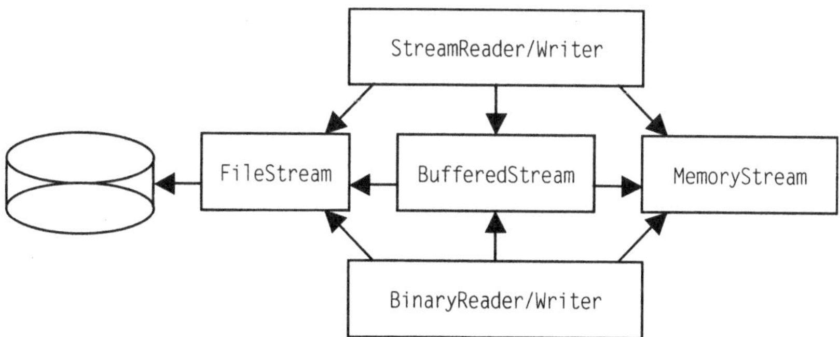

Abbildung 5.7: Verknüpfungen von Dateiströmen

5.4.5. Operationen in den Stromklassen

`Stream`-Klassen unterstützen *synchrone* und *asynchrone* Lese- und Schreiboperationen auf demselben Strom, unabhängig davon, ob sie vom Betriebssystem unterstützt werden. Der Aufruf einer synchronen Operation (wie `Read` oder `Write`) wartet, bis die Datenübertragung abgeschlossen ist und danach wird die nächste Anweisung ausgeführt. Der Aufruf einer asynchronen Operation (wie `BeginRead` oder `BeginWrite`) stößt nur die Datenübertragung an, und die nächste Anweisung wird sofort ausgeführt; die gelesenen Daten stehen dann natürlich noch nicht zur Verfügung, und die zu schreibenden Daten dürfen nicht überschrieben werden. Das Ende der Übertragung kann mit EndRead oder EndWrite abgewartet werden; anschließend stehen die gelesenen Daten zur Verfügung.

Stream enthält Implementierungen für die asynchronen Lese- und Schreiboperationen Read und Write, die von den synchronen Operationen abhängen, und Implementierungen für die synchronen Lese- und Schreiboperationen BeginRead, EndRead, BeginWrite und EndWrite, die von den asynchronen Operationen abhängen. Somit reicht es, entweder die eine oder die andere Sorte von Operationen zu überschreiben; die anderen werden dementsprechend – infolge der Polymorphie – die benutzerdefinierten aufrufen.

Die Methoden ReadByte und WriteByte rufen die synchronen Operationen auf.

Ströme können auch *Positionierung* (*seeking*) unterstützen, wenn der darunter liegende Speicher (z.B. Festplattendatei) dies erlaubt (eine Netzverbindung unterstützt dies beispielsweise nicht). Hierzu dienen die Stream-Methoden Seek und SetLength sowie die Eigenschaften Position und Length.

Welche Operationen ein Stromobjekt unterstützt, kann man über die Stream-Eigenschaften CanRead, CanWrite und CanSeek erfahren.

Einige Stromklassen (wie BufferedStream) arbeiten mit Pufferung für erhöhte Leistung. Die Methode Flush leert den Puffer und schreibt die Daten auf den darunter liegenden Speicher. Die Methode Close ruft auch Flush auf und gibt alle Betriebsmittel frei.

Die Klasse FileStream kann Dateien synchron oder asynchron öffnen (gesteuert mit einem **bool**-Parameter im Konstruktor); an asynchron eröffneten Dateien arbeiten alle Lese- und Schreiboperationen deutlich effektiver. FileStream wird auch benutzt, die Standardein- und ausgabe sowie Fehlerausgabe zu implementieren.

Die *System.IO*-Klasse File kann zusammen mit FileStream benutzt werden, um Dateien zu manipulieren (erzeugen, umbenennen usw.).

Im Gegensatz zu FileStream speichert MemoryStream die Daten nicht in einer Datei, sondern im Speicher, d.h. in einem **byte[]**-Objekt. Dieses (oder seine Länge) wird beim Erzeugen des MemoryStream-Objektes angegeben; es kann über MemoryStream-Methoden nur beschrieben werden; das Lesen erfolgt direkt über Zugriff auf das **byte[]**-Objekt. Seine Größe kann nicht verändert werden. Wenn aber beim Erzeugen des MemoryStream-Objektes die Pufferlänge 0 angegeben wird, wird ein beliebig vergrößerbarer Puffer benutzt.

Im Folgenden untersuchen wir ein Beispiel, in dem für ein FileStream-Objekt die Seek-Methode aufgerufen wird, um die Datei zu positionieren. Hierzu müssen zwei Parameter angegeben werden: die Entfernung (*offset*) und der Referenzpunkt. Der

Referenzpunkt kann drei Werte aufnehmen: den Anfang, die aktuelle Position oder das Ende der Datei (die drei Werte des Aufzählungstyps `SeekOrigin`).

Wir wollen die Datei öffnen (oder wenn es sie noch nicht gibt, erzeugen: `File-Mode.OpenOrCreate`) und die Kommandozeilenparameter an das Ende der Datei anfügen. Anschließend schreiben wir den Inhalt der Datei auf die Konsole:

```
using System.IO;                                              // (5.10)
class Ströme {
    public static void Main(string[] kzp) {
        ... // Kommandozeilenparameter kzp prüfen
        FileStream datei = new FileStream(kzp[0], FileMode.OpenOrCreate,
            FileAccess.Write);
        StreamWriter schreiber = new StreamWriter(datei);
        schreiber.BaseStream.Seek(0, SeekOrigin.End); // aufs Ende positionieren
        for (int i = 1; i < kzp.Length; i++) {
            schreiber.WriteLine(kzp[i] + " " +
                System.DateTime.Now.ToLongTimeString() + " " +
                System.DateTime.Now.ToLongDateString()); }
        schreiber.Close(); // auch Flush()
        datei = new FileStream(kzp[0], FileMode.OpenOrCreate, FileAccess.Read);
        StreamReader leser = new StreamReader(datei);
        leser.BaseStream.Seek(0, SeekOrigin.Begin); // zu Anfang positionieren
➜       while(leser.Peek() > -1) { // bis Ende der Datei
            System.Console.WriteLine(leser.ReadLine()); }
        leser.Close(); } }
```

Aus historischen Gründen liefert `Read()` oder `Peek()` am Eingabeende (Dateiende oder Ende der Eingabezeile) den Wert -1, an dem das Dateiende erkannt werden kann.

5.4.6. Polymorphe Ströme

Im Kapitel 4.1.1. auf Seite 80 haben wir schon erwähnt, dass die Tastatur und die Konsole aus der Klasse *System*.`Console` über ihre **static**-Eigenschaften `In`, `Out` und `Err` vom Typ `TextReader` bzw. `TextWriter` erreicht werden. Dahinter liegt jeweils ein `StreamReader` bzw. `StreamWriter`-Objekt.

Da eine Datei ebenfalls über ein `StreamReader` bzw. `StreamWriter`-Objekt erreicht werden kann, haben wir die Möglichkeit, durch polymorphe Verwendung der Methoden `ReadLine` und `WriteLine` zur Laufzeit zu entschieden, ob Dateien oder die Standardein- bzw. -ausgabe verwendet wird.

```
using System.IO;                                              // (5.11)
public class Spiegelung { // liest Zeilen und schreibt sie wieder heraus
    private TextReader eingabe = System.Console.In; // Vorbesetzung: Tastatur
    private TextWriter ausgabe = System.Console.Out; // Vorbesetzung: Konsole
```

```csharp
    private bool tastatureingabe = true;
    private void eingabeSetzen(string dateiname) {
        if (dateiname.Length != 0) {
➜          eingabe = new StreamReader(new FileStream(dateiname, FileMode.Open));
            tastatureingabe = false; } }
    private void ausgabeSetzen(string dateiname) {
        if (dateiname.Length != 0) {
➜          ausgabe = new StreamWriter(new FileStream(dateiname,
                FileMode.OpenOrCreate)); } }
    private string zeileLesen(string aufforderung) {
        if (tastatureingabe)
            System.Console.WriteLine(aufforderung);
        return eingabe.ReadLine(); } // polymorph
    private void zeileSchreiben(string zeile) {
        ausgabe.WriteLine(zeile); } // polymorph
    public static void Main() {
        Spiegelung echo = new Spiegelung();
        echo.ausgabeSetzen(echo.zeileLesen("Ausgabedatei (oder nichts):"));
        echo.eingabeSetzen(echo.zeileLesen("Eingabedatei (oder nichts):"));
        while (true) {
            string zeile = echo.zeileLesen("Bitte Zeile eingeben: ");
        if (zeile == null || zeile == "") break;
            echo.zeileSchreiben(zeile); }
        echo.ausgabe.Close(); } }
```

Soll die Ein- bzw. Ausgabe an Stelle von Tastatur/Konsole auf Dateien erfolgen, so müssen die Klassen StreamReader bzw. StreamWriter benutzt werden, die bei der Ausprägung als Konstruktorparameter ein Objekt der Klasse FileStream erhalten.

5.4.7. Serialisierung

In *System.IO* fehlen zwar die – aus Java bekannten – Klassen für Objektströme, ihre Funktionalität kann jedoch mit Hilfe der *Serialisierung* nachgebaut werden. Hierunter versteht man die Umwandlung einer Objektstruktur in eine Folge von Daten auf eine Art und Weise, dass daraus die Objektstruktur wiederhergestellt werden kann. Wenn diese Folge dann in einen Strom geschrieben wird, kann sie von dort zurückgelesen werden.

Zu diesem Zweck muss die Klasse jedes Elements des zu serialisierbaren Objekts (und auch deren Elemente) mit dem Attribut *System*.Serializable versehen werden. Einzelne Elemente der Klasse können mit dem Attribut *System*.NonSerialized versehen werden; dies bewirkt, dass diese Elemente nicht in den Strom geschrieben werden und bei der Wiederherstellung ihre Vorbesetzungswerte (0, null usw.) erhalten.

Die Klasse *System.Runtime.Serialization.Formatters.Binary*.BinaryFormatter bietet die statischen Methoden Serialize und Deserialize an, mit deren Hilfe Objekte (von

[Serializable] Klassen) in eine Datei (erzeugt durch *System.IO.File.Create*) geschrieben bzw. von dort gelesen werden können:

```
using System.Runtime.Serialization.Formatters.Binary;          // (5.12)
public class ListeInDatei {
    [System.Serializable] class Knoten { // innere, serialisierbare Klasse
        internal string name;
        [System.NonSerialized] internal int nummer;
        internal Knoten nächster; } // Referenz zum nächsten Knoten
    public static void Main(string[] kzp) { ... // kzp prüfen
        Knoten kette = new Knoten(), vorheriger = kette, knoten;
        kette.name = kzp[0]; kette.nummer = 1; // erstes Glied
        for (int i = 1; i < kzp.Length; i++) { // weitere Glieder
            knoten = new Knoten();
            knoten.name = kzp[i]; knoten.nummer = i+1;
            vorheriger.nächster = knoten;
            vorheriger = knoten; } // verkettete Knoten-Objekte wurden erzeugt
        knoten = kette;
        while (knoten != null) { // zur Überprüfung wird ihr Inhalt ausgegeben
            System.Console.WriteLine(knoten.name + " " + knoten.nummer);
            knoten = knoten.nächster; }
        System.IO.Stream datei = System.IO.File.Create("Daten.dat");
        BinaryFormatter formatierer = new BinaryFormatter();
        formatierer.Serialize(datei, kette);
            // die ganze Kette wird herausgeschrieben
        datei.Close(); // erforderlich, um später als Eingabedatei zu öffnen
        datei = System.IO.File.OpenRead("Daten.dat");
        kette = (Knoten)formatierer.Deserialize(datei); } }
            // die ganze Kette wird neu eingelesen
            // zur Überprüfung kann ihr Inhalt wie oben ausgegeben werden
```

Weil in diesem Beispiel das Element `nummer` [NonSerialized] ist, enthält es nach dem Zurücklesen überall 0.

Eine Untersuchung der in diesem Beispiel erzeugten binären Datei `Daten.dat` zeigt, dass sie nicht nur die Daten (aus dem Kommandozeilenparameter) und für ihre Verkettung nötige Information enthält, sondern auch zusätzliche Auskunft (erzeugende Klasse, Versionsnummer usw.), die ihre rechtmäßige Benutzung überprüfen lässt.

Neben der Bibliothek *System.Runtime.Serialization.Formatters.Binary* (mit der Klasse `BinaryFormatter`) für binäre Serialisierung steht auch die Bibliothek *System.Runtime.Serialization.Formatters.Soap* (mit der Klasse `SoapFormatter`) zur Verfügung, mit der eine *SOAP-Verschlüsselung* (*Symbolic Optimizer Assembly Program*) für XML-Codierung erzeugt werden kann. Zum Erzeugen einer spezifischen XML-

Kodierung kann die Klasse *System.Xml.Serialization.*XmlSerializer verwendet werden.

5.5. Nebenläufige Vorgänge

Die meisten Rechnersysteme verfügen über verschiedene *Betriebsmittel* (*resources*) wie Prozessoren, Ein- und Ausgabekanäle, Geräte, Dateien, speicherresidente Software usw. Diese werden von verschiedenen Programmen benutzt. Laufen die Programme nacheinander ab, dann werden die Betriebsmittel unwirtschaftlich genutzt. Typischerweise laufen mehrere Programme gleichzeitig (oder quasi-gleichzeitig, zeitlich ineinander verzahnt) und die Betriebsmittel werden unter ihnen aufgeteilt. Man spricht in diesem Fall von *parallelen* oder *nebenläufigen Vorgängen* (*thread*) oder (*leichtgewichtigen*) *Prozessen* (*lightweight process*).

Auch Methoden eines C#-Programms können nebenläufig ablaufen. Das Nebenläufigkeitskonzept in C# unterstützt unmittelbar das Konzept der *Monitoren*.

5.5.1. Einfache Vorgänge

Nebenläufige Vorgänge sind Objekte der Klasse *System.Threading.*Thread. Bei ihrer Konstruktion muss als Parameter ein Delegat vom Typ *System.Threading.*ThreadStart übergeben werden. Die Klasse exportiert die Methode Start; bei ihrem Aufruf wird die im Delegat gekapselte Methode nebenläufig zur aufrufenden Methode ausgeführt. Man sagt auch, eine *Instanz* dieses Vorgangs wird gestartet, indem seine Start-Methode aufgerufen wird:

```
using System.Threading;                                        // (5.13)
public class Hauptvorgang {
    public static void NebenläufigeMethode() { ... }
    public static void Main() {
        ThreadStart methode = new ThreadStart(NebenläufigeMethode);
        Thread vorgang = new Thread(methode);
        vorgang.Start(); // NebenläufigeMethode und Main laufen jetzt parallel
    ... } }
```

Mehrere Instanzen eines Vorgangs können gestartet werden, wenn man mehrere Thread-Objekte mit demselben Delegat erzeugt und ihre Start-Methode aufruft. Im folgenden Beispiel werden die Zeitpunkte ermittelt, wann die einzelnen Vorgänge aktiv sind:

```
using System;                                                  // (5.14)
public class ZeitVorgang {
    public static void ZeitAusgeben() {
        Console.WriteLine("Nebenvorgang:" + DateTime.Now.ToLongTimeString()); }
    public static void Main() {
        Console.WriteLine("Hauptvorgang: " + DateTime.Now.ToLongTimeString());
```

```
      try {
          System.Threading.Thread vorgang = new System.Threading.Thread(
              new System.Threading.ThreadStart(ZeitAusgeben));
➜         vorgang.Priority = System.Threading.ThreadPriority.Highest;
➜         vorgang.Start();
➜         if (vorgang.IsAlive) {
➜             vorgang.Abort(); }
          new System.Threading.Thread(new System.Threading.ThreadStart(
              ZeitAusgeben)).Start(); // zweite Instanz
      } catch (System.Exception e) { // ThreadState- oder SecurityException
          Console.WriteLine(e); } } }
```

In den markierten Zeilen wurden für das Thread-Objekt vorgang Methoden und Eigenschaften aufgerufen; die Klasse Thread enthält noch zahlreiche Möglichkeiten. Diese können auch Ausnahmen auslösen – sie wurden im obigen Programm zum Schluss aufgefangen.

5.5.2. Erzeuger und Verbraucher

Ein Standardbeispiel für nebenläufige Vorgänge ist das Problem der Erzeuger und Verbraucher; ein Vorgang produziert Daten und legt sie in einen Puffer, ein anderer entnimmt sie:

```
using System.Threading;                                              // (5.15)
class Erzeuger {
    private string produkt; // was der Vorgang produziert
    private Puffer puffer; // wohin er produziert, s. Programm (5.16)
    public Erzeuger(string produkt, Puffer senke) {
        this.produkt = produkt; this.puffer = senke;
➜       new Thread(new ThreadStart(Erzeugen)).Start(); }
    public void Erzeugen () { // hier wird nebenläufig produziert
        while (true) {
            System.Console.WriteLine(produkt + " erzeugt");
            puffer.Eintragen(produkt); } } }
class Verbraucher {
    private Puffer puffer;
    public Verbraucher(Puffer quelle) {
        puffer = quelle;
➜       new Thread(new ThreadStart(Verbrauchen)).Start(); }
    public void Verbrauchen() { // hier wird nebenläufig verbraucht
        while (true) {
            string produkt = (string)puffer.Entnehmen();
            System.Console.WriteLine(produkt + " verbraucht"); } } }
```

Im Konstruktor von Erzeuger bzw. Verbraucher starten wir also je einen Vorgang, der die Methode Erzeugen bzw. Verbrauchen (sie entsprechen Run in Java) der Klasse ausführt. In diesen Methoden finden die Produktion bzw. der Verbrauch in je einer

Endlosschleife statt: Erzeuger schreibt **string**-Objekte in den Puffer, die er in seinem Konstruktor erhalten hat; Verbraucher entnimmt von dort diese **string**-Objekte und gibt sie auf der Konsole aus. Verschiedene Erzeuger-Vorgänge können beispielsweise unterschiedliche Speisen in den Puffer ablegen, die verschiedene Verbraucher-Vorgänge von dort verzehren können:

```
public class MacDonalds {
    private static Puffer vorrat = new Puffer(100);
    public static void Main() {
        new Erzeuger("Hamburger", vorrat);
        new Erzeuger("Pommes", vorrat);
        new Erzeuger("Eis", vorrat);
        Verbraucher thomas = new Verbraucher(vorrat); // zwei benannte Prozesse
        Verbraucher philip = new Verbraucher(vorrat);
        new Erzeuger("Pommes", vorrat); // viele Pommes werden benötigt
        new Verbraucher(vorrat); } } // ein anonymer Verbraucher
```

Wir haben damit sechs Vorgänge gestartet, die in nicht vorhersagbarer Reihenfolge Lebensmittel in den Vorrat legen bzw. daraus entnehmen. Das kritische Betriebsmittel ist der Puffer vorrat. Er soll als *Monitor* implementiert werden, indem in den Zugriffsmethoden Eintragen und Entnehmen mit Hilfe von **lock(this)** voneinander geschützt werden (in Java würde man sie **synchronized** vereinbaren). Dies garantiert, dass der Zugriff auf das geschützte Objekt zu einem Zeitpunkt nur einem Vorgang gestattet ist; alle anderen Interessenten müssen warten; hierdurch wird *gegenseitiger Ausschluss* gesichert:

```
public class Puffer : Rohr { // Warteschlange aus (6.7)            // (5.16)
    public Puffer(int größe) : base(größe) { }
    public override void Eintragen(object nachricht) {
        lock(this) {
            base.Eintragen(nachricht); } }
    public object Entnehmen() {
        lock(this) {
            object nachricht = base.Ältestes();
            base.Entfernen();
            return nachricht; } } }
```

Im Programm (5.15) auf Seite 139 sind also Eintragen und Entnehmen sichere Operationen auf dem kritischen Betriebsmittel: Nur ein Vorgang kann auf vorrat zugreifen. Es besteht aber noch das Problem, dass der Puffer voll oder leer sein kann; die Vorgänge werden dann mit Ausnahmen VollException oder LeerException aus dem Programm (6.7) auf Seite 168 unterbrochen. In so einem Fall müssten sie lieber warten. Dies ist nur möglich, wenn Sie miteinander synchronisiert werden.

5.5.3. Synchronisierung

Mit dem Monitor-Konzept (`lock`) haben wir sichergestellt, dass stets nur ein Vorgang auf den Puffer zugreifen kann. Um die Ausnahmen zu vermeiden, müssen aber die Erzeuger anhalten, wenn der Puffer voll ist; ebenso die Verbraucher, wenn er leer ist. Für die Synchronisierung bietet die Klasse *System.Threading*.`Monitor` die Methoden `Wait` und `Pulse` bzw. `PulseAll`, die wie folgt funktionieren.

Ist die Eingangsbedingung einer Methode nicht erfüllt, so ruft diese `Wait`, und der Vorgang wird angehalten, bis irgendjemand ein `Pulse` oder `PulseAll` aufruft. Eine Methode, die einen Zustand herstellt, auf den vielleicht andere Vorgänge warten, signalisiert dies mit `Pulse` (irgendein wartender Vorgang wird benachrichtigt) oder `PulseAll` (alle wartenden Vorgänge werden benachrichtigt). Da `Pulse` keine Information darüber mitgibt, welcher Zustand verändert wurde, muss der benachrichtigte Vorgang nun erneut überprüfen, ob seine Eingangsbedingung erfüllt ist. Dies geschieht am besten in einer Schleife:

```
while (! bedingung)
    Wait(this); // warten auf Pulse, dann erneut prüfen
```

Die Methoden `Eintragen` und `Entnehmen` aus dem Programm (5.16) auf Seite 140 ergänzen wir nun so, dass sie bei leerem bzw. vollem Lager warten:

```
public override void Eintragen(object nachricht) {                    // (5.17)
    lock(this) {
        while (base.IstVoll) { // IstVoll aus dem Programm (6.7) auf Seite 168
            Monitor.Wait(this); } // warten auf Pulse, dann erneut prüfen
        base.Eintragen(nachricht);
        Monitor.PulseAll(this); } } // Verbraucher werden geweckt
public object Entnehmen() {
    lock(this) {
        while (base.IstLeer) {
            Monitor.Wait(this); } // warten auf Pulse, dann erneut prüfen
        object nachricht = base.Ältestes();
        base.Entfernen();
        Monitor.PulseAll(this); // wartende Verbraucher können aufwachen
        return nachricht; } }
```

In Java sollen `Wait` und `Pulse` (dort `wait` und `notify`) nur in **synchronized**-Methoden (oder in darin gerufenen Methoden) benutzt werden, damit die Synchronisierungsbedingung nicht zwischen Test und Ausführung des Codes von einem anderen Vorgang geändert werden kann; dies wird vom Compiler überprüft. In C♯ bekommen wir leider erst zur Laufzeit eine Ausnahme *System.Threading*.`SynchronizationLockException`. Um dies zu vermeiden, sperren wir die ganze Methode mit **lock**. Glücklicherweise führt dies nicht zur *Sackgasse (deadlock)*, weil während `Wait` der **lock**-Zustand automatisch aufgehoben wird.

Wait kann man mit einem *System*.TimeSpan-Parameter aufrufen, der die minimale Wartezeit angibt.

In der **static**-Methode Thread.Sleep kann als *System*.TimeSpan- oder **int**-Parameter die Anzahl der Millisekunden angegeben werden, wie lange der Vorgang schlafen soll. Während dieser Zeit können andere Vorgänge arbeiten. Nach dem Ablauf der Zeit kann der Vorgang irgendwann (es ist nicht garantiert, wann) weiterlaufen.

5.5.4. Unterbrechungen

Während Pulse einen beliebigen (durch Zufall ausgewählten) Vorgang und PulseAll alle wartenden Vorgänge benachrichtigt, bietet die Methode Interrupt der Klasse Thread die Möglichkeit, einen bestimmten Vorgang zu benachrichtigen:

```
vorgang.Interrupt();
```

Der nächste (oder gerade aktuelle) Wait- oder Sleep-Zustand des Vorgangs wird dadurch mit der Ausnahme *System.Threading*.ThreadInterruptedException beendet.

5.5.5. Weitere Synchronisierungsoperationen

Die Klasse *System.Threading*.Thread bietet noch zahlreiche weitere Werkzeuge zur Vorgangsorganisation und -koordination, wie das Setzen von Prioritäten (Eigenschaft Priority), das Schlafenlegen bis zum Wecken (Suspend/Resume) und das Beenden eines Vorgangs (Abort). Ein Vorgang kann von sich aus einem anderen den Vortritt lassen oder auf die Beendigung eines anderen Vorgangs warten (Join). Es gibt Möglichkeiten, Vorgänge zu Gruppen zusammenzufassen (ThreadPool). Andere Klassen der Bibliothek *System.Threading* wie Timer, Mutex oder Monitor implementieren bekannte Techniken, Vorgänge zu synchronisieren.

Der Umgang mit diesen Sprachmitteln erfordert jedoch große Umsicht, da es leicht zu Systemverklemmungen (*deadlocks*) kommen kann, die meist schwer aufspürbar sind. Generell gilt: Je einfacher die Synchronisationsstruktur, desto wahrscheinlicher die Verklemmungsfreiheit.

5.6. Quelltextinformation zur Laufzeit

Ein Programm ist – abstrakt gesehen – durch sein Laufzeit- bzw. Ein-/Ausgabeverhalten vollständig beschrieben. Mit welchen Sprachelementen dies erreicht wird, ist zur Laufzeit im Prinzip unerheblich: Nur der Compiler verarbeitet die Sprachelemente des Programms wie Klassen, Methoden, Variablen usw. und übersetzt sie in einen ausführbaren, aber normalerweise nicht (oder nur schwer) lesbaren Code in MSIL, aus dem der ursprüngliche Programmtext nicht (oder nur annähernd) ermittelbar ist. Die Programmstruktur steht nach der Übersetzung fest, und es gibt keine Möglichkeit, sie zur Laufzeit zu verändern: In C♯ (wie in allen modernen Programmiersprachen) kann man keine selbstmodifizierenden Programme schreiben.

5.6.1. Methoden finden

Die meisten Programmiersprachen – die in Maschinensprache übersetzt werden – bieten im Normalfall tatsächlich keine Möglichkeit, zur Laufzeit Information über die Programmelemente zu erhalten. Lediglich zu Testzwecken (*debugging*) erlauben etliche Compiler, bestimmte Quelltextinformationen (wie z.B. die Namen von Variablen) zur Laufzeit verfügbar zu machen. Solche testbaren Programme sind aber ineffizient, deswegen wird diese Information in die freizugebende Version nicht übernommen.

In C♯ dagegen sind Quelltextinformationen grundsätzlich aus dem MSIL-Code ermittelbar. Die Klassen der Bibliothek *System.Reflexion* (etwa: *Quelltext-Spiegelung*) bieten eine Reihe von Methoden an, die diese Quelltextinformation zur Laufzeit zugänglich machen. Durch diese *Reflexion* besteht also die Möglichkeit, im laufenden Programm Informationen über den Programmtext zu erhalten und zu verarbeiten.

Die Reflexion beginnt typischerweise damit, dass zu einem gegebenen Objekt seine *Klasse* als *System.*Type-Objekt ermittelt wird. Diesem Zweck dient die von **object** geerbte Methode GetType:

```
System.Type klasse = referenz.GetType(); // Typ des referierten Objekts
```

Auch der **typeof**-Operator liefert ein Objekt dieser Klasse aufgrund des Typnamens:

```
System.Type integer = typeof(int); // repräsentiert den Typ System.Int32
```

Das vom **typeof** gelieferte Type-Objekt schon vom Compiler festgelegt wird, berechnet GetType es zur Laufzeit. Von diesem Objekt ausgehend können dann die Methoden der Klasse, ihre Parametertypen usw. des repräsentierten Typs gelesen werden.

Das folgende Beispielprogramm liest aus der Kommandozeile den Namen einer Klasse (mit einem parameterlosen Konstruktor), ihrer auszuführenden Methode und die **string**-Parameter, mit denen sie aufgerufen wird:

```
public class MethodeAusführen {                                      // (5.18)
    static void Main(string[] kzp) { ... // Kommandozeilenparameter prüfen
➜      System.Type klasse = System.Type.GetType(kzp[0]);
       System.Reflection.MethodInfo methode = klasse.GetMethod(kzp[1]);
       object[] parameter = new object[kzp.Length-2]; // die restlichen Kzp
       for (int i = 0; i < parameter.Length; i++)
          parameter[i] = kzp[i-2];
       System.Reflection.ConstructorInfo konstruktor = klasse.GetConstructor
          (new System.Type[0]); // parameterlosen Konstruktor finden
       methode.Invoke(konstruktor.Invoke(new object[0]), parameter); } }
```

Hier erzeugt in der markierten Zeile die statische GetType-Methode aus dem Namen der Klasse (erster Kommandozeilenparameter) ein *System.*Type-Objekt, das die zu suchende Klasse repräsentiert. In der darauf folgenden Zeile findet die Methode GetMethod die Methode aus dieser Klasse, deren Name im zweiten Kommandozeilenparameter angegeben wurde. Sie wird durch ein *System.Reflection*.MethodInfo-Objekt repräsentiert; wir haben mit seiner Invoke-Methode (in der letzten Zeile) die repräsentierte Methode ausgeführt.

In der **for**-Schleife wird anschließend eine **object**-Reihung aus den restlichen (möglicherweise 0) Kommandozeilenparametern zusammengestellt; sie wird in der letzten Zeile als Parameterliste der auszuführenden Methode verwendet.

Die GetConstructor-Methode des *System*.Type-Objekts liefert ein *System.Reflection*.ConstructorInfo-Object, das einen (hier den parameterlosen) Konstruktor der Klasse klasse repräsentiert. Diese Methode verlangt als Parameter eine Reihung aus *System*.Type; hier können die Parametertypen des gesuchten Konstruktors angegeben werden. Weil wir jetzt einen parameterlosen Konstruktor finden wollen, ist die Länge dieser Reihung 0.

In der letzten Zeile wird nun die eigentliche Aufgabe erfüllt und mit Invoke die gesuchte Methode methode ausgeführt. Invoke braucht zwei Parameter: das Zielobjekt und die Parameterliste. Das Zielobjekt wird hier erzeugt, indem für konstruktor die Methode Invoke aufgerufen wird. Weil der Konstruktor parameterlos ist, übergeben wir ihm eine **object**-Reihung der Länge 0.

Ähnlich sind wir im Programm (4.28) auf Seite 110 vorgegangen, wo wir mit der Methode GetCustomAttributes die Liste der Attribute eines *System*.Type-Objekts herausgelesen haben.

5.6.2. Datenkomponenten finden

In C♯ kann man – ähnlich wie in C++ – einfache Aufzählungstypen mit Hilfe von **enum** bilden. Einige Programmiersprachen (wie Pascal oder Ada) bieten zu diesem Zweck fortschrittlichere Sprachkonstrukte an: Zu einem Aufzählungswert kann man mit Hilfe von Methoden wie Succ und Prev den darauffolgenden und vorangehenden Wert ermitteln (sie lösen die Ausnahme ConstraintException für den letzten bzw. ersten Wert aus), mit First und Last den ersten und den letzten Wert. Interessant ist hierbei die ToString-Methode, die den Namen des Aufzählungswerts liefert.

Es ist nicht schwer, in C♯ diesen Mechanismus nachzubauen. Wir entwickeln jetzt eine (nicht ausprägbare) Klasse Enum, von der der Benutzer seine eigene Aufzählungsklasse ableitet, in der er die Aufzählungswerte als Objekte definiert:

```
class Farbe : Enum {                                        // (5.19)
    public static readonly Farbe ROT = new Farbe();
    public static readonly Farbe GRÜN = new Farbe();
    public static readonly Farbe BLAU = new Farbe(); }
class Farben {
```

```
static void Main() {
    Farbe farbe = Farbe.GRÜN;
    farbe = (Farbe)farbe.Next(); // BLAU
    System.Console.WriteLine(farbe.ToString()); // "BLAU"
    farbe = (Farbe)farbe.Next(); } } // throws ConstraintException
```

Das Ergebnis von Next muss hier zu Farbe konvertiert werden, weil sie in der Klasse Enum vereinbart ist und dort ihr Ergebnistyp nur Enum ist:

```
public class Enum {
    protected Enum(); // nur in der Unterklasse ausprägbar
    public static Enum First();
    public static Enum Last();
    public static Enum Next(); // throws ConstraintException
    public static Enum Prev(); // throws ConstraintException
    public static string ToString(); }
```

Die Klasse Enum kann nun mit Hilfe einer vierfach verketteten Liste (s. Kapitel 6.4. auf Seite 169) implementiert werden; so können die Methoden Succ, Prev, First und Last einfach den gewünschten Wert liefern:

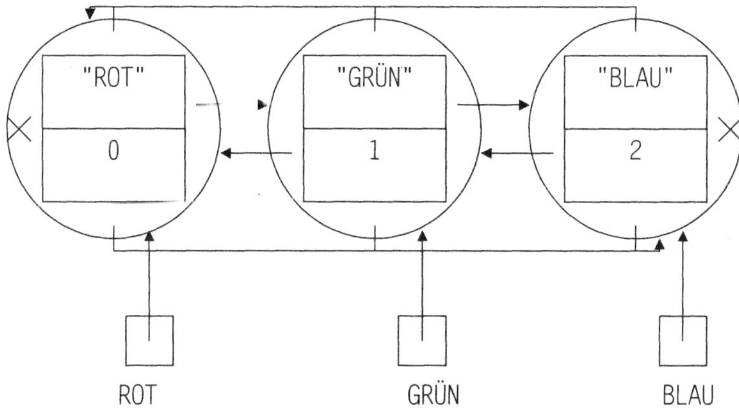

Abbildung 5.8: Aufzählungsklasse Farbe

In der Methode ToString wird aber Reflexion benötigt, damit sie zur Laufzeit die Namen der Werte (ROT usw.) aus dem Quellprogramm ermitteln kann:

```
public abstract class Enum { // abstract, damit nicht ausprägbar ist
    protected sealed class Knoten {
        internal int pos;
        internal Enum nächster, vorheriger, erster, letzter; // Verkettungen
        internal string text; } // Name des Wertobjekts
    protected Knoten knoten;
    private static Enum ersterAkt, letzterAkt;
        // erster und letzter Wertknoten für den aktuellen Typ
    protected Enum() { // geschützter Konstruktor soll nur für die Erzeugung
```

```
    // eines neuen Aufzählungswerts innerhalb eines Typs aufgerufen werden
    knoten = new Knoten();
    if (letzterAkt == null || letzterAkt.GetType() != GetType()) {
        // neuer Typ, neue Kette
        ersterAkt = this; letzterAkt = this;
        knoten.pos = 0; } // neuer letzter Wert für den aktuellen Typ
        // vorheriger == null beim ersten, nächster == null beim letzten Wert
    else { // neuer Wert für denselben Typ, verketten:
        knoten.pos = letzterAkt.knoten.pos + 1;
        knoten.vorheriger = letzterAkt;
        letzterAkt.knoten.nächster = this;
        letzterAkt = this; } // neuer letzter Wert für den aktuellen Typ
    knoten.text = GetType().GetFields()[knoten.pos].Name;
    knoten.erster = ersterAkt; // erster Wert für den aktuellen Typ
    // setzen letzter-Komponente auf letzterAkt
    // in allen Knoten für den aktuellen Typ:
            Enum kn = ersterAkt;
            for (int i = 0; i <= knoten.pos; i++) {
                kn.knoten.letzter = letzterAkt;
                kn = kn.knoten.nächster; } }
    // öffentliche Methoden:
    public override string ToString() {
        return knoten.text; }
    public Enum First() {
        return knoten.erster; }
    public Enum Last() {
        return knoten.letzter; }
    public Enum Next() {
        if (knoten.letzter == this)
            throw new ConstraintException();
        else
            return knoten.nächster; }
    public Enum Prev() {
        if (knoten.erster == this)
            throw new ConstraintException();
        else
            return knoten.vorheriger; } }
public class ConstraintException : System.Exception { }
```

In den markierten Zeilen wird Reflexion benutzt: Im text-Element eines Knoten-Objekts wird die Eigenschaft Name aus dem pos-ten Feld des Aufzählungstyp gespeichert. Hierdurch kann ROT, GRÜN usw. (was erst vom Benutzer der Enum-Klasse definiert wird) ermittelt werden.

Die abstrakte Klasse `System.Enum` (die implizite Oberklasse von **enum**) bietet zwar keine Navigationsmethoden wie `Next` usw. an, dafür die statische Methode `GetName`, der ähnlich wie das obige `ToString` den Namen eines **enum**-Werts liefert:

```
enum Farbe { ROT, GRÜN, BLAU };
Farbe farbe = Farbe.GRÜN;
System.Console.WriteLine(System.Enum.GetName(typeof(Farbe), farbe)); // Wert
```

5.6.3. Weitere Beispiele

Im Kapitel 7.1. auf Seite 211 werden wir eine Verwendung dieser Vorgehensweise untersuchen, in der aufgrund des Klassennamens (als **string**) ein Objekt der Klasse erzeugt wird, indem ein Konstruktor mit Reflexion gefunden und ausgeführt wird. Im Kapitel 6.6.3. auf Seite 176 überprüfen wir mit Hilfe der Reflexion, ob der Typ eines Objekts bestimmten Kriterien genügt. Im Kapitel 6.8.6. auf Seite 208 befindet sich ein Ersatz für das Überschreiben des **new**-Operators (in C++ möglich, in C# aber nicht), indem Objekte aufgrund ihres Typs (wie mit **new**) aber von einer Methode erzeugt werden.

5.7. Sicherheitsmechanismen

Die Bibliothek *System.Permissions* bietet zahlreiche Klassen für die Sicherheitsüberwachung von C#-Programmen an.

Die Sicherheit von auszuführenden Programmen muss dann überwacht werden, wenn sie aus unterschiedlichen Quellen stammen können, z.B. aus dem Internet. Sicherheitsanforderungen werden von `.NET` auf zwei Ebenen gestellt:

- Rechte des Programms
- Rechte des Benutzers

Das Sicherheitssystem von `.NET` schützt Programme und Daten gegen Missbrauch oder Beschädigung durch andere, indem es dem *verwalteten Code* (*managed code*) Einschränkungen auferlegt. Ein Administrator entscheidet, welches Programm welche Vertrauensstufe genießt und erlaubt ihm dementsprechend, die Einschränkungen zu übertreten. Die Programme müssen hierzu um Genehmigung bitten. Wenn ein Programm versucht, ohne Genehmigung eine Einschränkung zu übertreten, wird es durch eine Ausnahme unterbrochen. Eine Bitte um Genehmigung kann auch abgelehnt werden – die Entscheidung darüber wird aufgrund von Informationen getroffen, wie *digitale Unterschrift* (*digital signature*), Ursprung des Programms, wer es ausführt, welche Rechte es schon besitzt usw.

Das Laufzeitsystem erlaubt die Benutzung geschützter *Betriebsmittel* (*resources*) nur, wenn man eine Genehmigung dafür besitzt. Solche Genehmigungen werden mit Hilfe von Genehmigungsklassen erteilt. Die Sicherheitsregeln (*security policy*) garantieren, dass verwalteter Code nur genehmigte Aktionen durchführt. Jede zu ladende Bibliothek wird nach diesen Regeln überprüft.

5.7.1. Rechte eines Programms

Jedes Programm genießt je nach Art und Herkunft ein bestimmtes Maß an Vertrauenswürdigkeit. Das .NET-Sicherheitskonzept erlaubt entsprechend diesem Maß Aktionen, um die Sicherheit des System nicht zu gefährden. Die wichtigsten Elemente dieses Konzepts sind:

- Administratoren können Sicherheitsrichtlinien festlegen, die Programmen und Programmgruppen bestimmte Rechte erteilen.
- Die Ausführung von Programmteilen wird vom Laufzeitsystem eingeschränkt: Es prüft, ob die Rechte eines Aufrufers für die Ausführung der aufgerufenen Methode ausreichen.
- Rechte werden beim Laden von Komponenten vergeben und geprüft. Die Vergabe dieser Rechte hängt von den Anforderungen der jeweiligen Komponente und von den Sicherheitsrichtlinien ab.
- Ein Programm kann einerseits Rechte anfordern, die zu seiner Ausführung unbedingt notwendig sind, andererseits weitere Rechte, die sinnvoll sind. Außerdem kann es auch explizit angeben, welche Rechte es in keinem Fall benötigt.
- Eine Klasse kann erwarten, dass ihr Kunde (der Aufrufer einer ihrer Methoden) bestimmte Rechte hat.
- Für Zugriffe auf verschiedene Ressourcen sind Rechte definiert, die man vergeben oder entziehen kann.

Ein Programm mit geringerer Sicherheitsstufe kann daran gehindert werden, Programmteile mit höherer Sicherheitsstufe aufzurufen, weil für ihn nur ein Teil der Rechte gilt.

Die Rechte eines Programms werden auf der Basis zweier Konzepte geprüft:
- Typsicherheit für verwaltete Programme (*managed code*) und
- explizite Anforderung bestimmter Rechte

Das Laufzeitsystem prüft nach dem Laden jeder Komponente, ob es ein typsicheres Programm enthält. Ohne Typsicherheit könnte es keine zuverlässige Prüfung der Rechte eines Aufrufers durchführen. Für C#-Programme wird die Forderung nach Typensicherheit automatisch erfüllt, solange das Programm keine explizit unsicheren (**unsafe**) Teile enthält.

Typsichere Programme können explizite Rechte anfordern. Ein Programm, das nur wenige Rechte anfordert, wird auch auf Systemen mit hohen Sicherheitsanforderungen ausgeführt. Die Ausführung eines Programmteils, das ohne Grund alle oder viele Rechte anfordert, wird auf solchen Systemen untersagt.

Die Rechte für ein Programm können folgendermaßen gruppiert werden:

- Rechte, die das Programm zur Ausführung unbedingt braucht
- Rechte, die nicht unbedingt notwendig sind, die aber die zu erledigende Aufgabe vereinfachen
- Rechte, die das Programm zwar bekommen könnte, aber nicht möchte. Mit solchen Selbsteinschränkungen können Sicherheitslücken klein gehalten werden.

Die Betriebsmittel, die vom Laufzeitsystem zur Verfügung gestellten werden, sind über Zugriffsrechte geschützt. Mit geeigneten Rechten ausgestatteten Programme erhalten Zugriff auf das jeweilige Betriebsmittel und die Erlaubnis, geschützte Operationen mit ihm auszuführen. Ein Programm kann solche Rechte zur Laufzeit anfordern, und die Laufzeitumgebung entscheidet, ob die jeweilige Erlaubnis erteilt wird oder nicht.

.NET stellt folgende Rechte (Klassen aus dem Namensraum *System.Security.Permissions*) für Systemressourcen zur Verfügung:

- `EnvironmentPermission` – Zugriffsrechte auf Umgebungsvariablen für Lesen oder Schreiben (auch Anlegen und Löschen)
- `FileDialogPermission` – Zugriff auf Dateien über Standarddialogfelder zum Öffnen oder Speichern. Der Benutzer muss die gewünschten Zugriffe über ein Dialogfeld explizit zulassen.
- `FileIOPermission` – Dateioperationen für Lesen (auch Abfrage von Dateiinformationen), Schreiben (auch Löschen und Überschreiben) oder Anhängen (ohne das Lesen des vorhandenen Dateiinhalts)
- `IsolatedStoragePermission` – Zugriff auf benutzerindividuelle Daten; z.B. Größe und die Dauer der Speicherung
- `ReflectionPermisson` – erlaubt bzw. entzieht die Möglichkeit zur Abfrage von Reflexion für nicht öffentliche Elemente
- `RegistryPerrnission` – Lesen, Anlegen oder Ändern von Schlüsseln und Werten im Systemregister (alle beantragten Rechte müssen getrennt und zusammen mit einer Liste der Schlüssel und Werte angegeben werden).
- `SecurityPermission` – eine Sammlung einfacher Flags für das Sicherheitssystem, z.B. Ausführung von Programmen, Sicherheitsprüfungen außer Kraft setzen, Rahmenbedingungen für die Serialisierung oder Aufrufe von nicht verwaltetem Code usw.
- `UIPermission` – Zugriff auf Teile der Benutzeroberfläche, z.B. Einsatz von Fenstern, Zwischenablage oder Reaktion auf Ereignisse

5.7.2. Programmidentität

Rechte, die mit Programmidentität verbunden sind, können nicht explizit angefordert werden – sie sind fest im Programm verankert. Die Signatur des Programms gibt beispielsweise dem Laufzeitsystem die Möglichkeit, den Ursprung (wie etwa eine Internetadresse) und den Hersteller herauszufinden.

.NET stellt folgende Rechte (Klassen aus dem Namensraum *System.Security.Permissions*) für Programmidentität zur Verfügung:

- PublisherIdentityPermission – die Signatur einer Komponente (Unterschrift des Herstellers)
- StrongNameIdentityPermission – der stark verschlüsselte Name der Komponente (die Identität des Programms setzt sich aus dem stark verschlüsselten Namen und dem Programmnamen zusammen).
- ZoneIdentityPermission – gibt die Zone an, aus der das Programm stammt (jede Internetadresse gehört zu einem Zeitpunkt genau einer Zone an) ·
- SiteIdentityPermission – definiert die Internetadresse, von der das Programm stammt
- URLIdentityPermission – gibt den URL an, von dem das Programm stammt

5.7.3. Rechte eines Benutzers

Die individuellen Benutzerrechte von .NET sind denen von COM sehr ähnlich. Das Konzept baut auf die Idee des *Beauftragten* (*principal*) auf, das entweder einen *Benutzer* oder einen im Namen des Benutzers handelnden *Agenten* repräsentiert. Alle .NET-Anwendungen führen Sicherheitsprüfungen entweder nach der Identität des Beauftragten oder seiner Rollenzugehörigkeit aus.

Eine *Rolle* ist eine Menge von Rechten zur vereinfachten Definition von Benutzergruppen, d.h. einer Gruppe von Benutzern, die gleiche Rechte haben. Ein *Beauftragter* kann mehrere Rollen (also Benutzergruppen) tragen. Ob bestimmte Aktionen in seinem Namen ausführbar sind oder nicht, ergibt sich aus der Rollenzugehörigkeit.

Die Klasse *System.Security.Permissions*.PrincipalPermission stellt Methoden bereit, mit deren Hilfe Agenten Rechte erteilt werden können. Das Laufzeitsystem prüft dann die Identität des Beauftragten und seine Rollen.

5.7.4. Beispiel

Die meisten C#-Programme müssen sich um das *Sicherheitssystem* von .NET nicht kümmern – es steht ihnen umsonst zur Verfügung. Die einzige Ausnahme hiervon ist, wenn man *unsichere Bibliotheken* benutzen möchte. Sie befinden an der Grenze zwischen der *verwalteten* (*managed*) Welt von .NET und Programmen außerhalb der .NET-Infrastruktur. Solche Bibliotheken müssen sehr zuverlässige und gut ausgetestete Klassen enthalten, weil ein eventueller Programmfehler das ganze Sicherheitssystem gefährden kann.

Es gibt zwei Wege in C#, Sicherheitsgenehmigungen zu erhalten: über Aufrufe von Methoden (z.B. Assert) aus Genehmigungsklassen (z.B. *System.Security.Permissions*.SecurityPermission) oder über Genehmigungsattribute (wie *System.Security.Permissions*.SecurityPermissionAttribute). Im folgenden Beispiel untersuchen wir beide Mechanismen:

```
using System; using System.Security;                            // (5.20)
using System.Security.Permissions;
class UnsichereMethode { // throws SecurityException
    // Für den Aufruf ist die Sicherheitsgenehmigung für UnmanagedCode nötig
    [System.Runtime.InteropServices.DllImport("user32.dll")]
    public static extern int MessageBox(uint hWnd, string lpText,
        string lpCaption, uint uType); }
public class Sicherheitsmechnanismen {
    private static SecurityPermission genehmigung =
        new SecurityPermission(SecurityPermissionFlag.UnmanagedCode);
    private static void GenehmigungWiderrufen() {
        genehmigung.Deny(); // Genehmigung für UnmanagedCode wird widerrufen
        try {
            Console.WriteLine("Unsicherer Code ohne Genehmigung:");
            UnsichereMethode.MessageBox(0, "Sicherheitsgefahr!", "", 0);
            Console.WriteLine("Fehler: unsicherer Code ohne Genehmigung"); }
        catch (SecurityException) {
            Console.WriteLine("Erwartete SecurityException "); } }
    private static void GenehmigungErteilt() {
        genehmigung.Assert(); // Genehmigung für UnmanagedCode wird erteilt
        try {
            Console.WriteLine("Unsicherer Code mit Genehmigung:");
            UnsichereMethode.MessageBox(0, "Sicherheitsrisiko!", "", 0);
            Console.WriteLine("Unsicherer Code mit Genehmigung ausgeführt"); }
        catch (SecurityException) {
            Console.WriteLine("Fehler: unsicherer Code mit Genehmigung "); } }
    // Genehmigungen über Attribute:
    [SecurityPermission(SecurityAction.Deny,
        Flags = SecurityPermissionFlag.UnmanagedCode)]
    private static void OhneGenehmigung() {
        try {
            Console.WriteLine("Unsicherer Code ohne Genehmigung:");
            UnsichereMethode.MessageBox(0, "Sicherheitsgefahr!", "", 0);
            Console.WriteLine("Fehler: unsicherer Code ohne Genehmigung "); }
        catch (SecurityException) {
            Console.WriteLine("Erwartete SecurityException"); } }
    [SecurityPermission(SecurityAction.Assert,
        Flags = SecurityPermissionFlag.UnmanagedCode)]
    private static void MitGenehmigung() {
        try {
```

```
        Console.WriteLine("Unsicherer Code mit Genehmigung:");
        UnsichereMethode.MessageBox(0, " Sicherheitsrisiko!", "", 0);
        Console.WriteLine("Unsicherer Code mit Genehmigung ausgeführt"); }
    catch (SecurityException) {
        Console.WriteLine("Fehler: unsicherer Code mit Genehmigung"); } }
  public static void Main() {
    GenehmigungWiderrufen();
    GenehmigungErteilt();
    OhneGenehmigung();
    MitGenehmigung(); } }
```

Die Sicherheitsüberprüfungen eines geladenen Programms sind aufwändig; sie werden durchgeführt, selbst wenn das Programm keine Ausnahme *System.Security*.SecurityException auswirft. Es ist möglich, sie bei der Definition der unsicheren Klasse mit Hilfe des Attributs *System.Security*.SuppressUnmanagedCodeSecurity auszuschalten:

```
class UnsichereMethode {
    [SuppressUnmanagedCodeSecurity()]
    [System.Runtime.InteropServices.DllImport("user32.dll")]
    internal static extern int MessageBox(uint hWnd, string lpText,
        string lpCaption, uint uType); }
```

Wenn diese Klasse vom obigen Programm benutzt wird, gehen die ungenehmigten Aufrufe (in den markierten Zeilen) ohne eine Ausnahme durch. Daher ist die Benutzung von *System.Security*.SuppressUnmanagedCodeSecurityAttribute gefährlich: Andere Wege müssen eingeschlagen werden, um die Sicherheit und Zuverlässigkeit des Programms zu überprüfen. Dies kann beispielsweise vor dem Aufruf der unsicheren Methode explizit mit

```
UIPermission uiPermission = new UIPermission(PermissionState.Unrestricted);
uiPermission.Demand();
```

durchgeführt werden.

6. Entwurfs- und Programmiertechniken

Die Entwicklung eines neuen Softwareprodukts besteht typischerweise hauptsächlich aus drei Arten von Aktivitäten, die im Fachgebiet *Software Engineering* untersucht werden:

- Analyse
- Entwurf
- Implementierung

Neben diesen sind natürlich viele andere Aktivitäten nötig, wie Dokumentieren, Testen usw.

Bei der *Analyse* werden die Bedürfnisse ermittelt; beim *Entwurf* (*design*) werden die Klassen und ihre Schnittstellen festgelegt, während bei der *Implementierung* die Klassenrümpfe programmiert werden.

In diesem Kapitel betrachten wir einige bekannte Techniken, die beim Entwurf und bei der Implementierung von C#-Programmen zum Einsatz kommen. Wir untersuchen Alternativen, Erwägungen zu Vor- und Nachteilen sowie Empfehlungen für sauberes Programmieren.

Als Beispiel nehmen wir die zwei einfachsten Behälterklassen (s. Kapitel 5.3. auf Seite 124): den *Stapel* (*stack*, *„LIFO"* im Sinne von *„last in, first out"*) und die *Warteschlange* (*queue*, *„FIFO"* im Sinne von *„first in, first out"*). Normalerweise besteht keine Notwendigkeit, sie zu programmieren, da die meisten Klassenbibliotheken (so auch *System.Collections*) Klassen mit solcher Funktionalität anbieten. Es gibt jedoch einige Gründe, die für die Benutzung solcher selbstentwickelten Klassen gegenüber Standardklassen sprechen. Unser hauptsächliches Ziel ist aber, Entwurf- und Implementierungstechniken zu untersuchen.

6.1. Entwurf von Schnittstellen

Als Erstes müssen wir die Funktionalität der zu entwerfenden Klassen bestimmen. Anschließend können wir die Methoden benennen und eine Schnittstelle zusammenstellen.

6.1.1. Basisfunktionalität

Zuerst beschäftigen uns mit dem *Stapel*.

Seine wichtigste Funktionalität ist, dass er Elemente in einer bestimmte Reihenfolge aufnimmt und speichert sowie auf Anforderung in umgekehrter Reihenfolge zurückgibt, d.h. das <u>jüngste</u> Element zuerst (*LIFO*). Die *Warteschlange* funktioniert ähnlich, sie gibt aber das <u>älteste</u> Element zuerst zurück:

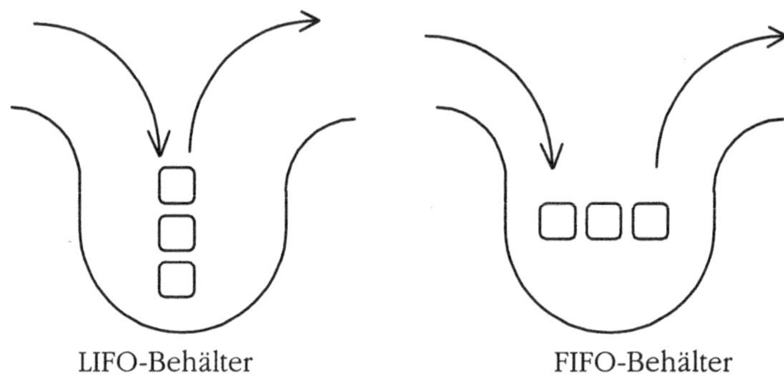

Abbildung 6.1: Funktionalität von Behälterklassen

Hieraus ergibt sich die Notwendigkeit, für den Stapel eine Methode zur Aufnahme und eine für die Rückgabe von jeweils einem Element zu vereinbaren. Wir nennen sie Eintragen und Jüngstes. Eintragen ist eine void-Methode und hat einen Parameter (nämlich das einzutragende Element); Jüngstes ist eine parameterlose Funktion mit dem Ergebnistyp des Elements.

Alternativ oder zusätzlich kann diese Funktionalität auch in einer Eigenschaft z.B. mit dem Namen Inhalt gekapselt werden.

6.1.2. Der Elementtyp

Als Nächstes stellt sich die Frage nach dem Typ des Elements. In Programmiersprachen mit *Generizität* (wie C++ oder Eiffel) ist es zweckmäßig, eine *generische Klasse* (*template*) zu entwerfen, wo der Elementtyp als generischer Parameter definiert ist, der erst vom Benutzer beim *Ausprägen* (*Instanziieren*) der Klasse bestimmt wird. In objektorientierten Programmiersprachen ohne Generizität wie Java oder C♯ nimmt man hier einfach den obersten Typ object, zu dem alle andere Referenztypen passen. In C♯ passen zu object auch die primitiven Typen (wie int und float); in Java hat man für die primitiven Typen die Hüllenklassen (*wrapper class*) separat entwickelt.

Der Nachteil von object als Elementtyp gegenüber generischen Klassen ist, dass in einen solchen Behälter wirklich jedes Objekt eingetragen werden kann: Es herrscht keine Typsicherheit. Wir sagen, dass der Behälter *polymorph* ist. Wir werden weiter unten sehen, dass es möglich ist, eine Schnittstelle mit object als Elementtyp auch *generisch* zu implementieren, so dass nur ein Elementtyp vom Behälter aufgenommen wird. Die Prüfung erfolgt allerdings nur zur Laufzeit – ein beträchtlicher Nachteil gegenüber der vom Compiler gebotenen Generizität.

Somit vereinbaren wir die Methoden für die Stapelklasse

```
public void Eintragen(object element);
public object Jüngstes();
```

Die Eigenschaft Inhalt mit **set**- und **get**-Methoden kapselt dieselbe Funktionalität:

```
public object Inhalt {                                         // (6.1)
   set {
      Eintragen(value); }
   get {
      return Jüngstes(); } }
```

Diese Vereinbarung impliziert allerdings, dass der Benutzer beim Lesen des jüngsten Elements auf seinen Datentyp konvertieren muss – eine Unbequemlichkeit aller polymorphen Behälter:

```
    stapel.Eintragen(5);
➜   if ((int)stapel.Inhalt == 5) ... // get, Konvertierung nach int
    stapel.Inhalt = 6; // set, ruft Eintragen auf
➜   if ((int)stapel.Inhalt == 6) ... // get, Konvertierung nach int
```

6.1.3. Informatoren und Mutatoren

Die meisten Stapel-Implementierungen (so auch *System.Collections*.Stack) nennen diese beiden Methoden Push und Pop, wobei Pop als *Funktion mit Nebeneffekt* (*side effect*) definiert wird: Sie liefert das jüngste Element und entfernt es gleichzeitig aus dem Stapel. Wir plädieren für die Trennung von verändernden Methoden (*Mutatoren*) und Funktionen (*Informatoren*): Die Mutatoren sollen als **void**-Methoden (*Prozeduren*), die Informatoren als **const**-Methoden implementiert werden; in C++ sind dies Methoden, die ihr Zielobjekt (außer seinen **mutable** Elementen) nicht verändern. In C♯ und Java wurde der bewährte **const**-Prüfmechanismus des C++-Compilers leider nicht übernommen. In Java müssen wir ihn nur als Kommentar andeuten:

```
public void Eintragen(object element); // const element
public object Jüngstes(); // const
```

In C♯ besteht jedoch die Möglichkeit, ein Attribut Const zu vereinbaren (s. Kapitel 4.8.3. auf Seite 109):

```
[AttributeUsage(AttributeTargets.Method | AttributeTargets.Parameter)]
public class ConstAttribute : Attribute { }
```

Dieses Attribut kann benutzt werden, um **const**-Methoden und **const**-Parametern zu markieren:

```
public void Eintragen([Const] object element);
[Const] public object Jüngstes();
```

Der element-Parameter von Eintragen ist also **const**, d.h. das Parameterobjekt wird von der Methode nicht verändert; die Methode Jüngstes ist selbst **const**, d.h. es verändert das Zielobjekt (nämlich den Stapel selbst) nicht.

Wenn der Stapel von der Methode Jüngstes nicht verändert wird, dann muss eine andere Methode das jüngste Element aus dem Stapel entfernen, damit die älteren auch gelesen werden können. Er ist parameterlos und wir nennen sie Entfernen:

```
public void Entfernen();
```

Die get-Methode einer Eigenschaft, wie auch von Inhalt, sollte [Const] sein:

```
public object Inhalt {
    set {
        Eintragen(value); }
    get {
        object ergebnis = Jüngstes();
        Entfernen(); } } // Mutator in get nicht zu empfehlen
```

Diese Implementierung ist in C♯ zwar möglich, es sollte jedoch darauf verzichtet und lieber die Version aus dem vorigen Kapitel verwendet werden.

6.1.4. Verhalten im Extremfall

Im Normalfall ist das Verhalten der drei bis jetzt definierten Methoden klar: eintragen, lesen und entfernen von Elementen. Es gibt aber Extremfälle, die bedacht werden müssen: Was passiert, wenn der Benutzer versucht, aus einem leeren Stapel zu lesen oder ein Element zu entfernen? Oder wie soll sich Eintragen verhalten, wenn die Kapazitätsgrenze des Stapels erreicht wurde?

Es gibt hierzu unterschiedliche Strategien:
* Erfolgsmeldung über das Ergebnis
* Ausnahme auslösen
* Ereignis auslösen

Die von Programmieranfängern oft verwendete intuitive Lösung, eine Meldung auf die Konsole oder in eine MessageBox auszugeben, betrachten wir nicht; sie kommt dem Ignorieren gleich, da der Benutzer der Klasse (der Aufrufer der Methode) keine Nachricht über den Misserfolg erhält.

Eine Erfolgsmeldung über das Ergebnis auszugeben ist veraltet: Die Methoden Eintragen und Entfernen werden bei dieser Strategie nicht als void-, sondern als int-Methoden vereinbart. Sie geben 0 als Ergebnis zurück, wenn der Auftrag mit Erfolg erledigt werden konnte, und (konventionsgemäß) -1, wenn nicht. Die Methode Jüngstes gibt dann bei Misserfolg (d.h. bei leerem Stapel) null als Ergebnis aus.

Eine Folge dieser Strategie ist, dass Algorithmen zerhackt werden: Nach jeder Anweisung wird die Überprüfung programmiert, ob sie erfolgreich ausgeführt wurde; oftmals können viele verschiedene Fehler auftreten, die einzeln abgefragt und behandelt werden müssen.

Demgegenüber sichert die Technik der *Ausnahmen* einen flüssigen Algorithmus (s. Kapitel 2.2.5. auf Seite 29). Sein Hauptstrang, der Normalfall, der **try**-Block steht in einem Stück; die Sonderfälle, die **catch**-Blöcke stehen getrennt am Ende. **if** oder **case** werden nur verwendet, wenn alle Zweige gleichberechtigt und gleich häufig ablaufen.

Aus dieser Überlegung heraus entscheiden wir uns für diese Vorgehensweise und definieren, dass die Methoden im Extremfall Ausnahmen auslösen. In C++ oder Java werden sie mit der Methode zusammen spezifiziert. In C♯ ist zu diesem Zweck nur ein Dokumentationskommentar vorgesehen; der Compiler überprüft nur die Existenz der angegebenen Namen der Ausnahme:

```
/// <exception cref="VollException"> wenn kein Platz mehr </exception>
public void Eintragen([Const] object element);
/// <exception cref="LeerException"> wenn kein Element im Stapel </exception>
[Const] public object Jüngstes();
/// <exception cref="LeerException"> wenn kein Element im Stapel </exception>
public void Entfernen();
```

Die Ausnahmeklassen müssen hierzu vereinbart werden:

```
public class VollException : System.Exception { }
public class LeerException : System.Exception { }
```

Alternativ zu Dokumentationskommentaren ist es auch möglich, ein Attribut Throws (ähnlich wie [Const] im vorigen Kapitel) zu vereinbaren:

```
[AttributeUsage(AttributeTargets.Method, AllowMultiple = true)]
public class ThrowsAttribute : Attribute {
    private string exception;
    public ThrowsAttribute(string exception) { this.exception = exception; } }
```

Dieses Attribut kann benutzt werden, um die von einer Methode auslösbaren Ausnahmen zu spezifizieren:

```
[Throws("VollException")] public void Eintragen([Const] object element);
[Throws("LeerException")] [Const] public object Jüngstes();
```

Bei dieser Lösung überprüft der Compiler die Existenz der Ausnahmeklassen nicht; ein selbstgeschriebenes Werkzeug aber, das die Attribute auswerten kann (s. Kapitel 4.8.4. auf Seite 110), könnte aber sowohl den Java-Prüfmechanismus für die Ausnahmen wie auch den C++-Prüfmechanismus für **const**-Methoden nachspielen. Hierzu wäre es nötig, diese Attribute in allen Programmen konsequent zu verwenden. Wir werden sie aber nur in Schnittstellen benutzen, und dort auch nur zu Dokumentationszwecken.

Die dritte Strategie, im Ausnahmefall ein Ereignis auszulösen, ist nur in C♯ vorgesehen und die Technik ist noch ziemlich unausgereift. Viele Programmierer kennen den Begriff noch nicht und können das Ereignis nicht behandeln. Außerdem muss der Benutzer eine extra Ereignisbehandlungsmethode dafür programmieren – deshalb ist diese Strategie nicht empfehlenswert. Der Vollständigkeit halber führen wir sie aber auf:

```
public event void VollEreignis();
public event void LeerEreignis();
```

Welche Methode welches Ereignis im Extremfall auslöst, kann wiederum nur als Kommentar angegeben werden:

```
public void Eintragen([Const] object element);
    // VollEreignis wenn kein Platz
[Const] public object Jüngstes(); // LeerEreignis wenn Stapel leer
public void Entfernen(); // LeerEreignis wenn Stapel leer
```

6.1.5. Lesbare Eigenschaften

Damit sich der Benutzer vergewissern kann, dass der Extremfall (Ausnahme oder Ereignis) nicht eintritt, wäre es zweckmäßig, ihm zwei **bool**-Funktionsmethoden (*Informatoren*) zur Verfügung zu stellen:

```
public bool IstVoll();
public bool IstLeer();
```

C# bietet hier allerdings eine etwas bequemere Möglichkeit mit (nur lesbaren) *Eigenschaften* (*property*) an:

```
public bool IstVoll { get; }
public bool IstLeer { get; }
```

Vielleicht ist es gelegentlich notwendig, einen Stapel nach seiner Benutzung zu entleeren, um ihn wieder in seinen ursprünglichen (leeren) Zustand zu versetzen. Diese Methode kann dann auch in den Konstruktoren aufgerufen werden:

```
public void Entleeren();
```

6.1.6. Operatoren

Die Semantik der Methoden Eintragen und Entfernen erinnert an die Semantik der Operatoren += und --, daher könnte man auf die Idee kommen, zwei Operatoren

```
public void operator += (object element); // tut dasselbe wie Eintragen
public void operator -- ();
```

für den Stapel in der Vorstellung zu definieren, dass dadurch Stapelobjekte sehr einfach zu manipulieren wären:

```
stapel += 1; // 1 wird in stapel eingetragen
stapel --; // ältestes Element wird aus stapel entfernt
```

Das Überladen der Operatoren ist in C♯ jedoch starken Einschränkungen unterworfen: += gehört gar nicht zu den überladbaren Operatoren, auch -- darf nur mit einem Parameter derselben Klasse überschrieben werden. Darüber hinaus können Operatoren gar nicht in eine Schnittstelle aufgenommen werden. Der übliche Weg, Operatoren für eine Behälterklasse zu definieren, führt über eine *Eigenschaft*, deren Klasse Operatoren enthält:

```
stapel.Elemente += 1; // 1 wird in stapel eingetragen
stapel.Elemente --; // ältestes Element wird aus stapel entfernt
```

Für Elemente muss also eine eigene Klasse mit den überladenen Operatoren + und -- definiert werden. Die Definition von + schließt dann auch die Benutzung von += mit ein. Wir werden diesem Weg aber nicht folgen.

6.1.7. Zusicherungen

In C++, Java und C♯ sind *Zusicherungen* nicht vorgesehen; sie sind als Kommentar jedoch sehr nützlich bei der Definition der Funktionalität von Methoden. Zusicherungen sind **bool**-Ausdrücke, die zu bestimmten Zeitpunkten überprüft werden können, um sich vom korrekten Ablauf des Programms zu vergewissern. Die Technik heißt *Programmieren nach Vertrag* (*programing by contract*): Der *Exporteur* oder *Lieferant* (die Klasse) schließt mit dem *Importeur* oder *Kunden* (dem Benutzer der Klasse) einen Vertrag: „Wenn du eine bestimmte Bedingung (die *Vorbedingung*) erfüllst, dann garantiere ich dir die Erfüllung einer anderen Bedingung (der *Nachbedingung*)“. Diese Bedingungen werden als **bool**-Ausdrücke formuliert und können zur Laufzeit überprüft werden.

Für jede Methode der Klasse kann festgelegt werden, unter welchen Bedingungen sie aufgerufen werden darf und welche Bedingungen nach ihrem Ablauf erfüllt werden. Zur Formulierung der Zusicherungskommentare in C♯ benutzen wir die Schlüsselwörter **requires** und **ensures** aus der Programmiersprache *Eiffel*:

```
public ... Operation(...); /// requires ausdruck1; ensures ausdruck2
```

Es gelten dabei folgende Regeln:
- Wird beim Aufruf einer Methode die Vorbedingung (**requires**) nicht erfüllt, ist das Ergebnis undefiniert. Typischerweise sollte dabei eine Ausnahme ausgelöst werden.
- Wird beim Aufruf einer Methode die Vorbedingung erfüllt und wird die Methode „normal“ (z.B. mit **return**) abgeschlossen, dann wird von der Methode die Erfüllung der Nachbedingung (**ensures**) garantiert. Ist dies nicht der Fall, gilt es als *Vertragsbruch* (ein Programmfehler).
- Wird beim Aufruf einer Methode die Vorbedingung erfüllt und sie ist nicht in der Lage, die Nachbedingung zu erfüllen (z.B. weil importierte Klassen ihren Vertrag nicht erfüllen können), löst sie eine Ausnahme aus.

Die Vorbedingung verpflichtet also den Benutzer, die Nachbedingung verpflichtet die Klasse, sie zu erfüllen. Der Vorteil dieser Arbeitsteilung ist, dass die doppelte Prüfung von Bedingungen (sowohl in der Klasse wie auch im Benutzerprogramm) vermieden wird; dies erhöht sowohl die Effizienz als auch die Lesbarkeit des Programms.

Wir werden auch die Zusicherung **invariant** benutzen; nach diesem aus Eiffel entliehenen Schlüsselwort (d.h. in C♯ nur als Kommentar) steht ein logischer Ausdruck. Die Klasse verpflichtet sich dazu, dass dieser Ausdruck immer **true** ergibt, außer evtl. während der Laufzeit einer Methode der Klasse.

In C♯ besteht die Möglichkeit, für die Zusicherungen ähnliche Attribute [Requires] und [Ensures] zu vereinbaren, wie [Const] und [Throws] aus den Kapiteln 6.1.3. auf Seite 155 und 6.1.4. auf Seite 156, die von einem geeigneten Werkzeug ausgewertet werden können. Wir verbleiben aber bei den Kommentaren in Schnittstellen.

6.1.8. Die Schnittstelle des Stapels

Damit können wir die Schnittstelle des Stapels vollständig formulieren:

```
public interface Stapel {                                    // (6.2)
    void Entleeren(); // ensures IstLeer;
    [Throws("VollException")] void Eintragen([Const] object element);
        // requires !IstVoll; ensures !IstLeer & Jüngstes() == element
    [Throws("LeerException")] [Const] object Jüngstes(); // requires !IstLeer
    [Throws("LeerException")] void Entfernen();
        // requires !IstLeer; ensures !IstVoll;
    bool IstLeer { get; }
    bool IstVoll { get; } }
```

Wir könnten auch die Eigenschaft Inhalt in die Schnittstelle aufnehmen:

```
object Inhalt {
    set;
    get; }
```

Dies würde aber die implementierenden Klassen überlasten; deswegen vertagen wir diese Idee bis zum Kapitel 6.7.13. auf Seite 198.

Die Kommentare verlangen von jeder Implementierung der Schnittstelle im Programm (6.2), dass sie folgende Bedingungen erfüllt:

- nach dem Aufrufen von Entleeren der Aufruf IstLeer das Ergebnis **true** liefert
- Eintragen kann die Ausnahme VollException auslösen
- wenn IstVoll das Ergebnis **false** liefert, dann löst Eintragen keine Ausnahme aus
- nach Eintragen liefert IstLeer das Ergebnis **false**

- nach Eintragen liefert Jüngstes das Ergebnis element, den Parameter von Eintragen

- Jüngstes und Entfernen können die Ausnahme LeerException auslösen

- wenn IstLeer das Ergebnis **false** liefert, lösen Jüngstes und Entfernen keine Ausnahme aus

- Jüngstes verändert das Zielobjekt (den Stapel) nicht

- nach Entfernen liefert IstVoll das Ergebnis **false**

- IstLeer und IstVoll verändern das Zielobjekt nicht

6.1.9. Die Schnittstelle der Warteschlange

Dieselben Überlegungen führen zu einer sehr ähnlichen Schnittstelle der Warteschlange; der Kürze wegen nennen wir sie Rohr – sie funktioniert nach dem FIFO-Prinzip wie ein *Rohr* (*pipe*). Der einzige Unterschied zu Stapel ist, dass dabei nicht das jüngste, sondern das älteste Element geliefert und entfernt wird. Dementsprechend heißt die Methode jetzt nicht Jüngstes, sondern Ältestes. Außerdem wird die Zusicherung nach Eintragen abgeschwächt:

```
public interface Rohr { // Warteschlange                          // (6.3)
    void Entleeren(); // ensures IstLeer;
    [Throws("VollException")] void Eintragen([Const] object element);
        // requires !IstVoll; ensures !IstLeer
    [Throws("LeerException")] [Const] object Ältestes(); // requires !IstLeer
    [Throws("LeerException")] void Entfernen();
        // requires !IstLeer; ensures !IstVoll;
    bool IstLeer { get; }
    bool IstVoll { get; } }
```

6.1.10. Schnittstellenhierarchie

Die Ähnlichkeit der beiden Schnittstellen legt es nahe, die Gemeinsamkeiten in einer gemeinsamen Oberschnittstelle zusammenzufassen. Die Klassen Stapel und Rohr sind dann Erweiterungen dieser Schnittstelle. Wir nennen sie Folge:

```
public interface Folge {                                          // (6.4)
    void Entleeren(); // ensures IstLeer;
    [Throws("VollException")] void Eintragen([Const] object element);
        // requires !IstVoll; ensures !IstLeer
    [Throws("LeerException")] void Entfernen();
        // requires !IstLeer; ensures !IstVoll;
    bool IstLeer { get; }
    bool IstVoll { get; } }
public interface Rohr : Folge {
    [Throws("LeerException")] [Const] object Ältestes(); } // requires !IstLeer
public interface Stapel : Folge {
    [Throws("LeerException")] [Const] object Jüngstes(); } // requires !IstLeer
```

Wir könnten auch noch die schärfere Nachbedingung beim Stapel damit zum Ausdruck bringen, dass wir die Methode Eintragen überschreiben, doch ist sie nur Kommentar – wir können sie einfach weglassen.

Die drei Schnittstellen bilden also eine Hierarchie:

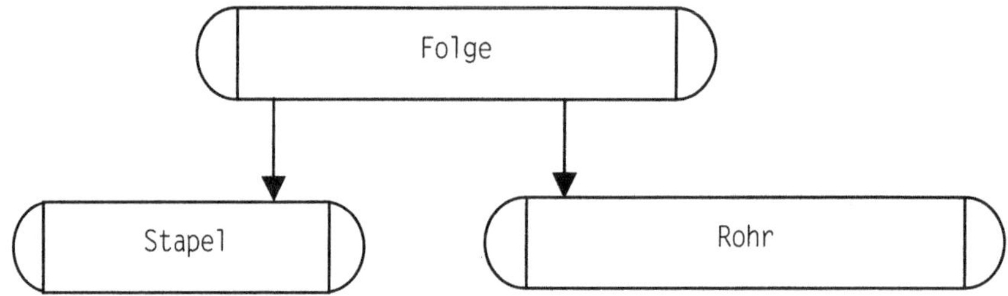

Abbildung 6.2: Schnittstellenhierarchie

6.2. Kapazitätsbestimmung

Jedes Behälterobjekt hat eine bestimmte *Kapazität*. Dies ist die Anzahl der Elemente, die es aufnehmen kann. Wenn die Kapazitätsgrenze erreicht ist, löst ein weiteres Eintragen die Ausnahme VollException aus.

Die Kapazität wird in der Implementierung der Schnittstelle bestimmt. Es gibt hierbei folgende Möglichkeiten:

• Die Kapazität wird in den Programmtext der Klasse „fest verdrahtet"; eine Veränderung der Kapazität erfordert die Korrektur des Programms und Neuübersetzung.

• Die Kapazität wird erst vom Benutzer der Klasse bestimmt. Er übergibt die Größe des Behälters als Konstruktorparameter, und das Behälterobjekt wird mit dieser Kapazität erzeugt. Wenn die Grenze erreicht ist, wird die Ausnahme VollException ausgelöst.

• Wenn die vom Benutzer als Konstruktorparameter bestimmte Grenze erreicht ist, wird die Datenstruktur des Objekts umorganisiert und die Kapazität vergrößert (z.B. verdoppelt). Für explizite Vergrößerung und Verkleinerung der Kapazität werden dem Benutzer auch geeignete Methoden zur Verfügung gestellt. Eine Ausnahme wird erst ausgelöst, wenn für die Umorganisation kein Speicher mehr zur Verfügung steht.

• Die Datenstruktur der Klasse wird von vornherein so organisiert, dass die Kapazität dem Bedarf entsprechend wächst und schrumpft. Eine Ausnahme wird ausgelöst, wenn für die Umorganisation kein Speicher mehr zur Verfügung steht.

Der Nachteil der Bestimmung der Kapazität im Programmtext ist mangelnde Flexibilität. Ihr Vorteil ist die einfache Benutzung und auch einfache Programmierung.

Die Lösung mit dem Konstruktorparameter ist die schnellste: Das Objekt wird einmal erzeugt und die Größe nicht mehr verändert. Der Zugriff auf die Elemente eines solchen Objekts ist auch schnell.

Die Umorganisation des Behälterobjekts bei Kapazitätsüberschreitung ist aber sehr aufwändig. Außerdem droht die Gefahr, dass das anfänglich aufgeblasene Objekt zu späteren Zeiten viel zu viel Speicherplatz belegt, wenn der Benutzer es versäumt, seine Kapazität wieder zu verringern.

Die vierte Lösung mit der dynamischen Anpassung der Kapazität ist die flexibelste, doch braucht sie zusätzlichen Speicherplatz; darüber hinaus ist auch der Zugriff auf die einzelnen Elemente deutlich langsamer als bei den vorherigen Lösungen.

Im Folgenden werden wir die notwendigen Programmiertechniken kennen lernen, wie im Einzelnen die Kapazität bestimmt werden kann.

6.3. Implementierung als Reihung

Eine Behälterklasse kann mit Hilfe einer *Reihung* (*array*) programmiert werden: Die Elemente werden in einer Reihung gespeichert. In einer zusätzlichen Variable muss vermerkt werden, wie viele Elemente schon gespeichert wurden:

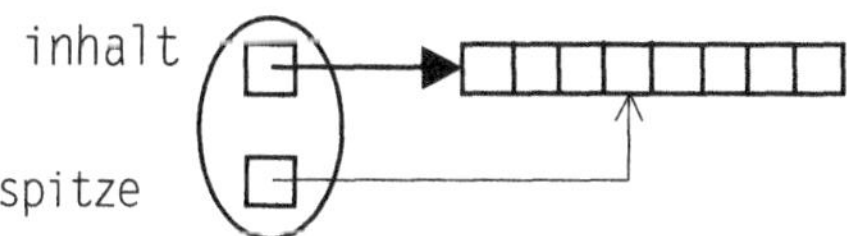

Abbildung 6.3: Stapel als Reihung

Ein Stapelobjekt enthält also eine Referenz inhalt auf eine Reihung und eine int-Variable spitze, die den Index des letzten belegten Platzes (des Spitzenelements vom Stapel) beinhaltet.

6.3.1. Reihung mit Konstruktorparameter

Im Folgenden entwickeln wir einen (polymorphen) Stapel, der ein beliebiges Objekt als Element aufnehmen kann. Seine Kapazität, d.h. die Größe der als Speicher dienenden Reihung inhalt wird als *Konstruktorparameter* bestimmt. In der privaten int-Variable spitze speichern wir den Index des letzten belegten Platzes in der Reihung.

```
public class StapelReihung : Stapel {                          // (6.5)
    protected object [] inhalt;
    protected int spitze; // invariant spitze >= -1; // letzter belegter Platz
    public StapelReihung(int größe) {
        inhalt = new object[größe];
        Entleeren(); }
```

```
    public virtual void Eintragen(object element) { // throws VollException
→       try {
            spitze ++; // nächster freier Platz
            inhalt[spitze] = element; }
            // throws IndexOutOfRangeException, wenn spitze == inhalt.Length
        catch (System.IndexOutOfRangeException) {
            spitze --; // zurücksetzen
            throw new VollException(); } }
    public virtual object Jüngstes() { // throws LeerException
        try {
            return inhalt[spitze]; } // letztes eingetragenes Element
            // throws IndexOutOfRangeException, wenn spitze == -1
        catch (System.IndexOutOfRangeException) {
            throw new LeerException(); } }
    public virtual void Entfernen() { // throws LeerException
→       if (!IstLeer) {
            spitze --; } // Platz des letzten eingetragenen Elements freigeben
        else {
            throw new LeerException(); } }
    public virtual void Entleeren() { // ensures IstLeer;
        spitze = -1; } // beim leeren Stapel ist der „letzte belegte Platz" -1
    public virtual bool IstLeer {
        get {
            return spitze == -1; } }
    public virtual bool IstVoll {
        get {
            return spitze == inhalt.Length - 1; } } }
```

In dieser Implementierung sind wir der Empfehlung aus dem Kapitel 6.1.4. auf Seite 156 gefolgt, statt `if-else` lieber mit `try-catch` zu arbeiten (s. erste markierte Zeile): In der Methode `Eintragen` ist es der Normalfall, dass nach der Inkrementierung von `spitze` die Reihung `inhalt` mit dem Index `spitze` einen freien Platz hat. Nur wenn der Benutzer seine benötigte Kapazität unterschätzt hat, läuft die Reihung über und wir müssen die Ausnahme `IndexOutOfRangeException` auffangen. In diesem Fall bekommt der Benutzer die Ausnahme `VollException` ausgeworfen.

Weil es aber bei `Entfernen` keine solche natürliche Möglichkeit gibt, über eine erhaltene Ausnahme festzustellen, ob es dem Benutzer eine Ausnahme ausgeworfen werden soll, haben wir mit `if` und `else` gearbeitet (s. zweite markierte Zeile).

Eine Alternative hierzu wäre, eine Klasse `Natural` (ähnlich wie `int`) zu entwickeln, in der die Dekrementierung `--` unter 0 eine Ausnahme auslöst; die Variable `Spitze` könnte dann von diesem Typ vereinbart werden (einige Programmiersprachen wie Ada haben solche vordefinierte Typen). Dann wäre die `if`-Abfrage in `Entfernen` nicht nötig.

In der if-Bedingung (in der zweiten markierten Zeile) hätten wir einfach spitze==-1 abfragen können; statt dessen haben wir die Eigenschaft IstLeer abgefragt. Der Sinn dieses Umwegs ist, ein Prinzip zu demonstrieren: Wissen (*know how*) soll möglichst an einer Stelle konzentriert sein. Wir haben das Wissen, dass beim leeren Stapel spitze den Wert -1 hat, in die **get**-Methode von IstLeer (und gleich davor in die mit ihr namentlich verwandten Methode Entleeren) programmiert. Dieses Wissen sollte anderswo nicht programmiert werden. Sollte sich nämlich aus irgendeinem Grund herausstellen, dass hier auch noch etwas anderes dazugehört oder dass dieses Wissen falsch ist (d.h. das Programm korrigiert werden soll), reicht es, nur an dieser einen Stelle einzugreifen.

Aus demselben Grund haben wir auch im Konstruktor die Methode Entleeren aufgerufen, statt einfach die Zuweisung spitze = -1; durchzuführen.

Eine Entwurfsalternative wäre, statt der schreibgeschützten Eigenschaft IstLeer und der Methode Entleeren eine Eigenschaft Leer mit **set**- und **get**-Methode zu formulieren. Ein versehentliches Entleeren des Behälters wäre dann aber mit Leer = **true** viel zu leicht.

6.3.2. Flexible Reihung

Statt bei Kapazitätsüberschreitung die Ausnahme VollException auszulösen, kann ein größeres Reihungsobjekt erzeugt und die alte hierin kopiert werden. Um die aufgeblasene Kapazität wieder zu reduzieren oder ggf. explizit zu vergrößern, braucht der Benutzer hierfür vorgesehene Methoden:

```
public class StapelFlex : StapelReihung {                          // (6.6)
    public virtual void Aufblasen(int faktor) { // throws VollException
        try {
            object[] temp = new object[inhalt.Length * faktor];
            for (int i = 0; i < inhalt.Length; i++) {
                temp[i] = inhalt[i]; }
            inhalt = temp; } // alte Reihung wird entsorgt
        catch (System.OutOfMemoryException) {
            throw new VollException(); } }
    public virtual void Aufblasen() { // throws VollException
        Aufblasen(faktor); }
    public virtual void Ablassen(int faktor) { // throws VollException
        try {
            object[] temp = new object[inhalt.Length / faktor];
            for (int i = 0; i < inhalt.Length; i++) {
                temp[i] = inhalt[i]; }
            inhalt = temp; } // alte Reihung wird entsorgt
        catch (System.OutOfMemoryException) {
            throw new VollException(); } }
    public virtual void Ablassen() { // throws VollException
```

```
        Ablassen(faktor); }
    public override void Eintragen(object element) { // throws VollException
        try {
            base.Eintragen(element); } // throws VollException
        catch (VollException) {
            Aufblasen(faktor);
            base.Eintragen(element); } } // erneuter Versuch
➜   public override bool IstVoll {
        get {
            return false; } } // nie voll
    private int faktor;
    public StapelFlex(int größe, int faktor) : base(größe) {
        this.faktor = faktor; }
    public StapelFlex(int größe) : this(größe, 2) { } }
```

Wir müssen natürlich auch die Eigenschaft IstVoll überschreiben (in der markierten
Zeile): Es ist ein bisschen gelogen, zu behaupten, dass der flexible Stapel nie voll ist,
weil der Speicher doch ausgehen kann; im Kapitel 6.4.1. auf Seite 169 werden wir
sehen, wie man mit solchen Situationen fertig werden kann.

Es würde auch reichen, faktor (nach der Eigenschaft IstVoll) als Konstante mit dem
Wert 2 zu vereinbaren; der Aufwand für den Konstruktor mit zwei Parametern ist
aber nicht groß. Es ist auch einfach, die parameterlosen Methoden Aufblasen() und
Ablassen() zu definieren, die mit dem auf diese Weise vorgegebenen faktor arbeiten.

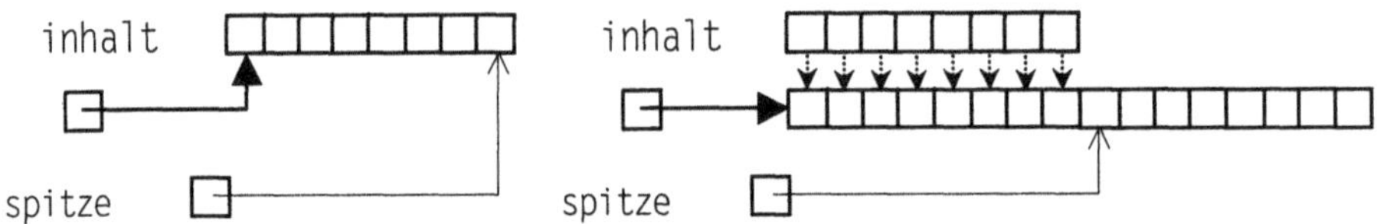

Abbildung 6.4: Flexible Reihung

Im **catch**-Block von Aufblasen und Ablassen ist es etwas gefährlich, bei der Ausnahme OutOfMemoryException ein VollException-Objekt erzeugen zu wollen: Es kann
vielleicht vorkommen, dass nicht einmal für dieses Objekt genügend Speicherplatz
vorhanden ist. Die Ausnahme OutOfMemoryException würde dann wieder ausgelöst
werden, und der Benutzer würde diese Ausnahme und nicht die erwartete Ausnahme VollException erhalten. Es ist besser vorzusorgen, die eventuell nötigen Ausnahmeobjekte auf Reserve zu erzeugen, um im Notfall auf diese zurückgreifen zu können. Es reicht, sie **static** zu vereinbaren, d.h. gemeinsame Ausnahmeobjekte für
jedes Stapel-Objekt:

```
    private static VollException vollException = new VollException();
    private static LeerException leerException = new LeerException();
        ...
```

```
catch (OutOfMemoryException) {
    throw new vollException(); }
```

In den anderen Methoden (Jüngstes und Entfernen) können diese Ausnahmeobjekte auch benutzt werden.

6.3.3. Warteschlange als Reihung

Nun können wir die Warteschlange als Reihung implementieren, wenn sie auch etwas komplizierter ist als beim Stapel. Der Unterschied liegt darin, dass der Stapel nur an einem Ende verändert wird (nämlich wo sich das jüngste Element befindet), die Warteschlange aber an beiden (am Ende des jüngsten wird sie beschrieben, am Ende des ältesten wird sie gelesen und gelöscht). Deswegen reicht es jetzt nicht, nur eine Indexvariable spitze zu führen, sondern zwei: ältestes und jüngstes.

Des Weiteren besteht das Problem beim Überlauf der Reihung. Es kann durchaus vorkommen, dass der letzte Platz in der Reihung schon belegt ist, aber der erste (mit dem Index 0) schon frei: Das älteste Element kann in der Zwischenzeit entfernt worden sein. Es muss also eine dritte int-Variable anzahl gepflegt werden, die die Anzahl der eingetragenen Elemente (den Füllstand) der Warteschlange speichert. An ihr kann erkannt werden, ob die Warteschlange voll oder leer ist.

Wenn sie nicht voll ist und der letzte Platz der Reihung belegt ist, ist der erste Platz sicher frei. Die Reihungsüberlauf kann mit einem if-else oder auch mit try-catch (in dem Fall weniger angebracht, da es auch im „Normalfall", d.h. bei einer nicht vollen Reihung auftritt) behandelt werden; einfacher ist es aber mit dem Restoperator %:

```
jüngstes = (jüngstes + 1) % inhalt.Length; // nächster freier Platz
inhalt[jüngstes] = element;
```

Es ist eine generelle Vorgehensweise, vor dem Zugriff auf eine Reihung index % reihung.Length zu berechnen; es wird dadurch gesichert, dass kein Indexüberlauf erfolgt: Wenn index < reihung.Length, verändert der Restoperator nichts, sondern liefert index. Wenn index == reihung.Length ist, liefert er 0, d.h. den ersten Reihungsplatz. Auch bei höheren index-Werten erhalten wir immer ein Ergebnis, das keinen Reihungsüberlauf verursacht.

Ähnlich müssen wir beim Entfernen des ältesten Elements verfahren:

```
ältestes = (ältestes + 1) % inhalt.Length;
```

Diese Organisation einer Reihung heißt *Ringpuffer*.

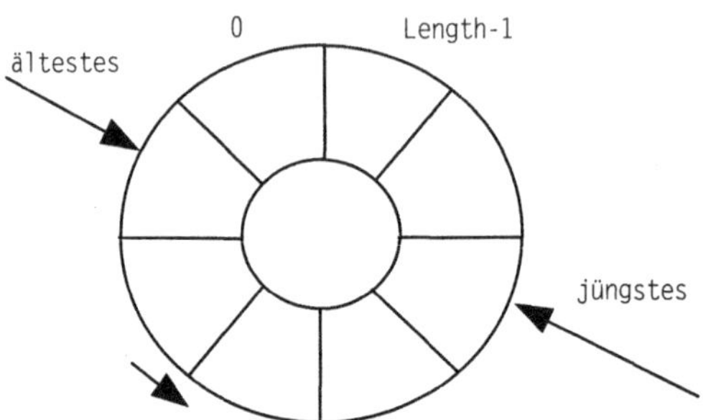

Abbildung 6.5: Warteschlange als Ringpuffer

Somit kann die Warteschlange implementiert werden:

```
public class RohrReihung : Rohr {                                    // (6.7)
    protected object [] inhalt;
    protected int ältestes, jüngstes, anzahl;
    public RohrReihung(int größe) {
        inhalt = new object[größe];
        Entleeren(); }
    public virtual void Eintragen(object element) { // throws VollException
        if (! IstVoll) {
            anzahl++;
            jüngstes = (jüngstes + 1) % inhalt.Length; // nächster freier Platz
            inhalt[jüngstes] = element;
        } else {
            throw new VollException(); } }
    public virtual object Ältestes() { // throws LeerException
        if (! IstLeer) {
            return inhalt[ältestes]; }
        else {
            throw new LeerException(); } }
    public virtual void Entfernen() { // throws LeerException
        if (! IstLeer) {
            anzahl --;
            ältestes = (ältestes + 1) % inhalt.Length; }
        else {
            throw new LeerException(); } }
    public virtual void Entleeren() {
        anzahl = 0;
        ältestes = 0;
        jüngstes = -1; }
    public virtual bool IstLeer {
        get {
            return anzahl == 0; } }
    public virtual bool IstVoll {
```

```
get {
    return anzahl == inhalt.Length; } } }
```

Hier werden die neuen Elemente also an den Index jüngstes eingetragen, der den ersten freien Platz markiert. Wenn ein Element gelesen oder gelöscht werden soll, steht es am Index ältestes. Zu Anfang der Arbeit mit der Warteschlange ist ältestes < jüngstes. Wenn aber jüngstes das Ende der Reihung schon erreicht hat und schon ein Überlauf stattgefunden hat, dann ist ältestes > jüngstes:

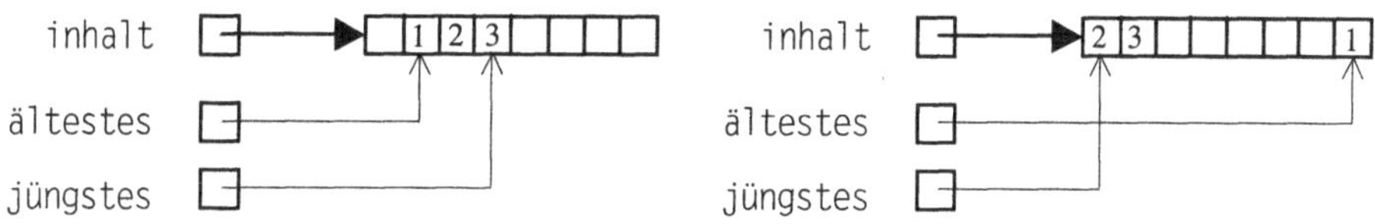

Abbildung 6.6: Warteschlange als Reihung und nach Überlauf

6.4. Implementierung als verkettete Liste

Die vollständig flexible Implementierung eines Behälters benutzt keine Reihung, sondern eine *verkettete Liste*. Hierzu wird eine innere Klasse Knoten mit einem Element und einer Referenz zum nächsten Knotenobjekt definiert:

```
class Knoten {                                              // (6.8)
    object wert;
➜   Knoten verbindung; }
```

Dies ist eine *rekursive Klassendefinition*: In der Definition der Klasse kommt der Name der Klasse (als Typ von verbindung) vor. Im Gegensatz zu C++ brauchen wir hier keine *Vorwärtsvereinbarung*.

Im Rumpf der Methode Eintragen wird ein neues Knotenobjekt erzeugt; beim Entfernen wird das überflüssige Knotenobjekt zur Entsorgung freigegeben. Dank *automatischer Speicherbereinigung* (*garbage collection*) in C♯ (und auch in Java) müssen wir nicht explizit (wie in C++) das Knotenobjekt löschen.

6.4.1. Rückwärts verkettete Listen

Beim Stapel benutzen wir eine *rückwärts verkettete Liste*: Das verbindung-Element in jedem Knotenobjekt – in der markierten Zeile des Programms (6.8) – referiert das zurückliegende (ältere) Knotenobjekt:

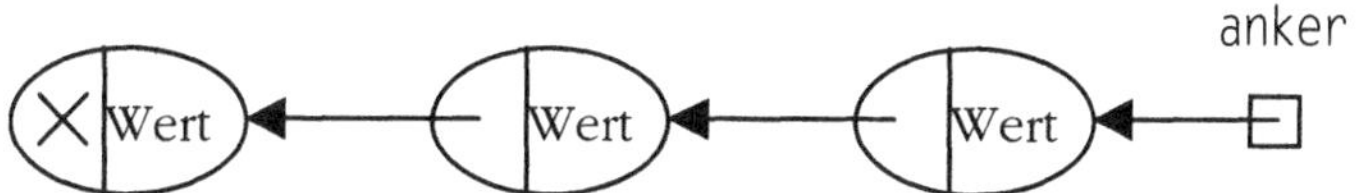

Abbildung 6.7: Stapel als rückwärts verkettete Liste

Das Stapelobjekt enthält nichts als eine Referenz anker auf den erste Knoten, die beim leeren Stapel null ist:

```
public class StapelListe : Stapel { // Listenimplementierung            // (6.9)
   protected class Knoten {
      public object wert;
      public Knoten verbindung;
      public Knoten(object wert, Knoten verbindung) {
         this.wert = wert; this.verbindung = verbindung; } }
   protected Knoten anker;
   protected readonly static LeerException leerException=new LeerException();
   protected readonly static VollException vollException=new VollException();
   public StapelListe() {
      Entleeren(); }
   public virtual void Eintragen(object element) { // throws VollException
      try {
         anker = new Knoten(element, anker); } // throws OutOfMemoryException
      catch (System.OutOfMemoryException) {
         throw vollException; } }
   public virtual object Jüngstes() { // throws LeerException
      try {
         return anker.wert; } // . throws NullReferenceException
      catch (System.NullReferenceException) {
         throw leerException; } }
   public virtual void Entfernen() { // throws LeerException
      try {
         anker = anker.verbindung; } // . throws NullReferenceException
      catch (System.NullReferenceException) {
            throw leerException; } }
   public virtual void Entleeren() {
      anker = null; }
   public virtual bool IstLeer {
      get {
         return anker == null; } }
   public virtual bool IstVoll {
      get {
         try {
            Knoten attrappe = new Knoten(null, null); // Versuch
            return false; } // ist gelungen; attrappe automatisch freigegeben
         catch (System.OutOfMemoryException) {
            return true; } } } } // kein Platz·mehr
```

Die Implementierung der einzelnen Methoden verlangt die Manipulation des vom anker referierten Knotenobjekts. Weil der Zugriff immer auf den jüngsten Knoten erfolgt, wird hier entweder ein neuer Knoten angehängt (in der markierten Zeile beim Eintragen), der Wert des Knotens gelesen (bei Jüngstes) oder dieser Knoten freigegeben (bei Entfernen).

Das einzig Problematische ist die Implementierung der Methode IstVoll; hier müssen wir herausfinden, ob noch ein Knoten erzeugt werden könnte. Hierzu wird ein provisorisches Objekt attrappe erzeugt und am Methodenende wieder verworfen: Ein nächster Aufruf von Eintragen kann den Speicherplatz nutzen. Es kann zwar vorkommen, dass zwischen IstVoll und Eintragen jemand anderes diesen Speicherplatz schon belegt hat; der Schutz dagegen (einen Knoten auf Reserve zu speichern) wäre – gemessen am Verhältnis zwischen Aufwand und Wahrscheinlichkeit des Vorkommens – zu teuer.

6.4.2. Vorwärts verkettete Liste

Bei der Implementierung der Warteschlange würde die Verwendung einer ähnlichen rückwärts verketteten Liste sehr aufwändig sein: Das Eintragen würde zwar genauso wie beim Stapel funktionieren, aber, um das älteste Element zu lesen, müsste die ganze Liste durchsucht werden. Der Ansatz, im Warteschlangenobjekt neben dem Anker (der den jüngsten Knoten referiert) eine zweite Referenz ältestes zu führen, die den ältesten Knoten referiert, bringt zwar für das Lesen Erleichterung; beim Entfernen müsste jedoch die Liste wiederum durchsucht werden, um den vorletzten Knoten zu finden, auf den nun die Referenz ältestes zugewiesen werden soll. Einfacher ist es, wenn die Knotenobjekte nicht die älteren Knoten (wie beim Stapel), sondern die jüngeren referieren:

Abbildung 6.8: Vorwärts verkettete Liste

Somit bekommen wir eine *vorwärts verkettete Liste*. Die beiden Referenzen im Warteschlangenobjekt nennen wir nun ihren Rollen entsprechend ältestes und jüngstes.

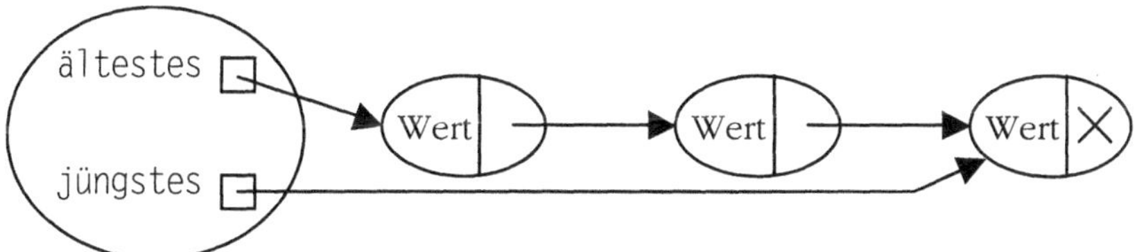

Abbildung 6.9: Die Datenstruktur von RohrListe

Die Implementierung der Warteschlange ist ein bisschen komplizierter als die des Stapels, zumal beim Eintragen eine Unterscheidung getroffen werden muss, ob die Liste noch leer ist oder schon Elemente enthält:

```
public class RohrListe : Rohr {                                      // (6.10)
    protected class Knoten { ... // wie im Programm (6.9) auf Seite 170
    protected Knoten ältestes, jüngstes;
    protected readonly static LeerException leerException=new LeerException();
    protected readonly static VollException vollException=new VollException();
    public RohrListe() {
        Entleeren(); }
    public virtual void Eintragen(object element) { // throws VollException
        try {
            Knoten neu = new Knoten(element, null);// throws OutOfMemoryException
            if (IstLeer) {
                jüngstes = neu;
                ältestes = neu; }
            else {
                jüngstes.verbindung = neu; // neuer jüngster Knoten wird eingefügt
                jüngstes = neu; } }
        catch (System.OutOfMemoryException) {
            throw vollException; } }
    public virtual object Ältestes() { // throws LeerException
        try {
            return ältestes.wert; } // . throws NullReferenceException
        catch (System.NullReferenceException) {
            throw leerException; } }
    public virtual void Entfernen() { // throws LeerException
        try {
            ältestes = ältestes.verbindung; } // . throws NullReferenceException
        catch (System.NullReferenceException) {
            throw leerException; } }
    public virtual void Entleeren() {
        jüngstes = null;
        ältestes = null; }
    public virtual bool IstLeer {
        get {
            return ältestes == null; } }
    public virtual bool IstVoll { ... // wie im Programm (6.9) auf Seite 170
```

Wir *markieren* die leere Warteschlange mit ältestes == null. Die Referenz jüngstes
kann auch bei einer leeren Warteschlange einen schon entfernten Knoten referieren.
Dies hindert zwar die Speicherbereinigung daran, diesen Knoten (und vielleicht die
mit ihm verbundenen weiteren Objekte) zu entsorgen – allerdings nur, bis wieder
ein Element in die Warteschlange eingetragen wird.

6.5. Implementierung mit Import

Eine weitere Möglichkeit zur Implementierung des Stapels ist eine fertige Behälterklasse zu benutzen. C♯ bietet eine ganze Reihe solcher Standardklassen an; für unseren Zweck ist *System.Collections*.ArrayList geeignet (s. Kapitel 4.6.1. auf Seite 102).

6.5.1. Erben

Die intuitive Lösung ist, von *System.Collections*.ArrayList zu *erben*:

```
public class StapelMitErben : System.Collections.ArrayList, Stapel {  // (6.11)
    public StapelMitErben(int größe) : base(größe) {
        Entleeren(); }
    public void Entleeren() {
        base.Clear(); }
    public void Eintragen(object element) { // throws VollException
        try {
            base.Add(element); }
        catch (System.OutOfMemoryException) {
            throw vollException; } }
    public object Jüngstes() { // throws LeerException
        try {
            return base[base.Count-1]; } // Indizierung über die Eigenschaft Item
        catch (System.ArgumentOutOfRangeException) {
            throw leerException; } }
    public void Entfernen() { // throws LeerException
        try {
            base.RemoveAt(base.Count-1); }
        catch (System.ArgumentOutOfRangeException) {
            throw leerException; } }
    public bool IstLeer {
        get {
            return base.Count == 0; } }
    public bool IstVoll {
        get {
            return base.Count == base.Capacity; } }
    private readonly static LeerException leerException = new LeerException();
    private readonly static VollException vollException = new VollException();}
```

Hier ist die Implementierung der Eigenschaft IstVoll nicht ganz korrekt, zumal ArrayList ihre Kapazität automatisch vergrößert (wie auch StapelFlex im Kapitel 6.3.2. auf Seite 165), daher wird keine Ausnahme VollException nach einem Eintragen ausgelöst, selbst wenn IstVoll das behauptet.

Diese Implementierung hat einen entscheidenden Nachteil: Alle **public**-Methoden von ArrayList werden dem Benutzer des Stapels weitergereicht. Er hat also Zugriff auf die Datenhaltung von Stapel und kann somit auch Elemente erreichen, die in einem Stapel nicht erreichbar sein dürfen (nur das jüngste). Der Benutzer (oder ein anderes, eventuell böswilliges Programm) kann mit diesen Methoden den Inhalt von `ArrayList` auch verändern: Wir, als Anbieter des Stapels, können unseren Kunden nicht garantieren, dass er genau dieselben Elemente zurückbekommt, die er uns anvertraut hat. Die Zusicherung `Jüngstes() == element` beim `Eintragen` (s. Programm (6.2) auf Seite 160) kann so nicht eingehalten werden.

6.5.2. Erwerben

Einige Programmiersprachen wie Eiffel bieten hier *selektiven Export* an, d.h. die Unterklasse kann die öffentlichen Methoden an ausgewählte Kunden (ggf. an gar keine) exportieren. In C++ gibt es die *private Vererbung*, durch die alle geerbten (auch die **public**) Methoden nur wie **private** zu erreichen sind. In Java und C♯ bleibt nur ein anderer Weg offen: Statt *erben* gilt *erwerben;* die Klasse *System.Collections.*ArrayList soll nicht erweitert, sondern ausgeprägt werden:

```
public class StapelMitErwerben : Stapel {                        // (6.12)
    protected System.Collections.ArrayList inhalt;
    public StapelMitErwerben(int größe) {
        inhalt = new System.Collections.ArrayList(größe);
        Entleeren(); }
    public void Entleeren() {
        inhalt.Clear(); }
    public void Eintragen(object element) { // throws VollException
        try {
            inhalt.Add(element); }
    ... // usw. wie im Programm (6.11) auf Seite 173, aber inhalt statt base
```

Die Schnittstelle `Rohr` kann mit Hilfe von *System.Collections.*ArrayList genauso einfach implementiert werden.

6.5.3. Klassenhierarchie

In der Abbildung 6.2 auf Seite 162 haben wir die Hierarchie der Schnittstellen dargestellt. Die bis jetzt entwickelten Klassen erweitern sie zur folgenden Hierarchie:

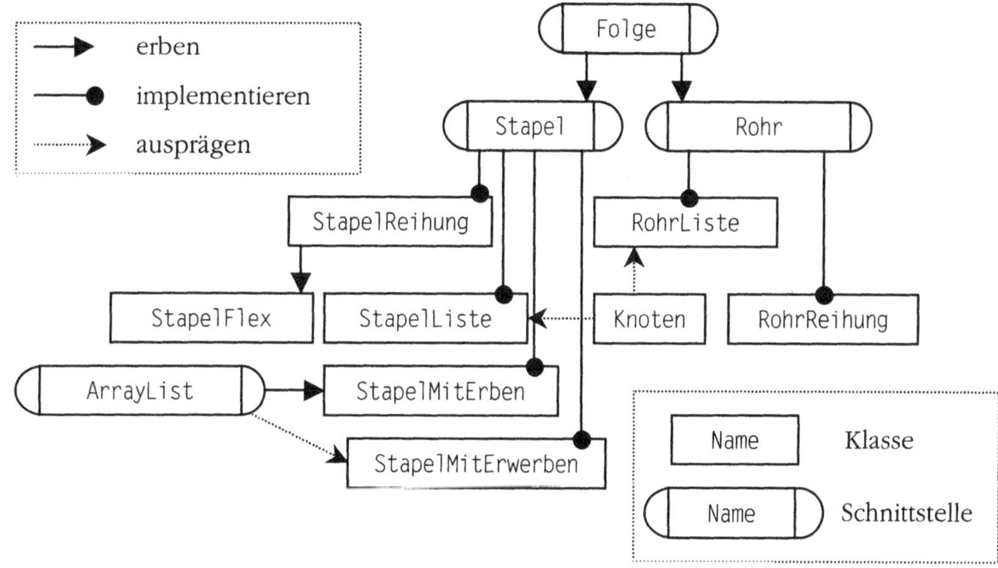

Abbildung 6.10: Klassenhierarchie

6.6. Generische Behälter

Die obigen Implementierungen der Schnittstellen Stapel und Rohr nehmen ein beliebiges Objekt (in C♯ – im Gegensatz zu Java – auch primitive Werte) an.

6.6.1. Elementtypabhängige Klassen

Eine Einschränkung auf bestimmte Objekte (z.B. int) ist möglich, wenn die Programmtexte der Klassen verändert und neu übersetzt werden:

```
public class GanzStapelListe : Stapel {                          // (6.13)
    protected class Knoten {
        int wert;
        ... // usw. wie im Programm (6.9) auf Seite 170, überall int statt object
```

Für jeden anderen Elementtyp müssen somit neue Klassen entwickelt werden – ein Preis für mangelnde *Generizität*: In C♯ gibt kein **template** wie in C++. In Java, wo **int** zu **object** nicht passt, ist dieser Nachteil noch schwerwiegender.

Eine ähnliche Einschränkung auf einen bestimmten Referenztyp (z.B. einer Klasse Element) ist auch möglich:

```
public class ElementStapelListe : Stapel {                       // (6.14)
    protected class Knoten {
        Element wert;
        ... // usw. wie im Programm (6.9), statt object überall Element.
```

Aber auch diese Klasse garantiert nicht, dass der Stapel nur Objekte vom Typ `Element` aufnimmt: Jedes Unterklassenobjekt von `Element` passt.

6.6.2. Generizität in C++

In Sprachen mit Generizität wird das Problem einfach gelöst: Der Elementtyp ist ein (formaler) generischer Parameter der Klasse:

```
template <class Element> // nur C++, nicht C#, nicht Java
public class GenStapelListe : Stapel {
    protected class Knoten {
        Element wert;
        ... // usw. wie im Programm (6.9), statt object überall Element
```

Der Benutzer muss so eine *generische Klasse* (oder *Klassenschablone*) für seinen gewünschten Elementtyp ausprägen. Wenn er eine Klasse `MeineKlasse` definiert und Objekte dieser Klasse in den Stapel eintragen möchte, gibt er bei der Ausprägung des Stapels den aktuellen generischen Parameter `MeineKlasse` an:

```
GenStapelListe<MeineKlasse> stapel = new GenStapelListe<MeineKlasse>();
    // nur C++, nicht C#, nicht Java
```

Ähnlich kann er einen Stapel für `int` ausprägen:

```
GenStapelListe<int> ganzStapel = new GenStapelListe<int>();
    // nur C++, nicht C#, nicht Java
```

Der Versuch, ein falsches Element einzutragen, wird schon vom C++-Compiler abgelehnt:

```
ganzStapel.Eintragen(1.23); // nur int-Werte werden aufgenommen
stapel.Eintragen(new Button()); // nur MeineKlasse-Objekte aufgenommen
```

Unterklassenobjekte werden allerdings aufgenommen:

```
stapel.Eintragen(new ErwKlasse()); // ErwKlasse ist Erweiterung von MeineKlasse
```

6.6.3. Laufzeitgenerizität

In Java ist das Wort `generic` als Schlüsselwort reserviert, aber in den aktuellen Compilerversionen wird es nicht verwendet; es ist damit zu rechnen, dass zukünftige Java-Versionen Generizität ähnlich wie in C++ anbieten werden.

In C♯ ist Generizität nicht vorgesehen, kann jedoch mit Hilfe von *Reflexion* (*Quelltext-Spiegelung*) nachgebaut werden. Hierzu dienen die Klassen des Pakets *System.Reflection*; mit ihrer Hilfe kann zur Laufzeit Information über Objekte, ihrer Klassen und Methoden usw. besorgt werden. So kann auch der Typ eines Objekts überprüft werden:

```
System.Type typ = element.GetType(); // geerbt von object
if (typ != elementtyp)
    throw new GenException();
```

Der zugelassene Elementtyp wird beim Erzeugen des Behälterobjekts als Konstruktorparameter angegeben und in einer globalen Variable gespeichert. Die ausgelöste Ausnahme zeigt dem Benutzer an, dass er versucht hat, ein Objekt von falschem Typ in den Behälter einzutragen.

Somit können wir den Stapel um Generizität erweitern:

```
public class GenStapelReihung : StapelReihung {                    // (6.15)
    private System.Type elementtyp;
➜   public GenStapelReihung(int größe, System.Type elementtyp) : base(größe) {
        this.elementtyp = elementtyp; }
    private void Überprüfen(object element) {
        if (element.GetType() != elementtyp) {
            throw new GenException(); } }
    public override void Eintragen(object element) {
        Überprüfen(element);
        base.Eintragen(element); } }
public class GenException : System.Exception {}
```

Die Benutzung dieser Klasse ist ähnlich wie die Ausprägung einer generischen Klasse in C++: Der aktuelle generische Parameter (der Elementtyp) ist jetzt einfach der zweite Parameter des Konstruktors in der markierten Zeile des Programms (6.15):

```
GenStapelReihung stapel = new GenStapelReihung(20,
    typeof(MeineKlasse));
GenStapelReihung ganzStapel = new GenStapelReihung(30, typeof(int));
```

Der Versuch, ein falsches Element in den stapel einzutragen wird zwar vom Compiler (leider) zugelassen, löst aber zur Laufzeit eine Ausnahme aus:

```
stapel.Eintragen(5); // throws GenException
```

Im Gegensatz zur generischen Klassen in C++ wird hier auch ein Unterklassenobjekt abgelehnt:

```
class ErwKlasse : MeineKlasse { }
    ...
stapel.Eintragen(new ErwKlasse()); // throws GenException
```

Die anderen Implementierungen StapelListe, RohrReihung usw. können in ähnlicher Weise zu generischen Klassen erweitert werden.

6.6.4. Mehrfachvererbung

Es ist natürlich nicht sehr effizient, für alle unsere bisherigen Klassen eine Erweiterung mit demselben Inhalt (neuer parametrisierter Konstruktor, neue Methode Über-

prüfen und überschriebene Methode Eintragen) anzufertigen. Es bietet sich an, eine
gemeinsame Oberklasse anzufertigen, die diese Aufgaben übernimmt, von der die
Erweiterungen erben:

```
public class Generizität {                                    // (6.16)
    private System.Type elementtyp;
    public Generizität(System.Type elementtyp) {
        this.elementtyp = elementtyp; }
    public void Überprüfen(object element) {
        if (element.GetType() != elementtyp)
            throw new GenException(); } }
public class GenException : System.Exception { }
```

In C++ könnten wir nun die Klasse GenStapelReihung als Unterklasse von StapelReihung <u>und</u> von Generizität programmieren, weil die Sprache *Mehrfachvererbung*
(*multiple inheritance*) unterstützt: Eine Klasse kann mehrere Oberklassen haben:

```
public class GenStapelReihung : StapelReihung, Generizität { ...
```

In Java und C# wurde die Mehrfachvererbung aus guten Gründen verboten: In C++
wurden zu viele unleserliche und schwer nachvollziehbare Programme geschrieben.
Hier müssen wir also einen Ausweg suchen: Statt *Erben* muss *Erwerben* verwendet
werden, d.h. eine der beiden Oberklassen muss ausgeprägt werden. Die jetzt nicht
mehr geerbten Methoden müssen einzeln weitergereicht werden:

```
class OberKlasse1 {                                           // (6.17)
    public void Methode1() { } }
class OberKlasse2 {
    public void Methode2() { }
    public void Methode3() { } }
// class UnterKlasse0 : OberKlasse1, OberKlasse2 { }
        // nur in C++; in Java und C# verboten
class UnterKlasse1 : OberKlasse1 { // erste Möglichkeit
    private OberKlasse2 ausprägung = new OberKlasse2();
    public void Methode2() {
        ausprägung.Methode2(); } // Methode2 weiterreichen
    public void Methode3() {
        ausprägung.Methode3(); } } // Methode3 weiterreichen; Methode1 geerbt
class UnterKlasse2 : OberKlasse2 { // zweite Möglichkeit
    private OberKlasse1 ausprägung = new OberKlasse1();
    public void Methode1() {
        ausprägung.Methode1(); } } // Methode2 und Methode3 werden geerbt
```

Die Entscheidung, welche der potenziellen Oberklassen ausgeprägt werden, ist nicht
trivial. Wenn keine andere Gründe dagegen sprechen, nimmt man die Oberklasse,
die mehr Methoden vererbt, um Schreibarbeit mit dem Weiterreichen zu sparen; hier
ist also die zweite Möglichkeit (UnterKlasse2) etwas vorteilhafter.

In unserem Fall liegt es nahe, von den Behälterklassen (StapelReihung usw.) zu erben und die Überprüfungsklasse Generizität auszuprägen:

```
public class GenStapelReihungErw : StapelReihung {                    // (6.18)
    private Generizität gen;
    public GenStapelReihungErw(int größe, System.Type elementtyp) :
        base(größe) { gen = new Generizität(elementtyp); }
    public override void Eintragen(object element) { // throws GenException
        gen.Überprüfen(element);
        base.Eintragen(element); } }
```

Die weiteren Behälterklassen StapelListe, RohrReihung usw. können nun auf ähnliche Weise zu generischen Klassen erweitert werden. Die Methode Eintragen sieht in jeder Erweiterung ähnlich wie oben aus: Zuerst wird die Methode gen.Überprüfen(), dann base.Eintragen() aufgerufen. Der Wunsch liegt auf der Hand, diese Methode auch in eine Oberklasse zu verlagern. Der Versuch zeigt aber, dass hierzu Sprachmechanismen aus Eiffel nötig wären: neben Mehrfachvererbung auch **renames**, mit dem eine geerbte Methode umbenannt werden kann. C♯ bietet keine solche Möglichkeiten an.

In diesem Fall hat zwar die Auslagerung der Methode Überprüfen in die Generizität-Klasse nur wenig Ersparnis gebracht – das Konstrukt ist aber sauber und wir haben erforscht, wie man die fehlende Mehrfachvererbung in C♯ umgehen kann.

Fast alle Fälle der Mehrfachvererbung können durch Erwerben (Ausprägen) ersetzt werden. Nur in den folgenden Situationen müssen die Klassen umstrukturiert werden:

- Polymorphie über mehrere Oberklassen: Wenn im Programm (6.17) auf Seite 178 die Oberklassenmethoden Methode1, Methode2 und Methode3 als **virtual** vereinbart und in einer dazwischenliegenden Unterklasse überschrieben werden, können sie nur über Vererbung polymorph aufgerufen werden. In diesem Fall muss die Polymorphie für die auszuprägende Klasse nachgebaut werden.
- Wenn mehrere abstrakte Oberklassen erweitert (und ihre abstrakte Methoden implementiert) werden, müssen Adapterklassen dazwischengelegt werden. Eine *Adapterklasse* ist die Unterklasse einer abstrakten Klasse, in der alle abstrakte Methoden als *Attrappen* (*dummy*) (d.h. mit leerem Rumpf, ggf. mit **return** 0; o.ä.) implementiert werden.

6.7. Iterative Methoden

Wir haben also unsere Behälterklassen um zusätzliche Funktionalität (um die Überprüfung des Elementtyps) erweitert. Wir haben dies durch das Überschreiben der Methode Eintragen erreicht. Es ist auch denkbar, die Funktionalität durch Hinzufügen neuer Methoden zu erweitern.

Hierzu gehört die Möglichkeit, den Inhalt eines Behälterobjekts in einen anderen Behälter zu *kopieren*. Ähnlich möchte man den Inhalt zweier Behälter miteinander *vergleichen*. Die Klasse **object** vererbt zwar zu diesem Zweck die Methode Equals, aber eine gründliche Überlegung zeigt, dass sie unbefriedigend arbeitet.

Wir erweitern also unsere vier Klassen StapelReihung, StapelListe, RohrReihung und RohrListe zu vier Unterklassen ErwStapelReihung, ErwStapelListe, ErwRohrReihung und ErwRohrListe; sie enthalten jeweils zwei neue Methoden **bool** IstGleich und **void** Kopieren. Beide Methoden nehmen einen [Const]-Parameter derselben Klasse. Die erste ist eine [Const]-Methode (d.h. IstGleich verändert das Zielobjekt nicht), während die zweite ein Mutator ist: Kopieren verändert das Zielobjekt, indem es nach dem Aufruf den Inhalt des Parameterobjekts hat:

```
[Const] public virtual bool IstGleich([Const] ErwStapelReihung stapel);
    /// ensures IstGleich(stapel) == stapel.IstGleich(this)
[Throws("VollException")] public virtual void Kopieren(
    [Const] ErwStapelReihung stapel); /// ensures IstGleich(stapel)
```

Die Zusicherung nach IstGleich definiert die Symmetrie zwischen Zielobjekt und Parameterobjekt; die Zusicherung in der letzten Zeile legt den Zusammenhang zwischen den beiden Operationen fest: Nach einem erfolgreichen Kopieren eines Objekts sollen das Parameterobjekt und Zielobjekt im Sinne von IstGleich gleich sein.

Die Methoden für die anderen Klassen können ähnlich, jedoch mit geeigneten Parametern spezifiziert werden.

Es besteht auch die Möglichkeit, statt einer neuen Methode IstGleich die vom **object** geerbte Methode Equals zu überschreiben. Sie hat aber den Parametertyp **object**, daher erlaubt der Compiler auch Aufrufe mit falschen Parametern. Darüber hinaus ist es dann erforderlich, auch die **object**-Methode GetHashCode zu überschreiben.

6.7.1. Gleichheiten

In der Mathematik spricht man nur von einer Art von *Gleichheit:* Zwei Größen sind entweder gleich und sie sind ungleich. In der objektorientierten Programmierung müssen wir verschiedene Arten von Gleichheiten unterscheiden:

- Referenzgleichheit
- Flache Gleichheit
- Tiefe Gleichheit
- Logische Gleichheit

Alle diese Operationen liefern ein **bool**-Ergebnis und lassen die beteiligen Objekte unverändert.

Im ersten Fall werden nur Referenzen miteinander verglichen: Die *Referenzgleichheit* (in C♯ bezeichnet durch den Operator ==) liefert **true**, wenn die beiden Referenzen entweder **null** sind oder dasselbe Objekt referieren:

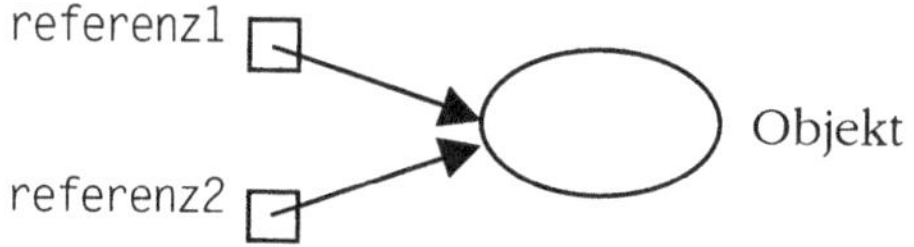

Abbildung 6.11: Referenzgleichheit

In diesem Fall liefern alle weiteren Gleichheiten den Wert **true**, da das Objekt mit sich selbst verglichen wird. Wenn die Referenzgleichheit **false** liefert, können die zwei Objekte auf verschiedene Weise miteinander verglichen werden:

Die *flache Gleichheit* vergleicht die Datenelemente, d.h. den Inhalt der Objekte einzeln miteinander. Wenn die Objekte von unterschiedlichen Klassen sind, liefert sie **false**. Wenn die Klassen der Objekte gleich sind, dann enthalten sie dieselben Datenelemente; diese werden eins nach dem anderen miteinander verglichen. Wenn ein Paar nicht denselben Wert hat, ist das Ergebnis **false**. Elemente von primitiven Typen (wie **int**) müssen hierzu denselben primitiven Wert haben; Elemente von Referenztypen müssen denselben Wert haben, d.h. entweder jeweils **null**, oder dasselbe Objekt referieren:

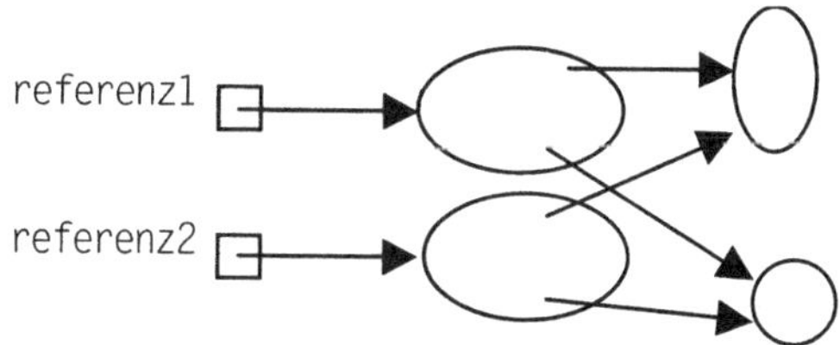

Abbildung 6.12: Flache Gleichheit

Die flache Gleichheit führt also Wert- und Referenzgleichheit innerhalb der Objekte durch. Dies ist genau der Algorithmus, den die Methode *System.Object.Equals* durchführt.

Wenn die flache Gleichheit den Wert **true** liefert, liefern die weiteren Gleichheiten (tiefe und logische) auch **true**. Wenn aber die flache Gleichheit **false** ist, kann die *tiefe Gleichheit* noch durchaus **true** liefern. Wenn die flache Gleichheit wegen unterschiedlichen primitiven Werten **false** liefert, ist dies ausgeschlossen. Aber wenn unterschiedliche Referenzwerte die Ursache sind, vergleicht die tiefe Gleichheit die referierten Objekte weiter miteinander. Unterscheiden sie sich auch nur in Referenzwerten, läuft die tiefe Gleichheit *rekursiv* weiter, bis irgendwo entweder Ungleichheit gefunden wurde, und dann ist das Ergebnis **false**, oder auf einer Ebene flache Gleichheit gefunden wurde, und dann ist das Ergebnis **true**.

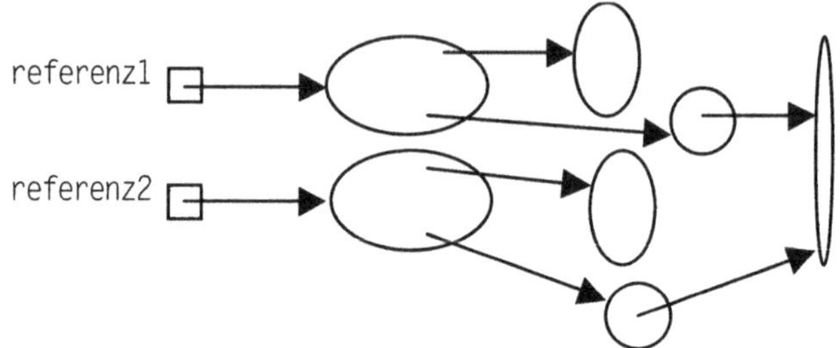

Abbildung 6.13: Tiefe Gleichheit

Die tiefe Gleichheit kann also durchaus sehr aufwändig laufen, wenn weit verzweigte Datenstrukturen miteinander verglichen werden.

Aber für den Vergleich zweier Stapel auf den gleichen Inhalt hin ist keine der obigen Gleichheiten geeignet. Es ist durchaus denkbar, dass sie unterschiedlich groß, aber leer sind; oder sie sind unterschiedlich groß, aber sie enthalten die gleichen Elemente. In diesen Fällen erwarten wir durchaus das Ergebnis **true**. Insbesondere möchten wir vom Vergleich zweier Stapel **true** in folgendem Fall enthalten:

```
StapelReihung stapel1 = new StapelReihung(8), stapel2 = new StapelReihung(8);
stapel1.Eintragen(1); stapel2.Eintragen(1);
stapel1.Eintragen(2); stapel2.Eintragen(3);
stapel1.Entfernen(); stapel2.Entfernen();
```

Die beiden Stapel enthalten also jeweils die Zahl 1; ihr physikalischer Inhalt ist aber unterschiedlich:

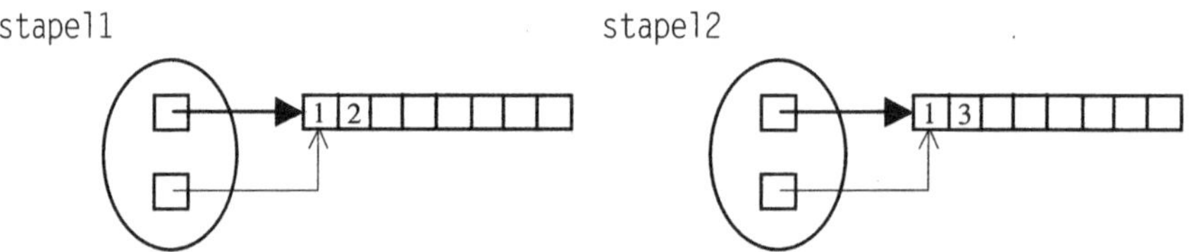

Abbildung 6.14: Logische Gleichheit von Stapeln

Die *logische Gleichheit* müsste in diesem Fall also **true** liefern, obwohl alle anderen Gleichheiten (insbesondere Equals) **false** liefern. Sie muss für jede Klasse gesondert programmiert werden.

Referenzgleichheit	true	false			
flache Gleichheit	true	true	false		
logische Gleichheit	true	true	true	false	
tiefe Gleichheit	true	true	true	true	false

Tabelle 6.15: Möglichkeiten der Gleichheitsergebnisse

6.7.2. Logische Gleichheit von Reihungen

Die logische Gleichheit für den Stapel zu programmieren ist nicht schwer: Wenn sie die gleiche Anzahl von Elementen enthalten, müssen alle Elemente in einer Zählschleife mit == (d.h. auf Werte- oder Referenzgleichheit) miteinander verglichen werden:

```
public virtual bool IstGleich(ErwStapelReihung stapel) {            // (6.19)
    bool ergebnis = this.spitze == stapel.spitze;
    if (ergebnis) {
        for (int i = 0; i < spitze; i++) {
            ergebnis &= this.inhalt[i] == stapel.inhalt[i]; } }
    return ergebnis; }
```

Wenn nur eine der ==-Aufrufe (von spitze oder inhalt[i]) false liefert, bekommt ergebnis den Wert false; ansonsten bleibt sie true. Die Abfrage if (ergebnis) ist nötig für den Fall der ungleichen Größe, um die Ausnahme IndexOutOfRangeException beim Zugriff auf stapel.inhalt[i] zu vermeiden.

Mit leichtem Bruch der Regeln der Strukturierten Programmierung (wonach jede Steuerstruktur genau einen Eingang und genau einen Ausgang haben soll) können wir eine Laufzeitoptimierung erzielen:

```
public virtual bool IstGleich(ErwStapelReihung stapel) {            // (6.20)
    if (this.spitze != stapel.spitze) {
        return false; }
    for (int i = 0; i < spitze; i++) {
        if (this.inhalt[i] != stapel.inhalt[i]) {
            return false; } }
    return true; }
```

Hier hat unser Methodenrumpf mehrere Ausgangspunkte (mehrere returns); dafür läuft die Schleife nur bis zum ersten ungleichen Element.

Die logische Gleichheit für die Klasse RohrReihung ist etwas komplexer: Nach den Anweisungen

```
RohrReihung r1 = new RohrReihung(5), r2 = new RohrReihung(5);
r1.Eintragen(1); r1.Eintragen(2);
r2.Eintragen(3); r2.Entfernen(); r2.Eintragen(1); r2.Eintragen(2);
```

sind die beiden Warteschlangen logisch gleich (sie enthalten die gleichen Elemente, nämlich jeweils 1), obwohl ihre physikalische Struktur sehr unterschiedlich ist:

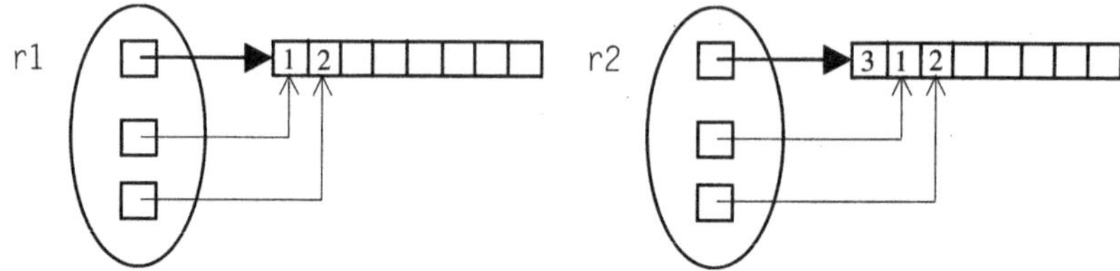

Abbildung 6.16: Logische Gleichheit von Warteschlangen

Es ist auch denkbar, dass die eine Warteschlange schon einen Überlauf hatte und jüngstes < ältestes ist (s. Abbildung 6.6 auf Seite 169), während die andere noch nicht, also jüngstes > ältestes, sie enthalten trotzdem die gleichen Elemente:

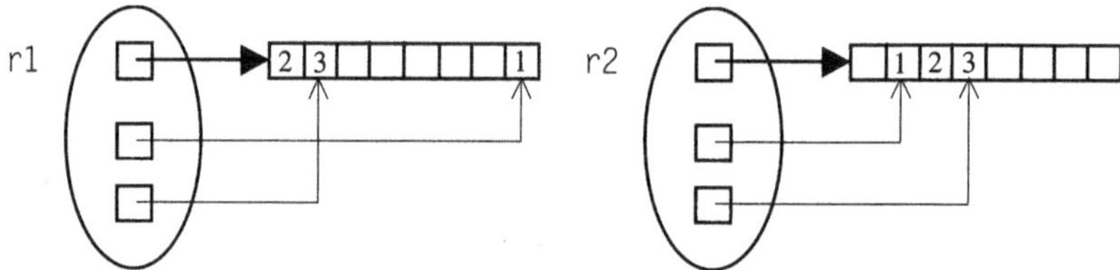

Abbildung 6.17: Logische Gleichheit von Warteschlangen mit Überlauf

Die logische Gleichheit muss aller diesen Umständen Rechnung tragen:

```
public virtual bool IstGleich(ErwRohrReihung rohr) {                    // (6.21)
    if (this.anzahl != rohr.anzahl)
        return false;
    for (int i = 0; i < anzahl; i++)
        if (this.inhalt[(this.ältestes + i) % this.inhalt.Length] !=
                rohr.inhalt[(rohr.ältestes + i) % rohr.inhalt.Length])
            return false;
    return true; }
```

Nachdem wir uns vergewissert haben, dass die beiden Warteschlangen dieselbe Anzahl von Elementen enthalten, überprüfen wir diese Elemente (Laufvariable i) auf Gleichheit mit dem Operator !=. Bei i == 0 sollen wir die beiden ältesten Elemente miteinander vergleichen, anschließend die beiden nächstältesten usw. Weil nach dem letzten Reihungsplatz wieder der erste genommen werden soll, haben wir den Index um % inhalt.Length modifiziert; dadurch vermeiden wir auch den Indexüberlauf.

6.7.3. Logische Gleichheit von verketteten Listen

Die logische Gleichheit verketteter Listen können wir mit einer while-Schleife programmieren:

```
public virtual bool IstGleich(ErwStapelListe stapel) {                  // (6.22)
    Knoten k1 = this.anker, k2 = stapel.anker;
    while (k1 != null && k2 != null) {
```

```
      if (k1.wert != k2.wert) {
          return false; }
      k1 = k1.verbindung; k2 = k2.verbindung; }
    return k1 == null && k2 == null; }
```

Die Schleife läuft bis eine der beiden Listen zu Ende sind. Wenn zwei ungleiche Elemente gefunden werden, ist das Ergebnis `false`. Wenn die Schleife erfolgreich zu Ende gelaufen ist (d.h. alle Elemente gleich sind und mindestens eine der Listen zu Ende ist), kann es noch vorkommen, dass die beiden Listen ungleich lang sind. Wenn sie beide zu Ende sind, dann ist der Inhalt der beiden Stapel gleich. Wenn einer der Stapel über die gleichen hinaus noch weitere Elemente enthält, dann ist `k1 != null` oder `k2 != null`; das Ergebnis ist `false`.

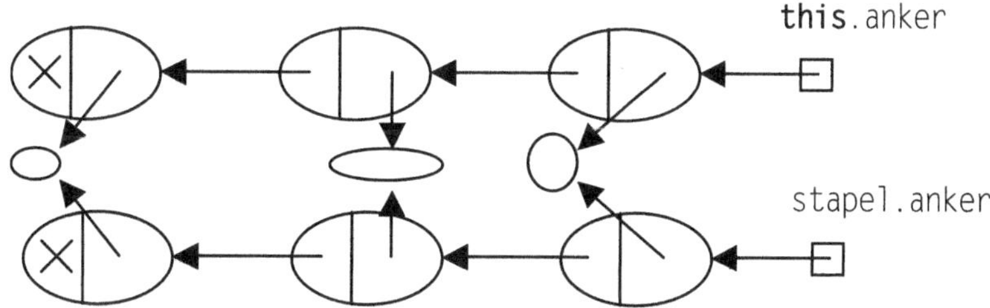

Abbildung 6.18: Logische Gleichheit von verketteten Listen

Die Gleichheit für die Klasse `RohrListe` wird ähnlich programmiert: Hier fangen wir beim ältesten Knoten an und laufen über die Verkettungen Richtung jüngstes:

```
public virtual bool IstGleich(ErwRohrListe rohr) {                    // (6.23)
    Knoten k1 = this.ältestes, k2 = rohr.ältestes;
    while (k1 != null && k2 != null) {
        if (k1.wert != k2.wert) {
            return false; }
        k1 = k1.verbindung; k2 = k2.verbindung; }
    return k1 == null && k2 == null; }
```

6.7.4. Statische Gleichheitsmethoden

Die obigen Methoden sind Objektmethoden: Sie werden für ein bestimmtes Objekt aufgerufen und haben ein anderes Objekt als Parameter:

```
zielobjekt.IstGleich(parameterobjekt);
```

Sie lassen sowohl das Zielobjekt wie auch das Parameterobjekt unverändert und liefern ein `bool`-Ergebnis. Bei ihrer Programmierung müssen wir auf eine wichtige Eigenschaft der Gleichheit achten, nämlich auf die Symmetrie: `a.IstGleich(b)` soll dasselbe Ergebnis liefern wie `b.IstGleich(a)`.

Oft werden solche Methoden nicht als Objekt-, sondern als Klassenmethoden (statische Methoden) programmiert. Dann haben sie zwei Parameter:

```
public static bool IstGleich(ErwStapelReihung s1,            // (6.24)
      ErwStapelReihung s2) {
   if (s1.spitze != s2.spitze) {
   return false; }
   for (int i = 0; i < s1.spitze; i++) {
      if (s1.inhalt[i] != s2.inhalt[i]) {
         return false; } }
   return true; }
```

In diesem Fall müssen sie wie Klassenmethoden aufgerufen werden:

```
if (StapelReihung.IstGleich(s1, s2)) ...
```

Die Symmetrie muss selbstverständlich auch jetzt bestehen bleiben:

```
if (StapelReihung.IstGleich(s2, s1)) ... // dasselbe Ergebnis
```

Diese Überlegung betrifft jeden Mutator (d.h. verändernde Operation) einer Behälterklasse: *Monadische (unäre) Operationen* können parameterlos dynamisch oder parametrisiert statisch definiert werden; *diadische (binäre) Operationen* können mit einem Parameter dynamisch oder mit zwei Parametern statisch definiert werden. C♯ erlaubt im zweiten Fall auch die Verwendung von *Operatoren*:

```
public void UnäreOperation(); // verändert das Zielobjekt
[Const] public static Klasse UnäreOperation1(Klasse operand);// liefert Ergebnis
[Const] public static Klasse operator ! (Klasse operand);
public void BinäreOperation([Const] Klasse zweiterOperand);
      // verändert das Zielobjekt (den ersten Operand)
[Const] public static Klasse BinäreOperation([Const] Klasse ersterOperand,
      [Const] Klasse zweiterOperand); // liefert Ergebnis
[Const] public static Klasse operator + ([Const] Klasse ersterOperand,
      [Const] Klasse zweiterOperand);
```

Die Autoren sind der Meinung, dass die Objektmethoden mehr als die Klassenmethode dem objektorientierten Programmierparadigma (Denkweise) entsprechen, deswegen ziehen wir sie vor. Für Operatoren besteht keine Freiheit in C♯: Sie müssen immer **static** (und auch **public**) sein.

6.7.5. Kopieroperationen

Ähnlich wie bei der Gleichheit gibt es verschiedene Arten von Kopieroperationen:

- Referenzkopie
- Flache Kopie
- Tiefe Kopie
- Logische Kopie

Eine erforderliche Eigenschaft jeder Kopieroperationen ist, dass nach ihrer Durchführung die entsprechende Gleichheit **true** liefern soll. Sie sind keine [Const]-Methoden, ihr Parameter ist jedoch [Const]: das Zielobjekt wird typischerweise verändert, das Quellobjekt bleibt aber unverändert.

Bei der *Referenzkopie* kopieren wir nur eine Referenz mit Hilfe der Zuweisung:

```
r1 = r2;
```

Anschließend referieren sie dasselbe Objekt, d.h. r1 == r2 liefert **true**.

Bei der *flachen Kopie* fertigen wir eine exakte Kopie des Objektinhalts an. Hierbei kann man zwischen *Kopieren* und *Klonen* unterscheiden. Beim Kopieren sorgen wir dafür, dass ein vorhandenes (Ziel-) Objekt denselben Inhalt bekommt wie das Quellobjekt; die Kopieroperation ist eine Methode mit Ergebnistyp **void**.

Beim Klonen wird ein neues Objekt mit demselben Inhalt wie das Zielobjekt erzeugt und als Ergebnis geliefert. Daher ist Klonen eine Funktionsmethode:

```
Klasse r1 = new Klasse(), r2 = new Klasse();
r1.Kopieren(r2); // erstes Objekt bekommt denselben Inhalt wie das zweite
r1 = r2.Klonen(); // erstes Objekt wird freigegeben; neuer Klon wird erzeugt
```

Beides kann man – wie im vorherigen Kapitel erwähnt – auch als Klassenmethoden anfertigen:

```
Klasse r1 = new Klasse(), r2 = new Klasse();
Klasse.Kopieren(r1, r2);
r1 = Klasse.Klonen(r2);
```

Wir bleiben bei den Objektmethoden und entwickeln die Methode Kopieren. Die Methode Klonen oder die Klassenmethoden können ähnlich angefertigt werden.

Die anfänglich erwähnte *tiefe Kopie* führt – ähnlich wie die tiefe Gleichheit – die Kopieroperation nicht nur auf einer Ebene durch, sondern rekursiv für alle beteiligten Objekte. Eine tiefe Kopie kann daher nicht nur sehr zeit-, sondern auch sehr speicheraufwändig werden. Nach der Durchführung einer tiefen Kopie ergibt die flache Gleichheit möglicherweise **false**, aber die tiefe Gleichheit liefert auf jeden Fall **true**. Die logische Kopie ist – ähnlich wie die logische Gleichheit – eine klassenabhängige Operation. Sie liegt typischerweise zwischen der flachen und der tiefen Kopie. Eine flache Kopie würde beim Stapel nicht reichen:

```
public virtual void FlachKopieren(ErwStapelReihung quelle) {        // (6.25)
    this.inhalt = quelle.inhalt;
    this.spitze = quelle.spitze; }
```

Nach dem Aufruf dieser Kopieroperation

```
s1.FlachKopieren(s2);
```

referieren die beiden Stapel dieselbe Reihung:

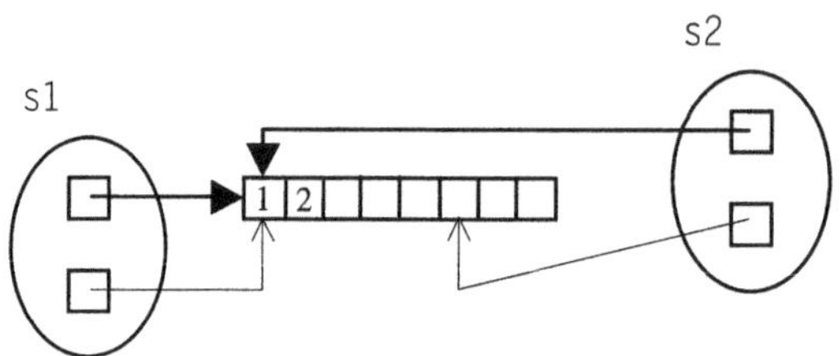

Abbildung 6.19: Flache Kopie

Nach dem Aufruf von

```
s1.Entfernen();
s1.Eintragen(2);
```

wird der Inhalt von s2 auch verändert: Sie enthält statt der 1 die 2. Die flache Kopie reicht also nicht aus. Die tiefe Kopie wäre zu viel: Nach dem Aufruf von

```
s1.TiefKopieren(s2);
```

werden auch die im Stapel enthaltenen Objekte repliziert:

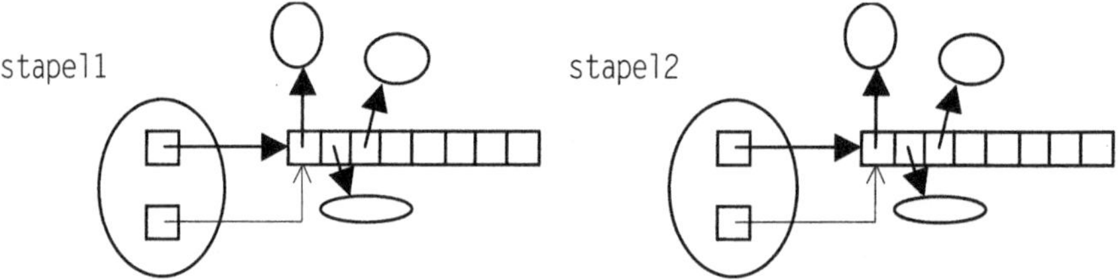

Abbildung 6.20: Tiefe Kopie

Der Aufruf von IstGleich würde also **false** liefern. Die logische Kopie muss der logischen Gleichheit entsprechen: Sie muss also eine Kopie des Reihungsobjekts anfertigen. Der Inhalt der Reihung im Quellobjekt muss in die Reihung des aktuellen Objekts kopiert werden:

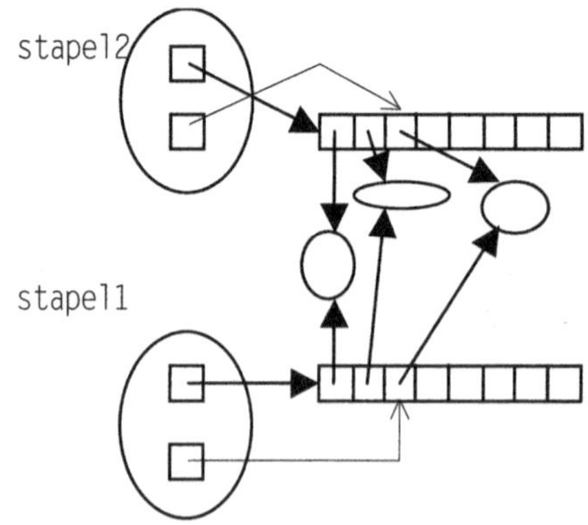

Abbildung 6.21: Logische Kopie einer Reihung

Wenn die eigene Reihung zu kurz ist, muss sie neu angelegt werden:

```
public virtual void Kopieren(ErwStapelReihung quelle) {              // (6.26)
    // throws VollException
  try {
    if (quelle.spitze > this.inhalt.Length) { // Platz reicht nicht
      this.inhalt = new object[quelle.inhalt.Length]; }
        // alte Reihung freigeben
    this.Entleeren(); // alten Inhalt löschen
    for (int i = 0; i <= quelle.spitze; i++) {
      this.Eintragen(quelle.inhalt[i]); } } // throws VollException
  catch (System.OutOfMemoryException) {
    throw vollException; } }
```

Es wird also fast eine flache Kopie des Objektinhalts angefertigt; einzig, dass die Zählschleife schneller fertig ist als bei der physikalischen Kopie (die leeren Plätze der Reihung werden nicht kopiert).

6.7.6. Kopieren einer Liste

Nach der tiefen Kopie einer Liste liefert `IstGleich` das Ergebnis `false`:

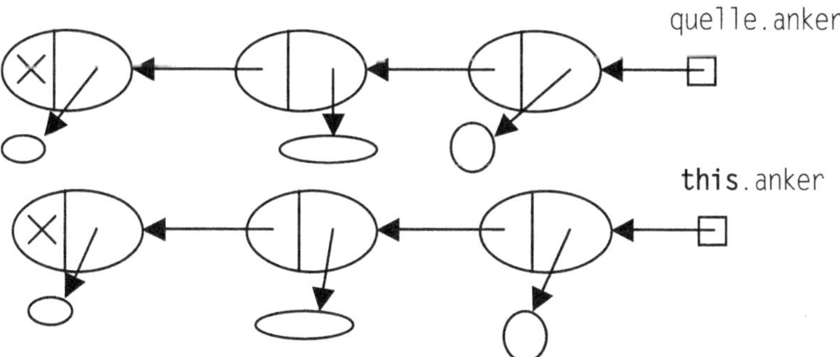

Abbildung 6.22: Tiefe Kopie einer Liste

Die Knotenobjekte sollen also kopiert werden, die enthaltenen Elementobjekte nicht mehr. Diesmal können wir aber die Elemente nicht einfach `Eintragen`, wie beim `ErwStapelReihung`, weil wir sie beim Durchlauf der verketteten Liste in umgekehrten Reihenfolge bekommen. Wir müssen die neue Kette „per Hand" zusammenstellen:

```
public virtual void Kopieren(ErwStapelListe quelle) {               // (6.27)
    // throws VollException
  try {
    this.anker = null; // alte Liste freigeben
    Knoten q = quelle.anker,
      alt = new Knoten(q.wert, null); // throws NullReferenceException
    this.anker = alt;
    while (true) { // Abbruch durch Ausnahme bei q = null
```

```
        q = q.verbindung;
        Knoten neu = new Knoten(q.wert, null);
        alt.verbindung = neu;
        alt = neu; } }
catch(System.NullReferenceException) { } } } // fertig
```

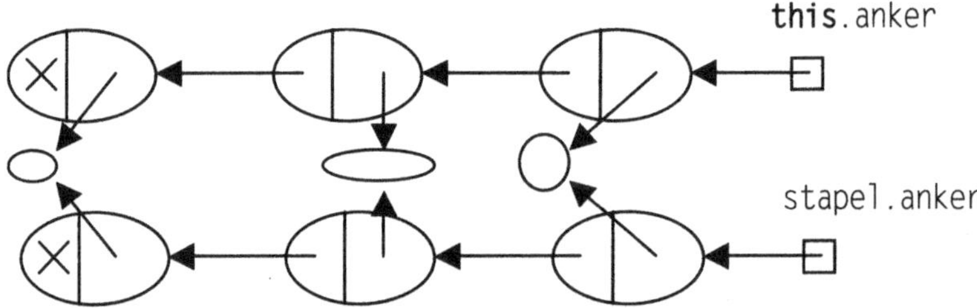

Abbildung 6.23: Logische Kopie einer Liste

Die Kopieroperation bringt oft Reorganisation und Vereinfachung der Datenstruktur,
so auch bei der Warteschlange als Reihung: In der Kopie gibt es keinen Reihungsüberlauf, weil die Elemente in eine leere Warteschlange eingetragen werden:

```
public virtual void Kopieren(ErwRohrReihung quelle) {              // (6.28)
    // throws VollException
  try {
    if (quelle.anzahl > this.inhalt.Length) { // Platz reicht nicht
      this.inhalt = new object[quelle.inhalt.Length]; }
    this.Entleeren(); // alten Inhalt löschen
    for (int i = 0; i < quelle.anzahl; i++) {
      this.Eintragen(quelle.inhalt[(quelle.ältestes + i) %
        quelle.inhalt.Length]); } }
  catch (System.OutOfMemoryException) {
    throw vollException; } }
```

Bei der Listenimplementierung der Warteschlange werden – wie beim Stapel – die
Knoten kopiert, die Elemente nicht mehr:

```
public virtual void Kopieren(ErwRohrListe quelle) {               // (6.29)
    // throws VollException
  this.Entleeren(); // alten Inhalt löschen
  Knoten k = quelle.ältestes;
  while (k != null) {
    this.Eintragen(k.wert); // throws VollException
    k = k.verbindung; } }
```

6.7.7. Kopierkonstruktoren

Wenn die Methode Kopieren zur Verfügung steht, ist es wenig aufwändig, in der Klasse auch einen *Kopierkonstruktor* zu vereinbaren. So heißen Konstruktoren mit einem ([Const]-) Parameter vom selben Klassentyp:

```
public ErwStapelReihung(ErwStapelReihung quelle) : base(0) {          // (6.30)
    this.Kopieren(quelle); }
```

In C++ ist der Begriff *Kopierkonstruktor* ein Sprachelement. Dort wird er bei der Initialisierung eines Objekts automatisch aufgerufen:

```
ErwStapelReihung s1 = s2; // Kopierkonstruktor in C++
```

In C♯ wurde diese Fähigkeit nicht übernommen; hier muss der Kopierkonstruktor wie jeder andere parametrisierte Konstruktor explizit aufgerufen werden:

```
ErwStapelReihung s1 = new ErwStapelReihung(s2); // Kopierkonstruktor in C#
```

6.7.8. Rekursive Implementierung

Die rekursive Definition der Klasse Knoten bring die Idee, auch die Kopier- und Vergleichoperationen von verketteten Listen rekursiv zu implementieren. Hierzu wollen wir die innere Klasse Knoten um zwei rekursive Methoden Kopie und IstGleich erweitern:

```
protected class RekKnoten : Knoten {                              // (6.31)
    public RekKnoten(object element, Knoten verbindung) :
        base(element, verbindung) { }
    public RekKnoten Kopie() { // throws VollException
        try {
            if (verbindung != null) {
                return new RekKnoten(wert, ((RekKnoten)verbindung).Kopie()); }
            else {
                return new RekKnoten(wert, null); } } // Liste zu Ende
        catch (System.OutOfMemoryException) { // kein Speicher mehr frei
            throw vollException; } }
    public bool IstGleich(Knoten knoten) {
        return knoten != null && this.wert == knoten.wert &&
            verbindung == null ? knoten.verbindung == null
                : ((RekKnoten)verbindung).IstGleich(knoten.verbindung); }
```

Die Methode Kopie erzeugt also eine *tiefe Kopie* des Aktuellen Knotens: Das verbindung-Element wird auf den Knoten gesetzt, der vom rekursiven Aufruf von Kopie für das eigene verbindung-Element geliefert wird. Wenn das eigene verbindung-Element null ist, wird die Rekursion (vielleicht gleich beim ersten Schritt) abgebrochen. Im Endeffekt entsteht eine Kopie der gesamten Liste, deren erster Knoten dem ersten Aufruf als Parameter übergeben wurde:

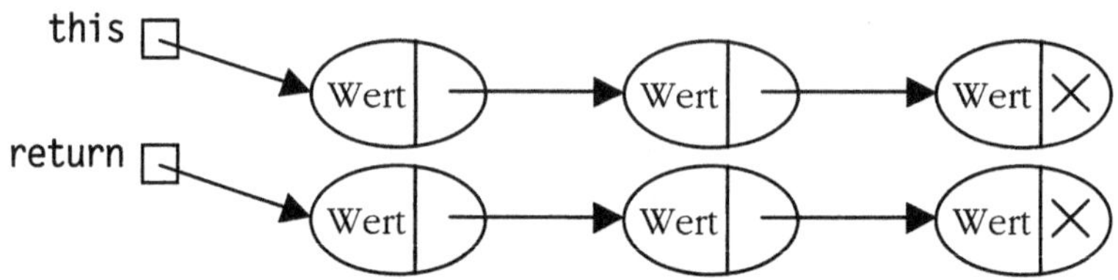

Abbildung 6.24: Rekursive Kopie

Die Methode IstGleich funktioniert ähnlich: Wenn der knoten-Parameter **null** ist oder die wert-Elemente ungleich sind, ist das Ergebnis **false**. Wenn beide verbindung- Elemente **null** sind, ist das Ergebnis **true**; wenn nicht, wird die Methode IstGleich rekursiv für die verbindung-Elemente aufgerufen.

Damit für das verbindung-Element (vom Typ Knoten) die Methoden Kopie bzw. IstGleich aufgerufen werden dürfen, muss sie – in der markierten Zeile des Programms (6.31)

Wenn diese zw   1, ist es leicht,
Kopieren und I:

    public virt   // (6.32)
        //
        RekKn
        this.
    public virt
        retur
        ((

Es ist dabei alle   hreiben, wo
die Knoten-Obje   s nicht Kno-
ten-, sondern R   ertierung in
Kopie und IstG   stException
ausgelöst wird):

    public overr   // (6.33)
        // th
    try {
        anker   memoryException
    catch (S
    throw

Eine elegantere ____ ntragen werden wir im Kapitel 6.8.6. auf Seite 208 untersuchen.

Ähnlich kann man die Methoden Kopieren und IstGleich für RohrListe anfertigen.

Die rekursive Abarbeitung ist nicht nur für verkettete Listen denkbar. Auch in den Reihungsimplementierungen können die Iterationen durch Rekursion ersetzt werden. Hier können wir allerdings nicht die Knoten-Klasse um die rekursiven Methoden erweitern. Es ist zwar denkbar, die Elementklasse object zu erweitern, aber es ist zu aufwändig. Statt dessen führen wir eine andere Technik vor: Statt einer Objektmethode ist es immer möglich, eine (statische) Klassenmethode zu definieren, wo die zu manipulierenden Objekte als Parameter übergeben werden. Dies demonstriert auch die untere Mächtigkeitsgrenze des Objektorientierten Programmierens: Solange keine Polymorphie benutzt wird, kann mit parametrisierten Methoden der klassischen Programmiersprachen alles programmiert werden, was ansonsten mit Klassen und Objekten programmiert wird.

Hier definieren wir also die **private** Klassenmethoden ElementKopieren und Element-Vergleichen anstelle der Objektmethoden Kopie und IstGleich:

```
private void ElementKopieren(int index, ErwStapelReihung quelle) {    // (6.34)
   try {
      this.inhalt[index] = quelle.inhalt[index];
         // throws IndexOutOfRangeException, wenn index == -1
      ElementKopieren(index-1, quelle); } // rekursiver Aufruf
   catch(System.IndexOutOfRangeException) { } } // Reihung zu Ende
public virtual void Kopieren(ErwStapelReihung quelle) {
         // throws VollException
   try {
      if (quelle.spitze > this.inhalt.Length) {
         inhalt = new object[quelle.inhalt.Length]; }
      spitze = quelle.spitze;
      ElementKopieren(spitze, quelle); }
   catch (System.OutOfMemoryException) {
      throw vollException; } }
private bool ElementVergleichen(int index, ErwStapelReihung stapel) {
   try {
      return this.inhalt[index] == stapel.inhalt[index] &&
         ElementVergleichen(index-1, stapel); } // rekursiver Aufruf
   catch(System.IndexOutOfRangeException) { // zu Ende: alle Elemente gleich
      return true; } }
public virtual bool IstGleich(ErwStapelReihung stapel) {
   return spitze == stapel.spitze && ElementVergleichen(spitze, stapel); }
```

Es ist eine generelle Eigenschaft von Wiederholungen, dass sie durch Rekursion ersetzt werden können. Die Programmiersprache Prolog enthält sogar überhaupt kein Sprachelement für Schleifen, alle Wiederholungen müssen durch Rekursion ausgedrückt werden.

In manchen Situationen ist es vorteilhaft mit Rekursion zu arbeiten: Viele Algorithmen werden verständlicher und einfacher (s. Kapitel 2.3.9. auf Seite 45). Meistens ist der Zeitaufwand (wie auch in unseren Beispielen) für die rekursive Version vergleichbar mit dem der iterativen. Rekursion hat jedoch ihren Preis: Jeder rekursive

Aufruf belegt einen Eintrag auf dem Systemstapel. In unserem Beispiel können also sehr lange verkettete Listen oder sehr große Reihungen iterativ problemlos abgearbeitet (verglichen oder kopiert) werden, ihre rekursive Versionen würden aber die Ausnahme StackOverflowException auslösen.

Aus diesem Grund ziehen wir doch die iterative Versionen vor.

6.7.9. Persistenzmethoden

Neben Kopieren und Gleichheit sind noch weitere Operationen denkbar, die den Inhalt von Behälterobjekten iterativ abarbeiten. Hierzu gehören die *Persistenzmethoden*. Diese sind Operationen, die einen Behälter persistent machen. Das heißt, dass der Inhalt das Objekt überleben kann. Durch die Persistenzmethode Speichern (mit einem bestimmten Schlüssel als Parameter) kann zum Beispiel der aktuelle Zustand des Behälters eingefroren, durch die Methode Laden derselbe Zustand wiederhergestellt werden – selbst wenn das Behälterobjekt in der Zwischenzeit (z.B. wegen Programmende) freigegeben und (z.B. in einem neuen Programmlauf) neu erzeugt wurde.

Die einfachste Realisierung solcher Persistenzmethoden ist, wenn der Schlüssel (nach dem der Inhalt wiedergefunden werden kann) der Name einer Datei ist:

```
Stapel stapel = new StapelReihung(20);
... // Operationen
stapel.Speichern("stapel.dat"); // Inhalt einfrieren
stapel = new StapelReihung(30); // neues Objekt; altes Objekt geht verloren
... // Operationen
stapel.Laden("stapel.dat");
    // eingefrorenen Zustand wiederherstellen; Inhalt geht verloren
```

Solche Persistenzmethoden können mit Hilfe von Strömen implementiert werden. Hierzu ist es aber erforderlich, dass die Elementklasse „serialisierbar" ist, d.h. die Elementobjekte sich selbst in ein Strom schreiben können und sich aus dem Strom wiederherstellen können. Der einfachste Weg dazu ist, wenn sie zwei Methoden ToString und Parse implementieren: Der erste konvertiert den Inhalt des Objekts in ein **string**, der zweite stellt ein Objekt aus einem **string** her. Eine standardmäßige ToString-Methode wird von **object** geerbt (sie funktioniert allerdings nur „flach", d.h. referierte Objekte werden nicht serialisiert); die Parse-Methode steht für primitive Datentypen zur Verfügung, aber auch für manche Klassen wie *System.Web.UI.WebControls*.ListItem. Ansonsten muss man sie selber schreiben. Alternativ reicht auch ein mit **string** parametrisierter Konstruktor:

```
public class Element {
    public Element(string zeichenkettendarstellung) { ... } }
    // string-Konstruktor: Objekt aus der Zeichenkettendarstellung wird erzeugt
```

Für die Speicherung der Daten kann die Stromklasse *System.IO*.StreamWriter (s. Kapitel 5.4. auf Seite 128) verwendet werden:

```
using System.IO;                                              // (6.35)
public class PersStapelReihung : ErwStapelReihung {
    public PersStapelReihung(int grösse) : base(grösse) { }
    public virtual void Speichern(string dateiname) {
        try {
            Stream datei = new FileStream(dateiname,
                FileMode.Create, FileAccess.Write); // öffnen zum Beschreiben
            StreamWriter ausgabe = new StreamWriter(datei);
            for (int i = 0; i <= spitze; i++) {
                ausgabe.WriteLine(inhalt[i]); } // implizit wert.ToString()
            ausgabe.Close(); }
        catch { // von datei oder ausgabe
            throw new PersException(); } }
    public virtual void Laden(string dateiname) { // throws PersException
        try {
            Stream datei = new FileStream(dateiname, FileMode.Open,
                FileAccess.Read); // öffnen zum Lesen
            StreamReader eingabe = new StreamReader(datei);
            Entleeren();
            string puffer = eingabe.ReadLine();
            while (puffer != null && puffer != "") {
                Eintragen(new Element(puffer));
                puffer = eingabe.ReadLine(); }
            eingabe.Close(); }
        catch (EndOfStreamException) { } // fertig
        catch { // VollException oder datei/ausgabe
            throw new PersException(); } } }
    public class PersException : System.Exception { }
```

Die Laden-Methode wird gleich programmiert, ob für Warteschlange oder Stapel, ob für Reihungsimplementierung oder verkettete Liste: Nach dem Entleeren werden alle Elemente aus der Datei in einer Schleife gelesen und in den Behälter eingetragen. Die Methode Speichern muss, in Abhängigkeit von der Datenstruktur, die sie durchläuft, leicht verändert werden: Bei der Warteschlange muss von ältestes bis zu jüngstes, beim Stapel von 0 bis spitze gelesen werden, und das entweder aus der Reihung oder aus der verketteten Liste. Die Eintragung in die Datei bleibt gleich.

Es ist charakteristisch für die unterschiedlichen Gleichheiten (s. Kapitel 6.7.1. auf Seite 180), dass ein Behälter nach Laden nicht mit dem Original gleich ist:

```
s1.Speichern("s1.dat");
s2.Laden("s1.dat");
bool ungleich = s1.IstGleich(s2); // false
```

Der Grund hierfür liegt in der markierten Zeile des Programms (6.35): Beim Laden werden neue Objekte erzeugt, die zwar denselben Inhalt haben, wie das Original, aber andere Objekte sind. Unsere Gleichheit aus dem Programm (6.20) (auf Seite 183) entdeckt dies und meldet `false`.

6.7.10. Konkatenation

Neben den vier Methoden `IstGleich`, `Kopieren`, `Laden` und `Speichern` sind auch noch weitere Operationen denkbar, um die die Behälterklassen erweitert werden können. Wir nehmen als Beispiel die *Konkatenation* (oder *Zusammenfügen*), die – ähnlich wie bei `string` – durch den Operator + durchgeführt wird. Der Operator ist – wie bei `string` und im Gegensatz zu `int` – nicht symmetrisch: a + b ist nicht unbedingt gleich b + a. Unter der Konkatenation zweier Stapel und zweier Warteschlangen verstehen wir einen Stapel bzw. eine Warteschlange, die alle Elemente des ersten Behälters enthält, anschließend alle Elemente des zweiten. Diese Operation ist beim Stapel nicht allzu sinnvoll, aber bei einer Warteschlange (wenn z.B. eine Kasse plötzlich geschlossen wird) sehr wohl. Wir wollen dabei einige wichtige Prinzipien erforschen.

Wir können diese Operation auf zwei verschiedene Weise definieren: als eine statische Funktion mit zwei Parametern, die die beiden Behälter unverändert lässt und als Ergebnis einen dritten Behälter liefert, oder als eine `void`-Methode mit einem Parameter, die das Ergebnis in seinem Zielobjekt speichert. Die erste Möglichkeit entspricht dem Operator + („addieren“), die zweite dem Operator += („draufaddieren“):

```
public static ErwStapelReihung KonkatFkt(                    // (6.36)
        ErwStapelReihung links, ErwStapelReihung rechts) {
    ErwStapelReihung ergebnis =
        new ErwStapelReihung(links.inhalt.Length + rechts.inhalt.Length);
    for (int i = 0; i <= links.spitze; i++) {
        ergebnis.Eintragen(links.inhalt[i]); }
    for (int i = 0; i <= rechts.spitze; i++) {
        ergebnis.Eintragen(rechts.inhalt[i]); }
    return ergebnis; }
public virtual void Konkat(ErwStapelReihung stapel) {
        // throws VollException
    for (int i = 0; i <= stapel.spitze; i++) {
        this.Eintragen(stapel.inhalt[i]); } }
```

Die Benutzung dieser Methoden ist dementsprechend:

```
stapel1.Konkat(stapel2);
ErwStapelReihung stapel3 = ErwStapelReihung.KonkatFkt(stapel1, stapel2);
```

Konkat benutzen wir also als einen Mutator, d.h. eine verändernde Methode mit Zielobjekt: Der Inhalt von stapel2 wird auf stapel1 „draufkonkateniert". KonkatFkt ist
demgegenüber eine Funktion: Sie konkateniert den Inhalt von stapel1 und stapel2
und das Ergebnis kann stapel3 zugewiesen werden.

6.7.11. Operatoren

Es ist jedoch sinnvoller, die Konkatenation nicht als übliche Methoden, sondern als
Operator zu veröffentlichen, wie dies auch die Klasse **string** (genauer *System*.String)
tut. C♯ gibt sich sogar auch damit zufrieden, wenn nur + definiert wird; += wird im
entsprechenden Sinne mitgeliefert:

```
public static ErwStapelReihung operator + (                    // (6.37)
       ErwStapelReihung links, ErwStapelReihung rechts) {
   ... // wie KonkatFkt im Programm (6.36) auf Seite 196
```

Somit ist auch += definiert:

```
StapelReihung stapel3 = stapel1 + stapel2;
stapel1 += stapel2;
```

Generell gilt die Empfehlung, außer wenn es triftige Gründe dagegen gibt: Als Methode sollte die verändernde **void**-Version entworfen werden, als Operator die **static**-Funktion.

In C♯ gibt es aber eine unangenehme Einschränkung, die gegen die Verwendung
von Operatoren spricht: Schnittstellen können keine Operatoren enthalten. Aus diesem Grunde werden wir die Methode Konkat weiterverwenden.

6.7.12. Rückruf

Im Kapitel 4.5.4. auf Seite 99 haben wir die Technik des Iterators und des Rückrufs
untersucht. Auch für einen Stapel oder eine Warteschlange kann die Notwendigkeit
entstehen, eine bestimmte Operation über alle Elemente durchzuführen. Hierzu
können wir einen Iterator vereinbaren:

```
public delegate void Rückruf(object element);                  // (6.38)
public void Iterator(Rückruf Methode) {
    foreach (object element in inhalt) {
        Methode(element); } }
```

Der Iterator kann für einen Stapel folgendermaßen benutzt werden, z.B. um seinen
gesamten Inhalt auszugeben:

```
public class StapelIterieren { // (6.39)
    private void Ausgeben(object i) { System.Console.WriteLine(i); }
    private void main() {
        ErwStapelReihung stapel = new ErwStapelReihung(5);
        for (int i = 1; i <= 5; i++)
```

```
        stapel.Eintragen(i); // 1, 2, 3, 4, 5
        ErwStapelReihung.Rückruf rückruf =
            new ErwStapelReihung.Rückruf(Ausgeben);
        stapel.Iterator(rückruf); }
    static void Main() {
        new StapelIterieren().main(); } }
```

6.7.13. Schnittstellen für die iterativen Methoden

Wir können nun die iterativen Methoden IstGleich, Kopieren, Konkat und Iterator
für vier verschiedene Klassen StapelReihung, StapelListe, RohrReihung und RohrListe
anfertigen. Es ist natürlich sinnvoll, sie in ihre Schnittstellen aufzunehmen. Auch die
im Kapitel 6.1.8. auf Seite 160 versprochene Eigenschaft Inhalt hat jetzt ihren Platz
gefunden. Wir erweitern hierzu die oberste Schnittstelle Folge:

```
public interface ErwFolge : Folge {                              // (6.40)
    [Const] bool IstGleich([Const] Folge folge);
    void Kopieren([Const] Folge quelle);
    void Konkat([Const] Folge folge);
    void Iterator(Rückruf Methode);
    object Inhalt { // aus dem Kapitel 6.1.8. auf Seite 160
        set; get; } }
public delegate void Rückruf(object element);
```

Weil Schnittstellen in C♯ – im Gegensatz zu Java – keine innere Typen enthalten
können, müssen wir das Delegat Rückruf außerhalb der Schnittstelle platzieren.

Die Schnittstellen von ErwStapel und ErwRohr erben also sowohl von ErwFolge wie
auch von Stapel bzw. Rohr. Glücklicherweise ist Mehrfachvererbung unter Schnittstellen in C♯ (ähnlich wie in Java) erlaubt:

```
public interface ErwStapel : ErwFolge, Stapel { }
public interface ErwRohr : ErwFolge, Rohr { }
```

Bei der Implementierung dieser Schnittstellen mit den oben programmierten Methoden ergibt sich jedoch eine Schwierigkeit des Parametertyps: C♯ verlangt (ähnlich
wie Java), dass der Parameter einer implementierenden Methode gleich dem Parameter aus der Schnittstelle ist:

```
public bool IstGleich(Folge folge);
```

Im Rumpf der Methode – z.B. im Programm (6.20) auf Seite 183 – greifen wir jedoch
auf das Datenelement des Parameterobjekts zu; Folge (als Schnittstellentyp) hat aber
gar keine Datenelemente: Der Compiler wird bei folge.spitze melden, dass Folge
kein Element spitze hat. Die Lösung ist *Konvertierung*: Die Parameterreferenz folge
muss vom Schnittstellentyp Folge zum Klassentyp ErwStapelReihung konvertiert werden:

```
public class ErwStapelReihung : StapelReihung, ErwStapel {          (6.41)
    public ErwStapelReihung(int größe) : base(größe) { }
    public virtual bool IstGleich(Folge folge) {
➜       ErwStapelReihung stapel = (ErwStapelReihung)folge;
        ... // weiter wie im Programm (6.20) auf Seite 183
    public virtual void Kopieren(Folge quelle) {
        // throws VollException
    try {
        ErwStapelReihung stapel = (ErwStapelReihung)quelle;
        ... // weiter wie im Programm (6.26) auf Seite 189
    public virtual void Konkat(Folge quelle) {
        // throws VollException
    ErwStapelReihung stapel = (ErwStapelReihung)quelle;
    for (int i = 0; i <= stapel.spitze; i++) { // wie im Programm (6.36)
        this.Eintragen(stapel.inhalt[i]); } }
    public void Iterator(Rückruf Methode) {
        foreach (object element in this.inhalt) { // wie im Programm (6.38)
        Methode(element); } }
    public object Inhalt { // wie im Programm (6.1) auf Seite 155
        set {
        this.Eintragen(value); }
        get {
        return Jüngstes(); } } }
```

Die weiteren Klassen `ErwStapelListe`, `ErwRohrReihung` und `ErwRohrListe` können nun ähnlich die entsprechenden Schnittstellen implementieren.

6.7.14. Hierarchie mit den iterativen Methoden

Im Kapitel 6.5.3. auf Seite 174 (Abbildung 6.10) haben wir eine Hierarchie für Klassen und Methoden entwickelt. Wir können hier (um der Übersichtlichkeit willen etwas vereinfacht) auch die neuen Schnittstellen und Klassen mit den iterativen Methoden (mit Vorsilbe `Erw-`) platzieren:

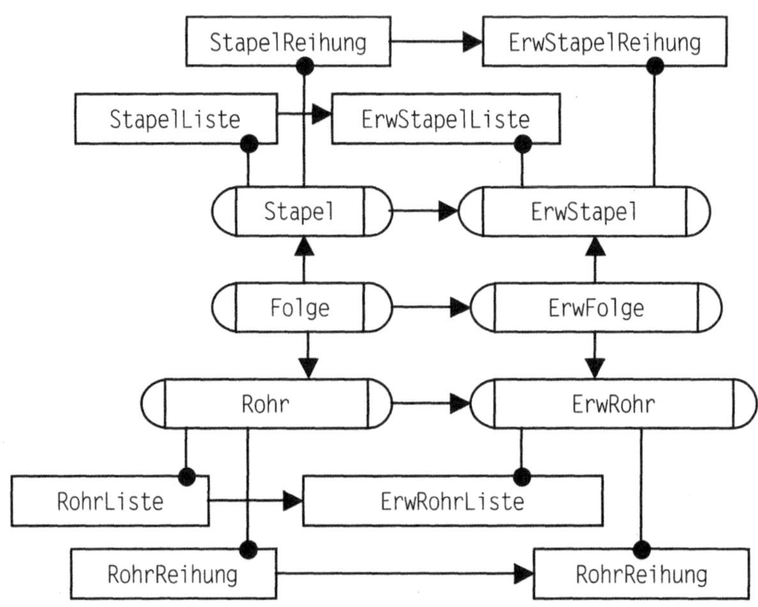

Abbildung 6.25: Klassenhierarchie

6.8. Entwurfsmuster

Wenn in der Lösung einer bestimmten Aufgabe (in einem Projekt) mehrere Klassen definiert werden müssen, ist es nicht trivial, die Teilaufgaben auf die Klassen zu verteilen, d.h. die beteiligten Klassen zu *entwerfen*. Für einige Fälle wurden sehr schöne und allgemein gültige Muster gefunden, die unabhängig von Programmiersprache und konkreter Aufgabe eingesetzt werden können. Sie heißen *Entwurfsmuster* (*design pattern*). Forscher veröffentlichen mehr und mehr Entwurfsmusterkataloge.

Hier wollen wir nur drei solche Muster als Beispiele vorstellen: Sie heißen *Schablonenmethode* (*template method*), *Fassade* (*fassade*) und *Fabrikmethode* (*factory method*).

6.8.1. Die Entwurfsmuster Schablonenmethode

In den vergangenen Kapiteln haben wir die Schnittstellen Stapel und Rohr (Warteschlange) mit Hilfe von zwei verschiedenen Programmiertechniken, d.h. durch je zwei Klassen implementiert: StapelReihung und StapelListe sowie RohrReihung und RohrListe. Wir haben diese Schnittstellen zur Schnittstelle ErwStapel bzw. ErwRohr erweitert, indem wir weitere (iterative) Methoden sowie eine Eigenschaft Inhalt hinzugefügt haben. Die Klassen ErwStapelReihung und ErwStapelListe bzw. ErwRohrReihung und ErwRohrListe implementieren diese Schnittstelle, jede für die in ihrer Oberklasse verwendete Programmiertechnik: Zwei Reihungen werden nämlich anders als zwei verkettete Listen miteinander verglichen.

Eine schärfere Beobachtung der zwei Implementierungen deckt jedoch auf, dass das Wesentliche an den neuen Methoden jeweils doch gleich ist: Kopieren findet statt, indem zuerst das Ziel entleert, dann in einer Schleife alle Elemente aus der Quelle gelesen und in das Ziel eingetragen werden. Die Methode IstGleich arbeitet auch mit beiden Programmiertechniken (ob Reihung oder verkettete Liste, ob Stapel oder Warteschlange) mit einer Schleife, in der alle Elemente miteinander verglichen werden; bei nicht übereinstimmenden Elementen wird das Ergebnis **false** ausgegeben; wenn alle Elemente paarweise übereinstimmen, dann hängt das Ergebnis davon ab, ob die Multibehälter die gleiche Anzahl von Elementen speichern. Auch Speichern, Laden und Konkat werden in den unterschiedlichen Klassen ähnlich programmiert.

Die Implementierungen enthalten also die gleichen Algorithmen, die sich nur darin unterscheiden, wie die Daten gespeichert werden. Es ist möglich, die Algorithmen *datenstrukturunabhängig* zu formulieren, und die Datenzugriffe von den Algorithmen zu trennen. Dies ist die Idee des Entwurfsmusters *Schablonenmethode*.

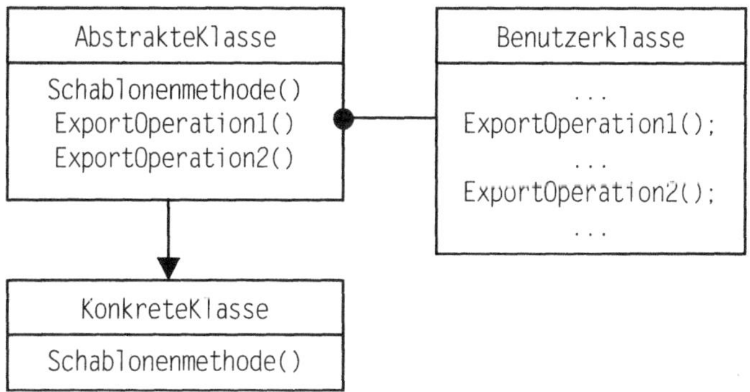

Abbildung 6.26: Schablonenmethode

Die gleichen Algorithmen werden in einer gemeinsamen Oberklasse der beiden Implementierungen ausformuliert, und die Datenzugriffe erfolgen über abstrakte Methoden. Hier stellt sich heraus, dass drei solche Methoden ausreichen: Anfang, IstEnde und Nächstes. Anfang setzt den Behälter auf sein erstes Element zurück, IstEnde besagt, ob alle Elemente geliefert wurden, und Nächstes liefert das jeweils nächste Element.

Wenn diese drei Methoden zur Verfügung stehen, dann können die iterativen Methoden in der Klasse EntwRohr („Warteschlange mit Entwurfsmuster") folgendermaßen formuliert werden:

```
public abstract class EntwRohr : ErwRohr {                          // (6.42)
    abstract protected void Anfang(); // zurücksetzen
    abstract protected bool IstEnde(); // alle Elemente gesehen
    abstract protected object Nächstes(); // nächstes Element wird bereitgestellt
    public virtual void Kopieren(Folge quelle) {
```

```csharp
    EntwRohr q = (EntwRohr)quelle; // konvertieren
    Entleeren();
    q.Anfang(); // zurücksetzen
    while (!q.IstEnde()) {
        Eintragen(q.Nächstes()); } }
public virtual bool IstGleich(Folge folge) {
    EntwRohr rohr = (EntwRohr)folge; // konvertieren
    Anfang(); rohr.Anfang(); // beide Behälter zurücksetzen
    while (!this.IstEnde() && !rohr.IstEnde()) { // vergleichen:
        if (this.Nächstes() != rohr.Nächstes()) {
            return false; } }
    return (this.IstEnde() && rohr.IstEnde()); }
public virtual void Konkat(Folge folge) { // throws VollException
    EntwRohr rohr = (EntwRohr)folge; // konvertieren
    rohr.Anfang();
    while (!rohr.IstEnde()) {
        this.Eintragen(rohr.Nächstes()); } }
public void Iterator(Rückruf Methode) {
    while (!IstEnde()) {
        Methode(Nächstes()); } }
public object Inhalt {
    set {
        Eintragen(value); }
    get {
        return Ältestes(); } }
abstract public void Entleeren();
abstract public void Eintragen(object element); // throws VollException;
abstract public void Entfernen(); // throws LeerException;
abstract public bool IstLeer { get; }
abstract public bool IstVoll { get; }
abstract public object Ältestes(); }
```

Dies ist also eine abstrakte Klasse; sie enthält nur die Algorithmen für die vier iterativen Methoden, nicht aber für die Datenzugriffe; diese müssen in den Unterklassen definiert werden, die auch die Datenstruktur enthalten.

Im Gegensatz zu Java kann eine abstrakte Klasse in C# die Schnittstellenmethoden nicht einfach unimplementiert lassen, sondern muss sie als abstrakte Methoden (wie in den letzten 6 Zeilen) vereinbaren.

6.8.2. Implementierung der Schablonenmethoden

Die Klasse RohrReihung muss folgendermaßen ergänzt werden, um die drei abstrakten Methoden zu implementieren:

```csharp
public class EntwRohrReihung : EntwRohr, ErwRohr {          // (6.43)
    ... // Daten/Methoden (override) aus dem Programm (6.7) auf Seite 168
```

```
    private int i;
    protected override void Anfang() {
        i = -1; }
    protected override bool IstEnde() {
        return i == anzahl - 1; }
    protected override object Nächstes() {
        i++;
        return inhalt[(ältestes + i) % inhalt.Length]; } }
```

Wir haben hier allerdings etwas von der Mächtigkeit der Methode Kopieren gegenüber von ErwRohrReihung verloren: Wenn die Zielwarteschlange zu klein ist, wird keine neue Reihung angelegt, sondern die Ausnahme VollException wird ausgeworfen. Mit etwas mehr Aufwand könnte jedoch diese Schwäche – wenn notwendig – behoben werden.

Die Klasse RohrListe muss die Datenzugriffmethoden anders implementieren:

```
    public class EntwRohrListe : EntwRohr, ErwRohr {                    // (6.44)
        ... // Daten/Methoden (override) aus dem Programm (6.10) auf Seite 172
        private Knoten k;
        protected override void Anfang() {
            k = ältestes; }
        protected override bool IstEnde() {
            return k == null; }
        protected override object Nächstes() {
            object ergebnis = k.wert;
            k = k.verbindung;
            return ergebnis; } }
```

Bei der Implementierung des Stapels mit dieser Technik entsteht das Problem, dass die Methode Nächstes die verkettete Liste nur „rückwärts" abarbeiten kann. Deswegen muss der Inhalt beim Kopieren und beim Konkat in einem temporären Stapel zwischengespeichert werden, um ihn in das Zielobjekt in der richtigen Reihenfolge einzutragen:

```
    public abstract class EntwStapel : ErwStapel {                       // (6.45)
        public virtual void Kopieren(Folge quelle) { // const quelle
            EntwStapel q = (EntwStapel)quelle;
➜           EntwStapelListe temp = new EntwStapelListe(); // temporärer Stapel
            q.Anfang(); // zurücksetzen
            while (!q.Ende()) { // rückwärts eintragen
                temp.Eintragen(q.Nächstes()); }
            this.Entleeren();
            temp.Anfang();
➜           while (!temp.Ende()) { // zurückdrehen
                this.Eintragen(temp.Nächstes()); } }
        ... // Konkat ähnlich; die weiteren Methoden wie bei EntwRohr
```

Eine Besonderheit dieser Vorgehensweise ist, dass hier die (abstrakte) Oberklasse EntwStapel die Unterklasse EntwStapelListe (in der ersten markierten Zeile) ausprägt. Dies ist nur möglich, wenn die beiden Klassen im selben Modul (*assembly*) liegen.

Auch die Reihungsimplementierung muss auf diese Technik Rücksicht nehmen und die Elemente „rückwärts" liefern:

```
public class EntwStapelReihung : EntwStapel, ErwStapel {              // (6.46)
    ... // Daten/Methoden (override) aus dem Programm (6.5) auf Seite 163
    protected override void Anfang() {
➜       index = spitze + 1; } // rückwärts: von oben nach unten
    protected override bool Ende() {
➜       return index == 0; }
    protected override object Nächstes() {
➜       index--; // rückwärts
        return inhalt[index]; } }
```

6.8.3. Kompatibilität unterschiedlicher Klassen

Diese Vorgehensweise hat einen wichtigen Vorteil. Mit den alten Klassen ErwRohrReihung und ErwRohrListe aus dem Kapitel 6.7. auf Seite 179 ist es nicht möglich, unterschiedliche Implementierungen miteinander zu vergleichen oder ineinander zu kopieren:

```
public class ZweiRohre {                                             // (6.47)
    public static void zweiRohre (ErwRohr r1, ErwRohr r2) {
        r1.Kopieren(r2);
        if (r1.IstGleich(r2)) {
            System.Console.WriteLine("Kopieren und Vergleich erfolgreich"); } }
    public static void Main() {
        ErwRohr rohr1 = new ErwRohrReihung(20), rohr2 = new ErwRohrListe(),
            rohr3 = new EntwRohrReihung(20), rohr4 = new EntwRohrListe();
        ... // in die Warteschlangen rohr2 und rohr4 eintragen
        try {
➜           zweiRohre(rohr1, rohr2); } // alte Implementierungen
        catch (System.InvalidCastException e) {
            System.Console.WriteLine("Erwartete Ausnahme: " + e); }
        zweiRohre(rohr3, rohr4); } } // Implementierungen Schablonenmethode
```

Der Compiler meldet in diesem Programm keinen Fehler, zumal die Parameterreferenzen rohr1 und rohr2 vom Schnittstellentyp ErwRohr vereinbart wurden, daher sind die Methoden Kopieren und IstGleich für sie gültig. Zur Laufzeit bekommen wir jedoch in der markierten Zeile die Ausnahme InvalidCastException: Die Konvertierung des rohr2-Objekts in der ersten Anweisung von Kopieren zum Typ ErwRohrReihung – ähnlich wie im Programm (6.41) auf Seite 199 – läuft schief. Eigentlich wäre es besser, diese Konvertierung in einem **try-catch**-Block durchzuführen und dem

Benutzer eine spezifischere Ausnahme als `InvalidCastException` zu reichen, die er gar nicht verstehen kann, da er den inneren Ablauf von `Kopieren` nicht kennt.

Mit der `Entw`-Version (beim zweiten Aufruf von `zweiRohre` in der letzten Zeile des obigen Programms) tritt dieses Problem nicht auf: Im Rumpf von `Kopieren` findet eine Konvertierung der Parameterreferenz nach `EntwRohr` statt, was ohne weiteres möglich ist, da das referierte Objekt von der Klasse `EntwRohrReihung` oder `EntwRohrListe` ist.

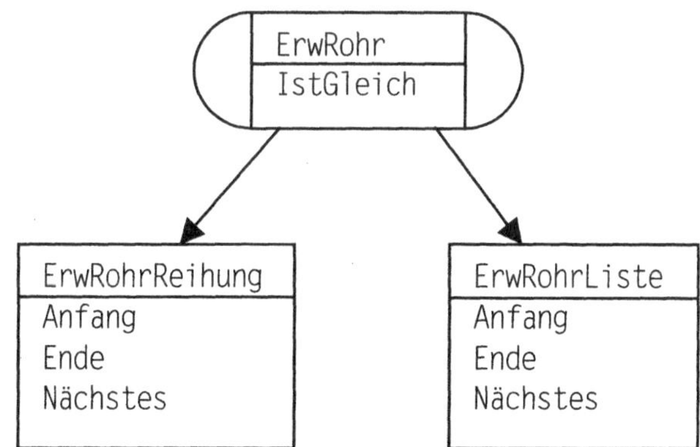

Abbildung 6.27: Kompatibilität unterschiedlicher Klassen

6.8.4. Vertrauen zu Erben

An dieser Lösung ist nur ein Aspekt unschön: Der Programmtext der Klassen `RohrReihung` und `RohrListe` aus den Kapiteln 6.3.1. (auf Seite 163) und 6.4.1. (auf Seite 169) wurde in die Klassen `ErwRohrReihung` und `ErwRohrListe` hineinkopiert. Mit der modernen Lösung der Erweiterung (d.h. Erben) gibt es allerdings Probleme.

Erstens, braucht die Klasse `ErwRohrReihung` Zugriff auf die Variablen `inhalt` und `anzahl`, die Klasse `ErwRohrListe` braucht Zugriff auf die Klasse `Knoten` und auf die Variable `ältestes`, die wir alle in ihren Klassen **private** vereinbart haben; wir haben nicht bedacht, dass Erweiterungen dieser Klassen noch einen Zugriff auf ihr Innenleben haben wollen. Sonst hätten wir sie gleich **protected** vereinbart.

Die Unterscheidung zwischen **private** und **protected** kann als eine Schwäche von C♯ angesehen werden. Die Sprache Eiffel kennt nur **protected** (dort heißt es **private**): In Eiffel zeigt man gegenüber Erben „Vertrauen". In Java ist die Unterscheidung nötig, weil mangels Generizität oder Prozedurparameter *Rückruf* (*call back*) nur durch Erweiterung lösbar ist (s. Kapitel 4.5.4. auf Seite 99 und 6.7.12. auf Seite 197). Aus diesem Grund herrscht in Java „Misstrauen" gegenüber Erben genauso wie gegenüber Kunden. In C♯ stehen zum Zwecke des Rückrufs *Delegate* (s. Kapitel 4.5. auf Seite 95) zur Verfügung, daher kann man zu seinen Erben auch Vertrauen üben und die Daten mit **protected** zugreifbar machen.

Daher bleibt nichts anderes übrig, als die schon ausgetesteten Programmtexte der Klassen RohrReihung und RohrListe doch zu verändern: Die **private** Variablen werden auf **protected** ausgetauscht. Hierdurch ist eine erneute Übersetzung und Veröffentlichung dieser Klassen in einer neuen Version nötig. Um solche Vorgänge zu vermeiden, ist es eine überlegungswerte Strategie, auf **private** grundsätzlich zu verzichten und immer **protected** zu verwenden.

6.8.5. Die Entwurfsmuster Fassade

Es gibt jedoch ein weiteres Problem. C# erlaubt – im Gegensatz zu C++ oder Eiffel – keine Mehrfachvererbung, d.h. die Klassen ErwRohrReihung und ErwRohrListe dürfen keine zwei Oberklassen haben:

```
class ErwRohrReihung : RohrReihung, EntwRohr, ErwRohr { ... } // nicht in C#
```

Die im Kapitel 6.6.4. auf Seite 177 vorgestellte Lösung für die Vermeidung der Mehrfachvererbung ist, dass eine der Oberklassen in der Unterklasse ausgeprägt wird und statt *Erben* lieber *Erwerben* verwendet wird. EntwRohr kann nicht ausgeprägt werden, da sie eine abstrakte Klasse ist; es kann also nur RohrReihung ausgeprägt werden:

```
public class EntwRohrReihung : EntwRohr, ErwRohr {                    // (6.48)
    private RohrReihung inneresRohr;
    public EntwRohrReihung(int größe) {
        inneresRohr = new RohrReihung(größe); }
    public override void Eintragen(object element) {
        inneresRohr.Eintragen(element); }
    ... // usw.; alle Methoden weiterreichen; Nachteil des Erwerbens
    // Implementierung der Methoden wie im Programm (6.43) auf Seite 202:
    private int i;
    protected override void Anfang() {
        i = -1; }
    protected override bool IstEnde() {
        return i == inneresRohr.anzahl - 1; }
    protected override object Nächstes() {
        i++;
        return inneresRohr.inhalt[(inneresRohr.ältestes + i) %
            inneresRohr.inhalt.Length]; } }
```

Diese Lösung hat aber – neben dem schwerfälligen Export der erworbenen Methoden – noch einen entscheidenden Nachteil: Der Zugriff auf die Variablen inhalt und ältestes in den Methoden IstEnde und Nächstes ist nur möglich, wenn sie nicht nur **protected**, sondern sogar **public** sind. Damit geht ein sehr wichtiger Vorteil der Objektorientierten Programmierung, nämlich die *Kapselung* der Daten verloren: Jeder Kunde der Klasse RohrReihung hat nun Zugriff auf inhalt und ältestes, und ein versehentlicher oder böswilliger Schreibzugriff kann die Funktionalität der Warteschlange zerstören.

Um dieses Problem zu lösen, setzen wir nun das zweite Entwurfsmuster, die *Fassade*
ein. Die Idee der Fassade ist, sichtbar gewordene Implementierungsdetails gegenüber den Benutzern abzuschirmen. Hier würden wir also nicht die Klasse RohrReihung (mit öffentlichen Variablen) Benutzern gegenüber freigeben, sondern eine Klasse RohrFassade:

```
public class RohrFassade : Rohr {                                    // (6.49)
    private RohrReihung inneresRohr;
    public RohrFassade(int größe) {
        inneresRohr = new RohrReihung(größe); }
    public void Eintragen(object element) {
        inneresRohr.Eintragen(element); }
    ... // alle Methoden von RohrReihung werden weitergereicht
```

Somit hat der Benutzer wieder nur auf die öffentlichen Methoden der Schnittstelle
Rohr Zugriff, nicht aber auf die Klasse RohrReihung und ihre öffentliche Variablen.

C♯ hat einen speziellen Mechanismus, der die Verwendung von Fassadenklassen
überflüssig macht: den *Namensraum* (in Java das *Paket*). Wenn die Schnittstellen
und Klassen in denselben Namensraum gestellt werden, müssen die RohrReihung-
Variablen nicht **public** gemacht werden; es reicht, sie **internal** zugreifbar zu machen:

```
namespace Folgen {                                                   // (6.50)
    public interface Folge { ... } // wie im Programm (6.4) auf Seite 161
    public interface ErwFolge : Folge{ ... } // wie im Programm (6.40)
    public interface ErwStapel : ErwFolge, Stapel { }
    public interface ErwRohr : ErwFolge, Rohr { }
    public class RohrReihung : Rohr {
        internal object[] inhalt; // quellprogrammweit
        internal int anzahl, ältestes, jüngstes; ... }
            // wie im Programm (6.7) auf Seite 168
    public abstract class EntwRohr : ErwRohr { ... }
            // wie im Programm (6.42) auf Seite 201
    public class EntwRohrReihung : EntwRohr, ErwRohr { ... }
            // wie im Programm (6.48) auf Seite 206
} // namespace Folgen
```

Die Schnittstellen können auch außerhalb des Namensraums vereinbart werden;
kompakter ist es aber, sie zusammen mit den implementierenden Klassen zu veröffentlichen.

Auf diese Weise hat der Benutzer Zugriff nur auf die Methoden, die er wirklich
braucht. Der Namensraum schirmt die Implementierungsdetails ab: Er implementiert
das Entwurfsmuster *Fassade*.

Die obige Vorgehensweise für die Stapel-Implementierungen kann auf ähnliche
Weise durchgeführt werden.

6.8.6. Die Entwurfsmuster Fabrikmethode

Im Kapitel 6.7.8. auf Seite 191 haben wir die Methode Eintragen überschrieben, damit sie nicht Knoten- sondern RekKnoten-Objekte erzeugt. Es ist aber etwas zu viel Aufwand, eine Methode wegen einer Kleinigkeit vollständig überschreiben zu müssen. Ein viel eleganterer Weg zeigt das Entwurfsmuster *Fabrikmethode* (*factory method*): Der Knoten soll dann nicht vom **new**-Operator, sondern von einer Methode (z.B. mit dem Namen neu) erzeugt werden. In C++ könnte man hierzu den **new**-Operator der Klasse RekKnoten überschreiben (was in C# nicht erlaubt ist).

Dies müssen wir schon in der Gestaltung der ursprünglichen Klasse StapelListe im Kapitel 6.4.1. auf Seite 169 vorsehen:

```
public class StapelListe : Stapel { // Listenimplementierung          // (6.51)
    protected static System.Reflection.ConstructorInfo knotenKonstruktor;
    protected class Knoten { ... } // wie im Programm (6.9) auf Seite 170
        public static Knoten neu(object wert, Knoten verbindung) {
            // Fabrikmethode
            object[] parameter = { wert, verbindung };
            return (Knoten)knotenKonstruktor.Invoke(parameter); } }
    protected Knoten anker;
    public StapelListe() {
        anker = null;
        KnotenKonstruktorSetzen(new Knoten(null, null)); }
    protected void KnotenKonstruktorSetzen(object knotenPrototyp) {
        System.Type knotenKlasse = knotenPrototyp.GetType(),
            elementKlasse = new object().GetType();
        System.Type[] zweiParameter = { elementKlasse, knotenKlasse };
        knotenKonstruktor = knotenKlasse.GetConstructor(zweiParameter); }
    public void Eintragen(object element) {
        // throws VollException
        try {
            anker = Knoten.neu(element, anker); }
        ... // weiter wie im Programm (6.9) auf Seite 170
```

Die Methode Eintragen erzeugt also nicht mit dem Operator **new**, sondern mit der Fabrikmethode neu den neuen Knoten (in der markierten Zeile). Diese erzeugt den Knoten mit Invoke in Abhängigkeit vom Objekt in der Referenz knotenKonstruktor. Die Referenz wird im Konstruktor StapelListe mit dem Aufruf knotenKonstruktorSetzen gesetzt: Ein Prototyp der erzeugenden Knoten (hier: **new** Knoten) wird hierbei als Parameter übergeben. Die Methode KnotenKonstruktorSetzen ermittelt seine Klasse und den Konstruktor mit zwei Parametern.

In der Unterklasse ErwStapelListe aus dem Kapitel 6.7.8. auf Seite 191 muss jetzt nur der Konstruktor überschrieben werden:

```
public class ErwStapelListe : StapelListe {                        // (6.52)
    private class RekKnoten : StapelListe.Knoten { ... } // wie im Prg. (6.31)
    public ErwStapelListe() : base() {
        KnotenKonstruktorSetzen(new RekKnoten(null, null)); }
    public void Kopieren(ErwStapelListe quelle) {... } // wie im Prg. (6.32)
```

Die Methode Eintragen muss jetzt nicht mehr überschrieben werden, da sie mit der Fabrikmethode neu automatisch die richtigen Knoten (deren Klasse im Konstruktor in der markierten Zeile vereinbart wurde) erzeugt.

Es ist manchmal erstaunlich, welches Maß an Vereinfachungen im Programmtext die konstruktive Verwendung von Polymorphie bewirkt. Ein allgemeiner Katalog von Entwurfsmustern (wie z.B. [Gam] im Literaturverzeichnis) bietet hier viele schöne Ideen an.

6.9. Zusammenfassung

In diesem Kapitel haben wir folgende Techniken kennen gelernt.

6.9.1. Entwurfstechniken

- *Informatoren* und *Mutatoren:* [Const]-Funktionen und void-Methoden definieren
- *Extremfall:* Ausnahmeklassen definieren, statische Ausnahmeobjekte anlegen, sie im Extremfall ausweifen
- *Zusicherungen: Vor-* und *Nachbedingungen* (in C♯ als Kommentare oder Attribute) beschreiben das Verhalten der Methoden
- *Laufzeitgenerizität:* der Elementtyp wird bei der Konstruktion bestimmt
- *Hierarchie von Schnittstellen:* die Methoden mit gleicher Funktionalität befinden sich in der Oberschnittstelle
- *Monadische* und *diadische Operationen:* können als statische *Funktionsmethoden* oder *Operatoren* (sie liefern das Ergebnis) oder als Objektmethoden (sie speichern das Ergebnis im Zielobjekt) vereinbart werden
- *Kopierkonstruktor:* erzeugt eine logische Kopie vom Parameterobjekt
- *Persistenzmethoden:* ermöglichen das Überleben des Inhalts ohne das Objekt
- *Konkatenation:* fügt den Inhalt zweier Behälterobjekte zusammen
- *Entwurfsmuster:* bewährte Vorgehensweise für die Verallgemeinerung von Klassenstrukturen
- *Entwurfsmuster Schablonenmethode:* Trennung des Algorithmus von der Datenstruktur
- *Entwurfsmuster Fassade:* Kapselung von nicht zu exportierenden Elementen
- *Entwurfsmuster Fabrikmethode:* sichert Flexibilität bei Erzeugung von Objekten

6.9.2. Implementierungstechniken

- *Programmiertechnik*: Auswahl zwischen Reihung, flexible Reihung, verketteter Liste oder anderer Datenstruktur
- *Flexible Reihung:* der Inhalt der Reihung wird kopiert, wenn sie voll ist
- *Kapazitätsbestimmung*: die Größe des Behälters (wenn nötig) wird durch Konstruktorparameter bestimmt
- *Sonderfälle*: `if-else` für gleichberechtigte Normalfälle, `try-catch` (wenn möglich) für seltene Sonderfälle
- *Konzentration des Wissens:* lieber Methode aufrufen als Know-how an mehreren Stellen programmieren
- *Überlauf der Reihung:* mit % und `Length` verhindern
- *Rückwärts verkettete Liste:* jeder Knoten referiert einen älteren Knoten
- *Vorwärts verkettete Liste:* jeder Knoten referiert einen jüngeren Knoten
- *Attrappe*: Überprüfung des vollen Speichers durch ein Versuchsobjekt
- *Import:* Benutzung von vorhandenen Klassen erleichtert die Implementierung
- *Erben* oder *Erwerben:* beim Erben wird die volle importierte Leistung exportiert; beim Erwerben wird die Leistung einzeln weitergereicht
- *Generizität:* Überprüfung der Klasse eines Objekts mit `GetType`
- *Mehrfachvererbung:* durch *Erwerben (Ausprägen)* ersetzbar
- *Gleichheit:* Referenzgleichheit, flache, tiefe und, logische Gleichheit
- *Kopie:* Referenzkopie, flache, tiefe und logische Kopie
- *Rekursion:* iterative Methoden können auch rekursiv programmiert werden
- *Schablonenmethode:* Auslagerung des Algorithmus in eine abstrakte Oberklasse; die datenstrukturabhängigen Methoden sind abstrakt und werden in der Unterklasse (zusammen mit der Datenstruktur) implementiert
- *Fassade:* wird mit Hilfe von inneren Klassen (in C♯ als `namespace`) implementiert
- *Fabrikmethode:* wird anstelle des (nicht überladbaren) Operator `new` benutzt; benötigter Typ kann bei der Konstruktion bestimmt werden

7. Windows-Programmierung

Die Bibliotheken von .NET enthalten die notwendigen Typen, mit deren Hilfe C#-Programme für MS-Windows 2000 (oder 98) angefertigt werden können.

7.1. Windows-Anwendungen

Jede C#-Klasse, die als Hauptprogramm ausgeführt werden soll, muss eine **static void** Main-Methode enthalten. Wenn ein Programm mit einer Windows-Oberfläche ausgeführt werden soll, muss aus Main die **static**-Methode *System.Windows.Forms.Application.Run* aufgerufen werden. Wenn sie parameterlos aufgerufen wird, läuft das Programm ohne Oberfläche. Wenn es eine Windows-Oberfläche braucht, muss Run ein Parameter vom Typ *System.Windows.Forms.Form* übergeben werden.

Daher ist die einfachste Windows-Anwendung:

```
public class WindowsAnwendung {                                    // (7.1)
    public static void Main() {
        System.Windows.Forms.Application.Run(new System.Windows.Forms.Form());}}
```

Ihre Ausführung zeigt ein leeres Fenster mit der üblichen Window-Funktionalität (vier Knöpfe, Titelleiste zum Ziehen, Rahmen für Größenänderung usw.) an:

Abbildung 7.1: Leeres Fenster von WindowsAnwendung

Wenn man in diesem Fenster Oberflächenobjekte platzieren möchte, muss die Klasse *System.Windows.Forms.Form* erweitert werden. Die Strategie bei der Entwicklung der Oberfläche ist (wie auch in Java oder C++): Im Konstruktor der Form-Klasse wird die Datenstruktur aufgebaut, in der die Oberflächenobjekte (Knöpfe, Menüs usw.) eingefügt und die Reaktionen auf die Ereignisse definiert werden. Es wird dem Programmierer frei gestellt, ob er seine Main-Methode in die Unterklasse von *System.Windows.Forms.Form* oder in eine andere Klasse stellt. Hier wird ein Form-Objekt ausgeprägt und nach dem Ablauf des Konstruktors wartet das ganze Gefüge auf die Ereignisse.

In unserer Vorstellung der Windows-Programmierung in C# werden wir schrittweise vorgehen. In jedem Schritt erweitern wir die Form-Klasse des vorangehenden Schrittes. Um einen beliebigen Schritt bequem ausführen zu können, stellen wir ein Hauptprogramm zur Verfügung, das in seinem Kommandozeilenparameter die Nummer des auszuführenden Schrittes erwartet. Das Interessante dabei ist, dass die auszuprägende Form-Klasse aufgrund ihres Namens (eines **string**-Objekts, ermittelt aus dem Kommandozeilenparameter) mit Hilfe der *Reflexion* (s. Kapitel 5.6. auf Seite 142) gefunden wird:

```
public class Schritt {                                              // (7.2)
    public static void Main(string[] kzp) {
        ... // Kommandozeilenparameter kzp prüfen
        char N = kzp[0][0];
        const string klassenname = "Schritt"; // alle Klassen heißen SchrittN
        System.Type klasse = System.Type.GetType(klassenname + N);
            // Klasse finden
        System.Reflection.ConstructorInfo konstruktor = klasse.GetConstructor(
            new System.Type[0]); // parameterlosen Konstruktor finden
        System.Windows.Forms.Form schrittN = (System.Windows.Forms.Form)
            konstruktor.Invoke(new object[0]); // Konstruktor mit 0 Parametern
        schrittN.Text = "Schritt " + N + ": " + schrittN.Text;
        System.Windows.Forms.Application.Run(schrittN); } } }
```

Dieses Programm kann nun von der Kommandozeile z.B. mit

```
> Schritt 3
```

aufgerufen werden. Die Methode `System.Type.GetType` in der markierten Zeile liefert ein Objekt der Klasse `System.Type`, das – mit Kommandozeilenparameter 3 – die Klasse `Schritt3` repräsentiert. In der anschließenden Zeile wird der parameterlose Konstruktor dieser Klasse (ein Objekt vom Typ `System.Reflection.ConstructorInfo`) gefunden (die Type-Reihung der Länge 0 besagt, dass der Konstruktor mit 0 Parametern zu finden ist). Dieser Konstruktor wird mit Hilfe von Invoke (mit 0 Parametern, d.h. einer **object**-Reihung der Länge 0) aufgerufen und somit ein Objekt der Klasse `Schritt3` erzeugt wird. Weil `Schritt3` (wie alle `SchrittN`-Klassen in diesem Kapitel) ein Unterklasse von `System.Windows.Forms.Form` ist, kann es `System.Windows.-Forms.Application.Run` als Parameter übergeben werden (in der letzten Zeile); dadurch können die Ereignisse der Windows-Oberfläche seine Ereignisbehandlungsmethoden aktivieren.

Die Voraussetzung für die erfolgreiche Ausführung des Programms Schritt ist allerdings, dass vor seiner Übersetzung die auszuführenden Schritte fertig übersetzt und in das Modul eingeschlossen sind:

```
csc /addmodule:Schritt1.dll,Schritt2.dll,Schritt3.dll,Schritt4.dll,
    Schritt5.dll, Schritt6.dll,Schritt7.dll, Schritt8.dll,Schritt9.dll
    @Options.txt Schritt.cs
```

wobei in der Textdatei `Options.txt` weitere Kommandozeilenoptionen (wie `/nologo`) stehen können.

7.2. Fenster

Die einfachste Fensterklasse wird in `Schritt1` implementiert:

```
public class Schritt1: System.Windows.Forms.Form { }              // (7.3)
```

In Schritt2 erweitern wir diese Klasse und verändern die von *System.Windows.Forms*.Form geerbten Eigenschaften Text und BackColor:

```
public class Schritt2 : Schritt1 {                                // (7.4)
    public Schritt2() {
        Text = "Hallo Kurs"; // geerbt von System.Windows.Forms.Form
        BackColor = System.Drawing.SystemColors.Window; } }
```

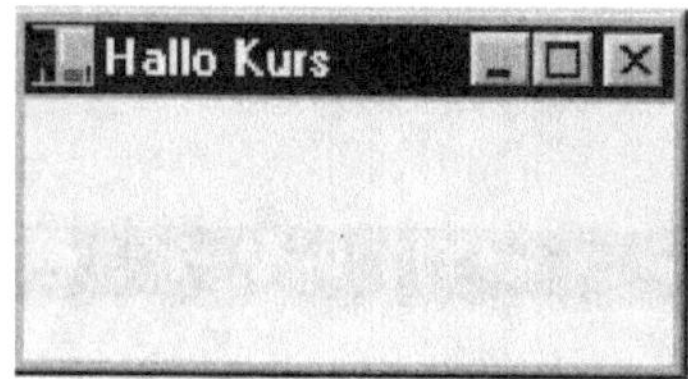

Abbildung 7.2: Fenster mit Titelleiste von Schritt2

Die statische Window-Eigenschaft der Klasse SystemColors liefert einen Color-Wert in Abhängigkeit von der aktuellen Einstellung im Windows-System (über „Eigenschaften" vom Desktop einstellbar).

7.2.1. Mausereignisse

Schritt3 ist eine Unterklasse von Schritt2 und überschreibt die Methode OnMouseMove von *System.Windows.Forms*.Form, die auf Mausbewegungen reagiert:

```
public class Schritt3: Schritt2 {                                 // (7.5)
    public Schritt3() : base() { titellänge = Text.Length; }
    protected override void OnMouseMove(System.Windows.Forms.MouseEventArgs
            ereignis) {
        base.OnMouseMove(ereignis); // überschriebene Methode aufrufen
        Beep(ereignis.X + ereignis.Y, 50); // externe Methode aufrufen
        Text = Text.Substring(0, titellänge) + " auf " +
            (ereignis.X + ereignis.Y) + " Hertz!"; }
    [System.Runtime.InteropServices.DllImport("Kernel32.dll")]
    protected static extern bool Beep(int frequenz, int Dauer);
    private int titellänge; }
```

Eine Besonderheit dieser Klasse, dass sie die *externe Methode* Beep (aus Kernel32.dll) aufruft. Sie wird mit Hilfe des *Attributs* *System.Runtime*.InteropServices.DllImport eingebunden (s. Kapitel 4.8.2. auf Seite 108).

Zur Laufzeit wird also bei jeder Mausbewegung über diesem Fenster aus der relativen Mausposition (Eigenschaften X und Y des Parameterobjekts Ereignis) eine Frequenz für Beep errechnet; diese erscheint auch auf der Titelleiste und ein jaulender Ton ertönt bei jeder Mausbewegung:

Abbildung 7.3: Titelzeile in Schritt3

7.2.2. Zeichnen

In Schritt4 wollen wir den Mauszeiger mit einem mitwandernden kleinen Kreis versehen:

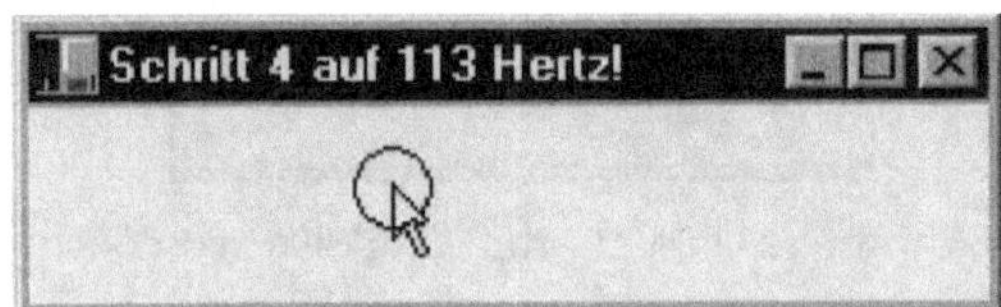

Abbildung 7.4: Zeichnen im Schritt4

Hierzu überschrieben wir die Methode OnPaint der Form-Klasse. In OnMouseMove erzwingen wir durch Invalidate, dass sie aufgerufen wird. Update bewirkt die sofortige Ausführung:

```
public class Schritt4 : Schritt3 {                                  // (7.6)
    public Schritt4() : base() { }
    protected override void OnMouseMove(System.Windows.Forms.MouseEventArgs
        ereignis) {
      base.OnMouseMove(ereignis); // aus Schritt3
      mausX = ereignis.X; mausY = ereignis.Y; Invalidate(); Update(); }
    protected override void OnPaint(System.Windows.Forms.PaintEventArgs erg) {
➜     erg.Graphics.DrawEllipse(System.Drawing.SystemPens.MenuText,
        mausX - RADIUS, mausY - RADIUS, DIAMETER, DIAMETER); }
    private const int RADIUS = 10, DIAMETER = 2 * RADIUS;
    protected int mausX, mausY; }
```

Hier wird also bei jeder Mausbewegung die Mausposition in die globale Variablen MausX und MausY gespeichert; anschließend bewirkt der Aufruf von Invalidate und Update (Methoden von System.Windows.Forms.Form, geerbt von System.Windows.Forms.Control), dass das Fenster neu gezeichnet (d.h. seine Methode OnPaint aufgerufen) wird. Hier rufen wir die DrawEllipse-Methode für die Graphics-Eigenschaft des PaintEventArgs-Objekts, das wir als Parameter der OnPaint-Methode erhalten haben (s. Kapitel 7.3. auf Seite 224). Der erste Parameter dieses Aufrufs ist vom Typ System.Drawing.Pen; der hier eingesetzte aktuelle Parameter ist die statische Eigenschaft MenuText der Klasse System.Drawing.SystemPens; unser Kreis wird also mit demselben Stift (Pen-Objekt) gezeichnet, womit auch die Menütexte im Windows-System (über „Eigenschaften" vom Desktop einstellbar).

7.2.3. Menüs

Im nächsten Schritt erzeugen wir Menüs. Der Mechanismus hierfür ist sehr ähnlich
wie in java.awt bzw. javax.swing: Im Konstruktor der Fensterklasse wird der Menübaum aus Objekten der Klasse *System.Windows.Forms*.MenuItem aufgebaut. Es wird
dabei nicht zwischen Menüspalte (in Java: Menu) und Menüpunkt (in Java MenuItem)
unterschieden, d.h. auch in der Menüleiste (in Java: MenuBar) können Menüpunkte
direkt eingefügt werden.

```
using System.Windows.Forms;                                          // (7.7)
public class Schritt5: Schritt4 {
    public Schritt5() : base() {
        MainMenu menüBaum = new MainMenu(); // System.Windows.Forms
        MenuItem menüDatei = new MenuItem("&Datei"); // System.Windows.Forms
        MenuItem menüBearbeiten = new MenuItem("&Bearbeiten"); // & Taste Alt-B
        menüAusführen = new MenuItem("&Ausführen"); // Blätter des Baums
        menüBeenden = new MenuItem("Be&enden");
        menüLänger = new MenuItem("&Länger");
        menüKürzer = new MenuItem("&Kürzer");
        // Zusammenfügen der Menüelemente:
→       Menu = menüBaum; // Baum in den Fensterrahmen einhängen
        menüBaum.MenuItems.Add(menüDatei); // Zweige an den Baum anhängen
        menüBaum.MenuItems.Add(menüBearbeiten);
        menüBaum.MenuItems.Add(menüAusführen);
        menüDatei.MenuItems.Add(menüBeenden); // Blätter an Zweige hängen
        menüBearbeiten.MenuItems.Add(menüLänger);
        menüBearbeiten.MenuItems.Add(menüKürzer); }
    // Menüblätter global, um sie später in Unterklassen erreichen zu können:
    protected MenuItem menüBeenden;
    protected MenuItem menüLänger;
    protected MenuItem menüKürzer;
    protected MenuItem menüAusführen; }
```

In der markierten Zeile haben wir also in die Eigenschaft Menu unserer Oberklasse
System.Windows.Forms.Form den menüBaum (ein Objekt der Klasse MainMenu) eingehängt.
In sein Element MenuItems können nun Zweige (Objekte der Klasse MenuItem) mit
Hilfe der Methode Add eingehängt werden. Eine beliebig tiefe Schachtelung von
Menüs ist auf diesem Wege möglich:

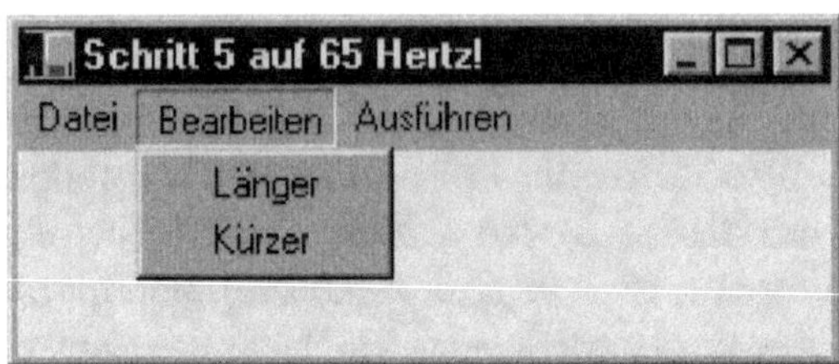

Abbildung 7.5: Menüs im `Schritt5`

Die Referenzen auf die Menüobjekte bleiben typischerweise lokal im Konstruktor; einige von ihnen haben wir jedoch global gemacht, damit wir im nächsten Schritt Ereignisse mit ihm verknüpfen können.

7.2.4. Selbstdefinierte Ereignisse

Eine Möglichkeit ist, Ereignisse in C♯ zu programmieren, die Ereignisbehandlungsmethode in ein *Delegat* (s. Kapitel 4.5. auf Seite 95) zu packen. Unter Windows dient hierzu das Delegat `System.EventHandler`. Sein Profil (wie im Kapitel 4.6.2. auf Seite 103 dargestellt) ist:

```
public delegate void EventHandler(object sender, EventArgs event);
```

Ein Delegatobjekt kann also aus einer Methode mit zwei Parametern gebildet werden: Im ersten erhält sie das Objekt (z.B. das Menüobjekt), das das zu bearbeitende Ereignis auslöst, aus dem zweiten (vom Typ `System.EventArgs`) kann sie Informationen über das ausgelöste Ereignis herauslesen. Das Delegatobjekt kann der **event**-Eigenschaft `Click` eines jeden Steuerelements (d.h. eines `Control`-Objekts, wie auch z.B. `Button`) in den markierten Zeilen) hinzugefügt werden:

```
    using System; using System.Windows.Forms;                    // (7.8)
    public class Schritt6 : Schritt5 {
       public Schritt6() : base() {
          frequenz = MAX; dauer = DAUER;
→         menüBeenden.Click += new System.EventHandler(OnBeenden);
→         menüLänger.Click += new System.EventHandler(OnLänger);
→         menüKürzer.Click += new System.EventHandler(OnKürzer);
→         menüAusführen.Click += new System.EventHandler(OnAusführen); }
       private void OnBeenden(object quelle, EventArgs ereignis) {
          Application.Exit(); }
       protected virtual void OnLänger(object quelle, EventArgs ereignis) {
          dauer *= FAKTOR;
          if(dauer >= MAX) {
             dauer = MAX;
             menüLänger.Enabled = false; }
          menüKürzer.Enabled = true; }
       protected virtual void OnKürzer(object quelle, EventArgs ereignis) {
          dauer /= FAKTOR;
```

```
  if(dauer <= MIN)   {
     dauer = MIN;
     menüKürzer.Enabled = false; }
  menüLänger.Enabled = true; }
private void OnAusführen(Object quelle, EventArgs ereignis) {
  Beep(frequenz, dauer); }
protected int frequenz, dauer;
public const int MIN = 1, MAX = 1000, FAKTOR = 5, DAUER = 50; }
```

In diesem Schritt haben wir also vier Ereignisbehandlungsmethoden OnBeenden, On-
Länger, OnKürzer und OnAusführen mit den geforderten zwei Parametern (wir haben
sie quelle und ereignis genannt) geschrieben, sie in den vier markierten Zeilen in
Delegate gepackt und an die entsprechenden Menüpunkte angehängt. In OnLänger
und OnKürzer haben wir die Dauer des Beep-Tons ver-FAKTOR-facht, wobei beim Erreichen eines Minimal- bzw. Maximalwerts (MIN bzw. MAX in der letzten Zeile) der Menüpunkt "Kürzer" bzw. "Länger" ausgeblendet (der andere gleichzeitig eingeblendet)
wird. Diese Länge wird in der Ereignisbehandlungsmethode OnAusführen (als aktueller Parameter von Beep) abgefragt.

7.2.5. Dialogfenster

Im nächsten Schritt ermöglichen wir beim Erreichen des Minimal- oder Maximalwerts
einen einfachen Dialog (Aufruf der static-Methode *System.Windows.Forms*.Message-
Box.Show in den markierten Zeilen):

```
using System; using System.Windows.Forms;                          // (7.9)
public class Schritt7 : Schritt6 {
   public Schritt7() : base() { }
   protected override void OnMouseMove(MouseEventArgs ereignis) {
      frequenz = mausX + mausY;
      base.OnMouseMove(ereignis); // Ton bei Mausbewegung
      Beep(frequenz, dauer);}
   protected void BaseOnLänger(object quelle, EventArgs ereignis) {
      base.OnLänger(quelle, ereignis); }
   protected override void OnLänger(object quelle, EventArgs ereignis) {
      BaseOnLänger(quelle, ereignis);
➜     if (dauer >= MAX && MessageBox.Show(FRAGE, "Dauer zu lang",
          MessageBoxButtons.YesNoCancel) == DialogResult.Yes) {
         Application.Exit(); } }
   protected void BaseOnKürzer(object quelle, EventArgs ereignis) {
      base.OnKürzer(quelle, ereignis); }
   protected override void OnKürzer(object quelle, EventArgs ereignis) {
      BaseOnKürzer(quelle, ereignis);
➜     if (dauer <= MIN && MessageBox.Show(FRAGE, "Dauer zu kurz",
          MessageBoxButtons.YesNoCancel) == DialogResult.Yes) {
```

```
        Application.Exit(); } }
    private const string FRAGE = "Programm beenden?"; }
```

Die Methoden BaseOnLänger und BaseOnKürzer haben wir nur vereinbart, um sie in späteren Unterklassen (im nächsten Kapitel) aufrufen zu können.

Die Parameter der Show-Methode bestimmen das Aussehen des Dialogfensters: Neben Titel (hier: FRAGE), Text und Stil (hier: BOXART = IconError | YesNo) gibt es noch zahlreiche Möglichkeiten, z.B.:

```
public static DialogResult Show(string); // Meldungsfenster
public static DialogResult Show(string, string); // Meldungsfenster mit Titel
public static DialogResult Show(string, string, int); // mit Stil
public static DialogResult Show(IWin32Window, string); // als Unterfenster
...
```

Die Funktion Show liefert ein Ergebnis nach dem Drücken eines der Knöpfe. Dies ist ein **enum**-Wert vom Typ DialogResult; einzelne Werte dieser Aufzählung können also (hier als Ergebnis der Show-Methode) abgefragt werden (hier: Yes).

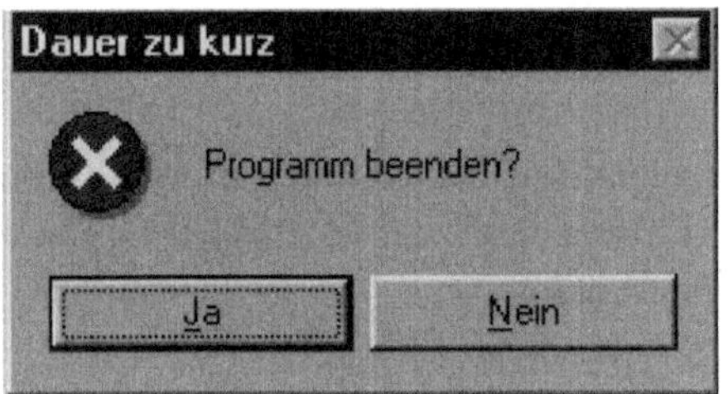

Abbildung 7.6: Meldungfenster in Schritt7

7.2.6. Fensterelemente

Wenn man mit dem Angebot von MessageBox nicht zufrieden ist, muss man seine eigene Dialogklasse als Unterklasse von *System.Windows.Forms*.Form bauen. Diese (im nächsten Programm die Klasse Formular8) muss ähnlich wie das Hauptfenster ausgeprägt und seine Methode ShowDialog() aufgerufen werden (in der markierten Zeile des folgenden Programms).

Im Schritt8 brauchen wir die Methode BaseOnLänger aus Schritt7, damit wir sie in der überschreibenden Methode OnLänger aus Schritt6 aufrufen können (es gibt leider kein **base.base**.OnLänger()): Wenn dauer zu kurz (bzw. zu lang) geworden ist, führen wir einen ausführlicheren Dialog. Hierzu geben wir unserer MessageBox den Stil AbortRetryIgnore:

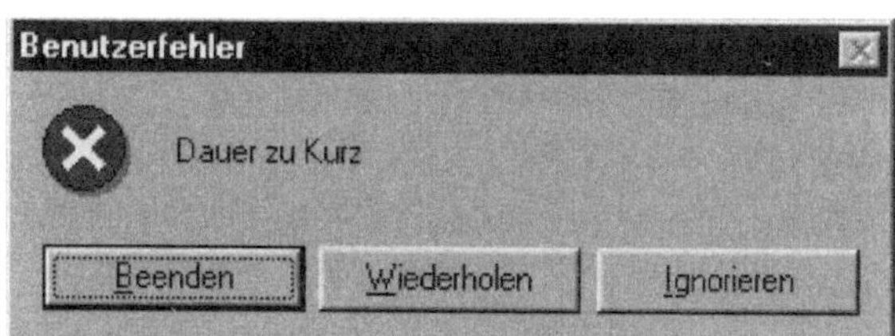

Abbildung 7.7: Meldungsfenster in Schritt8

Aufgrund der Antwort (Abort, Retry oder Ignore) verzweigen wir in einem **switch**-Konstrukt. Weil C♯ – im Gegensatz zu Java und C++ – es nicht erlaubt, von einem **case** in einen anderen ohne **break**) „hinüberzurutschen", schreiben wir die Methode RetryOderIgnore, die wir im Falle DialogResult.Retry und DialogResult.Ignore aufrufen:

```
using System; using System.Windows.Forms; using System.Drawing;          // (7.10)
public class Schritt8 · Schritt7 {
  public Schritt8() : base() {
    formular = new Formular8(); } // Klasse Formular8 weiter unten
  protected Form formular;
  protected override void OnLänger(object quelle, EventArgs ereignis) {
    base.BaseOnLänger(quelle, ereignis);
    if (dauer >= MAX) {
      DialogFühren(true); } // true == Dialog für "zu lang"
    menüKürzer.Enabled = true; }
  protected override void OnKürzer(object quelle, EventArgs ereignis) {
    base.BaseOnKürzer(quelle, ereignis);
    if (dauer <= MIN) {
      DialogFühren(false); } // true == Dialog für "zu kurz"
    menüLänger.Enabled = true; }
  private void DialogFühren(bool langKurz) {
    DialogResult Antwort = MessageBox.Show("Dauer zu " +
        (langKurz ? "lang" : "kurz"), "Benutzerfehler", // true=="zu lang"
        MessageBox.AbortRetryIgnore);
      switch (Antwort) {
        case (DialogResult.Abort): {
          Application.Exit(); break; }
        case (DialogResult.Retry): {
          formular.ShowDialog();
          RetryOderIgnore(langKurz); break; }
        case (DialogResult.Ignore): {
          RetryOderIgnore(langKurz); break; } } }
  private void RetryOderIgnore(bool langKurz) {
    if (langKurz) {
      menüKürzer.Enabled = false; }
    else {
```

```
        dauer = MIN;
        menüLänger.Enabled = false; } } }
```

Im Konstruktor der Klasse `Formular8` stellen wir die Oberflächenobjekte unseres Dialogfensters zusammen, das in der markierten Zeile (bei `DialogResult.Retry`) des obigen Programms angezeigt wird:

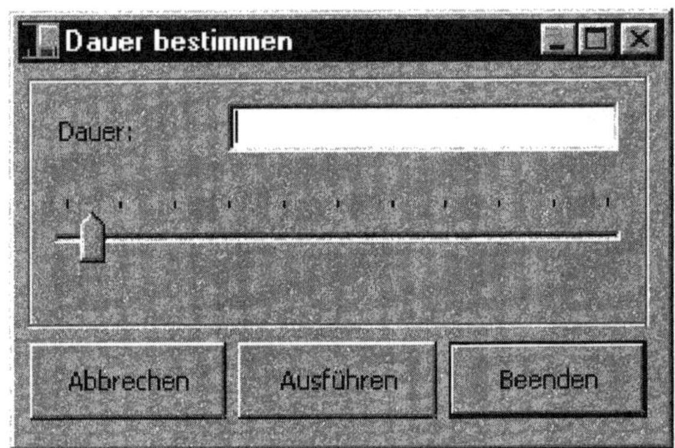

Abbildung 7.8: Dialogfenster in `Schritt8`

Folgende Oberflächenobjekte finden im Formular Platz:

* Drei Knöpfe (`Button`) „Abbrechen", „Ausführen" und „Beenden"
* Ein Rahmen (`GroupBox`), der die restlichen Elemente umfasst
* Eine Beschriftung (`Label`) „Dauer"
* Ein Textfeld (`TextBox`) für die Eingabe der Dauer
* Ein Schieberegler (`TrackBar`)

Die Klassen für die Oberflächenobjekte enthalten die geeigneten Eigenschaften, um sie zu platzieren (`Location`, ein Objekt der Klasse *System.Drawing*.`Point`), ihre Größe (Eigenschaft `Size`, ein Objekt der Klasse *System.Drawing*.`Size`), ihre Beschriftung (Eigenschaft **string** `Text`) oder die Tabulator-Reihenfolge (Eigenschaft **int** `Tabindex`) usw. zu bestimmen. Besonders die Klasse `TrackBar` bietet zahlreiche Möglichkeiten an, um den Schieberegler zu gestalten: Orientierung (`TickStile`), Dichte der Maßstriche über dem Schieber (`TickFrequency`), minimaler, maximaler und Anfangswert (**int** `Minimum`, `Maximum`, `Value`) beim Auslesen, Sprungweite bei der Bedienung über die Pfeiltasten (`SmallChange`, `LargeChange`) usw. Alle Oberflächenobjekte müssen der `Form`-Eigenschaft `Control` mit Hilfe von `Add` hinzugefügt werden:

```
public class Formular8: Form { // System.Windows.Forms
    public Formular8() {
        GroupBox rahmen = new GroupBox(); // System.Windows.Forms
        rahmen.Location = new Point(4, 0); // System.Drawing
        rahmen.Size = new Size(264, 108); // System.Drawing

        Label beschriftung = new Label(); // System.Windows.Forms
```

```
beschriftung.Text = "Dauer:";
beschriftung.Location = new Point(16, 20);
beschriftung.Size = new Size(46, 24);

textFeld = new TextBox(); // global protected
textFeld.Location = new Point(90, 16);
textFeld.Size = new Size(165, 23);
textFeld.TabIndex = 1; // Tabulatorreihenfolge der Oberflächenelemente

schieber = new TrackBar(); // global protected
schieber.Location = new Point(8, 50); schieber.Size = new Size(256, 53);
schieber.TabIndex = 2;
schieber.TickStyle = TickStyle.TopLeft; // System.Windows.Forms
schieber.Minimum = Schritt8.MIN; schieber.Maximum = Schritt8.MAX;
schieber.Value = 50; schieber.TickFrequency = 100;
schieber.SmallChange = 10; schieber.LargeChange = 50;

Button knopfAbbrechen = new Button(); // System.Windows.Forms
knopfAbbrechen.Text = "Abbrechen"; knopfAbbrechen.TabIndex = 5;
knopfAbbrechen.Location = new Point(5, 114);
knopfAbbrechen.Size = new Size(84, 32);
knopfAbbrechen.DialogResult = DialogResult.Cancel;

Button knopfBeenden = new Button(); knopfBeenden.Text = "Beenden";
... // ähnlich wie knopfAbbrechen
knopfAusführen = new Button(); knopfAusführen.Text = "Ausführen";
... // ähnlich wie knopfAbbrechen, jedoch global protected

rahmen.Controls.Add(beschriftung); rahmen.Controls.Add(textFeld);
rahmen.Controls.Add(schieber);

Controls.Add(knopfAbbrechen); Controls.Add(knopfAusführen);
Controls.Add(knopfBeenden); Controls.Add(rahmen);
Text = "Dauer bestimmen"; ClientSize = new Size(274, 155);
SizeGripStyle = SizeGripStyle.Hide; // System.Windows.Forms
BackColor = SystemColors.Control; // System.Drawing
CancelButton = knopfAbbrechen; AcceptButton = knopfBeenden; }
protected Button knopfAusführen; // System.Windows.Forms
protected TextBox textFeld; // System.Windows.Forms
protected TrackBar schieber; } // System.Windows.Forms
```

Wichtig ist noch die markierte Zeile: Hierdurch bestimmen wir das Ergebnis des Dialogfensters: Nach `ShowDialog` kann abgefragt werden, ob `knopfAbbrechen` oder `knopfBeenden` gedrückt wurde.

Eine solche Oberflächengestaltung wird typischerweise nicht per Hand programmiert, sondern (z.B. über Visual Studio) generiert. Daher stammen die krummen Zahlen bei `Size` oder `Point`. Nichtsdestotrotz ist es wichtig, die generierten Programme zu verstehen, um sie ggf. verändern zu können.

7.2.7. Ereignisse aus Steuerelementen

Im nächsten Schritt reagieren wir auf die Ereignisse aus den drei Steuerelementen des Formulars: dem knopfAusführen, dem schieber und dem textFeld. Hierzu erweitern wir nur die Formularklasse; die Form-Klasse Schritt9 ändert sich nur insofern, dass jetzt nicht Formular8, sondern Formular9 ausgeprägt wird:

```
public class Schritt9 : Schritt8 {                                    // (7.11)
    public Schritt9() : base() { formular = new Formular9(this); }
```

Weil wir aus Formular9 (s. unten) heraus auf die (geerbte) Elemente von Schritt9 wie dauer und frequenz zugreifen wollen, übergeben wir das aktuelle Schritt9-Objekt als Konstruktorparameter; um diese Elemente **protected** halten zu können, vereinbaren wir Formular9 als innere Klasse von Schritt9. Im Konstruktor von Formular9 fügen wir nun den (von Formular8 geerbten) Fensterelementen textFeld, schieber und knopfAusführen neue Ereignisbehandlungsmethoden hinzu:

```
// innere Klasse
public class Formular9: Formular8 {
    public Formular9(Schritt9 schritt) : base() {
        this.schritt = schritt;
        textFeld.TextChanged += new System.EventHandler(OnFeldGeändert);
        schieber.ValueChanged += new System.EventHandler(
            OnSchieberGeändert);
        knopfAusführen.Click += new System.EventHandler(OnAusführen); }
    private Schritt9 schritt; // wird im Konstruktor gesetzt
```

Die Ereignisbehandlungsmethode des Knopfs „Ausführen" reagiert ähnlich mit Beep auf den Knopfdruck wie eine Menüauswahl im Schritt6 (s. Kapitel 7.2.4. auf Seite 216):

```
    private void OnAusführen(object quelle, System.EventArgs ereignis) {
        Schritt9.Beep(schritt.frequenz, schritt.dauer); }
```

Damit die dauer-Variable der Form-Klasse (vereinbart in Schritt6) aus dem Formular heraus intelligent verändert werden kann, packen wir sie in eine *Eigenschaft* (s. Kapitel 4.1. auf Seite 80):

```
    public int Dauer {
        get { return schritt.dauer; }
        set {
            int wert = value;
            if (wert < 1)
                wert = 1;
            if (wert > Schritt9.MAX)
                wert = Schritt9.MAX;
            schritt.dauer = wert;
            textFeld.Text = wert.ToString(); // OnFeldGeändert aufgerufen
            schieber.Value = wert; } } // OnSchieberGeändert aufgerufen
```

Ein Setzen dieser Eigenschaft wird also automatisch im textFeld und auf schieber widergespiegelt: Das Setzen der Text-Eigenschaft von textFeld in der markierten Zeile aktiviert die Ereignisbehandlungsmethode OnFeldGeändert, und das Setzen der Value-Eigenschaft von schieber in nächsten Zeile aktiviert die Ereignisbehandlungsmethode OnSchieberGeändert.

Diese beiden Ereignisbehandlungsmethoden reagieren also auf jede Veränderung von textFeld (ob über die Dauer oder durch Eintippen eines Zeichens ins textFeld) bzw. von schieber (s. Abbildung 7.8 auf Seite 220): Wenn der Bediener den Inhalt von textFeld oder den Zustand von schieber ändert, übernimmt die Dauer die Veränderung in die Variable schritt.dauer und sie wird auch am schieber bzw. im textFeld wiedergegeben.

Weil aber die Veränderung von textFeld eine Veränderung von schieber verursacht, die wiederum textFeld verändert, muss die so verursachte Rekursion mit Hilfe einer Steuervariable onFeldGeändert unterbrochen werden:

```
    private bool onFeldGeändert = false;
    private void OnFeldGeändert(object quelle, System.EventArgs ereignis) {
        if (onFeldGeändert)
            return; // Rekursion abbrechen
        onFeldGeändert = true;
        try {
➜           Dauer = int.Parse(textFeld.Text);
            textFeld.SelectionStart = textFeld.Text.Length; // Cursor
            onFeldGeändert = false; }
        catch (System.FormatException) { // falsches Zeichen eingetippt
            textFeld.Text = Dauer.ToString();
            onFeldGeändert = false; } }
    private void OnSchieberGeändert(object quelle, System.EventArgs ereignis) {
        Dauer = schieber.Value; } } } // OnFeldGeändert wird aktiviert
```

Wer sich die Mühe macht und die Ereignisbehandlungsmethoden mit Console.WriteLine-Aufrufen ergänzt, kann den Steuerfluss auf der Konsole verfolgen: Eine Veränderung von schieber aktiviert die Methode OnSchieberGeändert (in der vorletzten Zeile); diese setzt die Eigenschaft Dauer (in der letzten Zeile); hierdurch wird die Ereignisbehandlungsmethode OnFeldGeändert aufgerufen, die Dauer wiederum setzt. Die erneute Ausführung von OnFeldGeändert wird jedoch durch die Steuervariable onFeldGeändert verhindert.

Das Eintippen eines falschen Zeichens (z.B. eines Buchstabens) ins textFeld bewirkt bei der Konvertierung ToInt32 in der markierten Zeile eine Ausnahme FormatException: Dann wird Dauer nicht gesetzt, sein alter Wert wird im catch-Block ins textFeld zurückgeschrieben.

In der nächsten Zeile wird die Eigenschaft SelectionStart von textField gesetzt, damit der Cursor auch nach einer Veränderung durch den Schieber im Feld „Dauer" steht.

7.3. Grafik

Wenn die Leistung der Standardklassen *System.Windows.Forms* usw. die Bedürfnisse des Programmierers nicht befriedigt, muss er selber seine grafischen Objekte erstellen. Er kann dabei auf die Technologie der GDI (*Graphics Device Interface*, Schnittstelle für grafische Geräte) zurückgreifen.

GDI bietet Vorgehensweisen an, die ein Programm für die Ausgabe auf dem Bildschirm, Drucker und andere grafische Geräte nutzen kann. Mit Hilfe von GDI-Methoden können Linien, Kurven, geschlossene Figuren, Pfade, Texte, Bilder usw. gezeichnet werden. Um die Eigenschaften der Zeichnung wie Farbe, Stil usw. zu definieren, kann der Benutzer Stifte, Muster, Schriftarten und ähnliche GDI-Objekte erzeugen. Stifte werden zum Beispiel gebraucht, um Linien und Kurven zu zeichnen; mit Pinseln werden Flächen der Figuren gefüllt; Schriftarten bestimmen das Aussehen von Texten.

C#-Programme können direkt auf ein physikalisch vorhandenes Gerät (wie Bildschirm oder Drucker) ausgeben oder aber an ein „logisches" Gerät: Die Ausgabedaten werden dann im Speicher oder in einer Datei gespeichert. Logische Geräte sollen es der Anwendung erleichtern, die Daten für physikalische Geräte vorzubereiten: Die so gespeicherten Dateien können z.B. öfters ausgegeben werden.

Die Klasse *System.Drawing.*Graphics implementiert so ein logisches Gerät; im Programm (6.48) auf Seite 214 haben wir schon ihre Methode DrawEllipse aufgerufen. Ein logisches Gerät kann mit jedem anderen Gerät verknüpft werden, das über einen GDI-Treiber verfügt (Bildschirm, Drucker, Laserkanone usw.). Ein GDI-Gerät kann auch virtuell sein: Die GDI-Daten können z.B. in eine pdf-Datei ausgegeben werden, die von einem geeigneten Programm (wie AcrobatReader) gelesen werden kann.

GDI+ ist eine Weiterentwicklung von GDI. Diese Technologie ist etwas einfacher zu handhaben als das in MS-Windows implementierte GDI. In .NET wurde GDI+ implementiert; hier wird das Windows-GDI nicht nur gekapselt, sondern seine Funktionalitäten wurden auch signifikant erweitert.

Die GDI+-Klassen liegen in den Bibliotheken

- *System.Drawing*
- *System.Drawing.Text*
- *System.Drawing.Printing*
- *System.Drawing.Imaging*

- *System.Drawing.Drawing2D*
- *System.Drawing.Design*

7.3.1. GDI-Behälter

Als Untergrund für die Grafikelemente dienen die GDI-Behälter. Diese sind Objekte von GDI-Behälterklassen. Die beiden wichtigsten sind *System.Drawing*.Graphics, die einen Zeichenuntergrund im Programm darstellt und *System.Drawing*.Bitmap, die eine Grafik pixelweise speichern und verändern kann.

Ein Objekt der Klasse *System.Drawing*.Graphics stellt eine Fläche dar, auf der gezeichnet werden kann. Typischerweise wird eine Referenz auf das Graphics-Objekt aus der Graphics-Eigenschaft eines PaintEventArgs-Objekts geholt; es wird als Parameter einer Ereignisbehandlungsmethode übergeben. In einem Ereignis erhalten wir beispielsweise das PaintEventArgs-Objekt als zweiter Parameter:

```
private void form1_Paint(object sender, PaintEventArgs ereignis) {
    Graphics g = ereignis.Graphics;
    ... } // Graphics-Methoden können nun für g aufgerufen werden
```

Ähnlich sieht es aus, wenn die Methode OnPaint überschrieben wird:

```
protected override void OnPaint(PaintEventArgs ereignis) {
    Graphics g = ereignis.Graphics;
    ... } // Graphics-Methoden können nun für g aufgerufen werden
```

7.3.2. Stifte und Pinsel

Ein Objekt der Klasse *System.Drawing*.Pen repräsentiert einen Stift, mit dem Linien gezogen und Umrisse gezeichnet werden können. Pen kann nur mit einer Farbe (ein Wert aus der Struktur *System.Drawing*.Color mit ca. 150 Namen für Farben) oder mit einem Pinsel (ein Objekt der Klasse *System.Drawing*.Brush) sowie evtl. mit einer Stiftbreite (ein **float**-Wert) erzeugt werden:

```
public Pen(Color [, float stiftbreite]);
public Pen(Brush [, float stiftbreite]);
```

Ein Objekt der Klasse Brush repräsentiert einen Pinsel, der geeignet ist, Flächen mit Farben oder mit einer Muster zu füllen. Die Klasse Brush ist abstrakt, d.h. sie kann nicht ausgeprägt werden. Um ein Brush-Objekt zu erzeugen, muss man eine ihrer Unterklassen benutzen, wie SolidBrush, TextureBrush, RectangleGradientBrush oder LinearGradientBrush:

SolidBrush	eine einzige Farbe
TextureBrush	das Innere einer Form wird mit einem Bild gefüllt
LinearGradiantBrush	zwei- oder vielfarbiger Farbverlauf

Tabelle 7.9: Unterklassen von Brush

7.3.3. Rechtecke

Die Struktur *System.Drawing*.Rectangle repräsentiert ein Rechteck. Sie hat zwei Arten
von Konstruktoren:

```
public Rectangle(Point linksOben, Size dimension);
public Rectangle(int linksObenX, int linksObenY, int breite, int höhe);
```

Hierbei müssen also entweder je ein Objekt der Struktur *System.Drawing*.Point und
System.Drawing.Size oder die Koordinaten der linken oberen Ecke – sowie die Maße
des Rechtecks als int-Werte (Pixel innerhalb des Graphics-Objekts) angegeben werden.

Die Rectangle-Struktur hat folgende Eigenschaften:

Location	Koordinaten der linken oberen Ecke
Size	Größe
X	x-Koordinate der linken oberen Ecke
Y	y-Koordinate der linken oberen Ecke
Top	y-Koordinate der oberen Seite (schreibgeschützt)
Bottom	y-Koordinate der unteren Seite (schreibgeschützt)
Left	x-Koordinate der linken Seite (schreibgeschützt)
Right	x-Koordinate der rechten Seite (schreibgeschützt)
Width	Breite
Height	Höhe
IsEmpty	Höhe oder Breite == 0 (schreibgeschützt)

Tabelle 7.10: Eigenschaften von Rectangle

7.3.4. Schriftarten

Ein Objekt der Klasse *System.Drawing*.Font kapselt eine Schriftart, mit der Texte dargestellt werden. Es kann mit folgenden Konstruktoren erzeugt werden:

```
public Font(string schriftart, float schriftgröße [, FontStyle]);
public Font(Font schriftart, FontStyle);
public Font(string, float, FontStyle);
```

Der FontStyle-Parameter steuert, welche Version der Schriftart verwendet werden
soll: Er ist ein Wert Bold (fett), Italic (kursiv), Regular (normal), Strikeout (durch-
gestrichen) oder Underline (unterstrichen) aus dem **enum**-Typ *System.Drawing*.Font-
Style.

Im schriftart-Parameter wird der Name der Schriftart als Zeichenkette (z.B. "Times
Roman New" oder "Gatineau") angegeben. Ist die Schriftart im System nicht installiert,
wird eine ähnliche benutzt, oder – wenn es keine gibt – eine Ausnahme ausgeworfen.

7.3.5. Beispiel für einen Stift

In den Beispielen entwickeln wir Windows-Programme wie im Kapitel 7.2. auf Seite 212. Das erste demonstriert den Gebrauch von Stiften. Es hat folgende Menüstruktur:

Datei
├─ Neu (Ctrl-N)
└─ Ende (Ctrl-E)
Farbe
├─ Rot (Ctrl-R)
├─ Grün (Ctrl-G)
└─ Blau (Ctrl-B)
Stiftbreite
├─ 1 (Ctrl-1)
├─ 2 (Ctrl-2)
└─ 4 (Ctrl-4)

Wir könnten natürlich die Farbe oder die Stiftbreite auch über ein Dialogfeld einlesen und nicht nur einige Werte fest ins Programm verankern – aber wir wollen die Beispiele einfach halten.

Das Programm zeichnet mit Hilfe eines Stifts, dessen Farbe und Breite menügesteuert verändert werden können, eine Linie auf die Zeichenfläche:

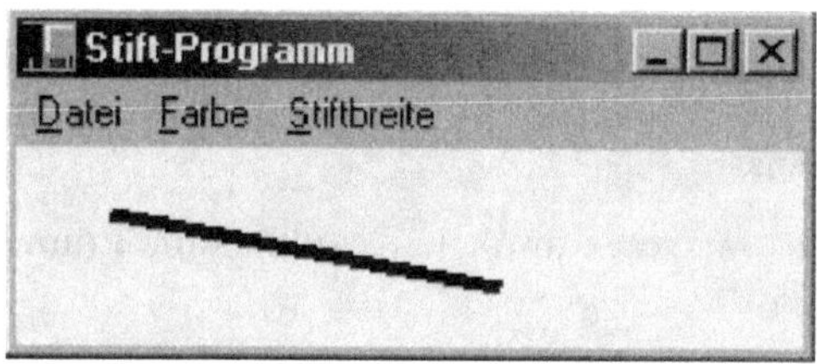

Abbildung 7.11: Stift

Hierzu müssen den Ereignissen MouseDown, MouseUp und MouseMove der Form-Klasse im Konstruktor (neben der Erzeugung der Menüstruktur) eigene Ereignisbehandlungsmethoden gesetzt werden:

```
MouseDown += new MouseEventHandler(OnMausGedrückt);
MouseUp += new MouseEventHandler(OnMausLosgelassen);
MouseMove += new MouseEventHandler(OnMausBewegt);
```

Darüber hinaus erzeugen wir im Konstruktor ein Pen-Objekt; seine Eigenschaften werden auf Vorbesetzungswerte gesetzt:

```
→ Pen stift = new Pen(Color.Red);
  stift.Width = 2; // Vorbesetzungswert
```

In den Menümethoden werden die Pen-Eigenschaften wunschgemäß gesetzt:

```
    public void OnFarbeBlau(object o, EventArgs ereignis) { // Menüpunkt "Blau"
➜      stift.Color = Color.Blue; } // OnFarbeRot, OnFarbeGrün ähnlich
    public void OnEins(object o, EventArgs ereignis){ // Menüpunkt "Eins"
➜      stift.Width = 1; } // OnZwei, OnVier ähnlich
```

Die OnPaint-Methode der Form-Klasse wird überschrieben, um die – mit der Maus –
gewünschte Linie zu zeichnen. Hier kommt das Pen-Objekt zum Einsatz:

```
    protected override void OnPaint(PaintEventArgs ereignis) {
        if (zeichnen == true) // global
➜          ereignis.Graphics.DrawLine(stift, anfangspunkt, endpunkt); }
```

Die Point-Objekte anfangspunkt und endpunkt werden hierbei global vereinbart und
in den Mausereignismethoden gesetzt:

```
    public void OnMausGedrückt(object o, MouseEventArgs ereignis) {
➜      anfangspunkt = new Point(ereignis.X, ereignis.Y);
        zeichnen = true; } // OnMausLosgelassen ähnlich
```

Die Ereignisbehandlungsmethode für die Mausbewegung erzwingt das Aufrufen von
OnPaint:

```
    public void OnMausBewegt(object o, MouseEventArgs ereignis) {
        if (zeichnen == true) {
        endpunkt = new Point(ereignis.X, ereignis.Y);
➜          Invalidate(); Update(); } }
```

Das vollständige StiftProgramm kann übers Internet (s. Seite XIV) geladen werden.

7.3.6. Beispiel für einen Pinsel

In nächsten Programm mit einer ähnlichen Architektur können wir das Verhalten
eines Pinsels beobachten:

Abbildung 7.12: Pinsel-Menü

Hier erzeugen wir den ausgewählten Pinsel in den Menümethoden:

```
    public void OnSolid(object o, EventArgs ereignis) {
➜      pinsel = new SolidBrush(farbe); }
    public void OnTextur(object o, EventArgs ereignis) {
➜      pinsel = new TextureBrush(bild); }
    public void OnVerteilt(object o, EventArgs ereignis) {
```

```
→   pinsel = new System.Drawing.Drawing2D.LinearGradientBrush(rechteck,
        farbe, Color.Yellow,
        System.Drawing.Drawing2D.LinearGradientMode.BackwardDiagonal); }
```

Die globale Color-Variable farbe wird dabei in den Methoden der Menüspalte „Farbe" gesetzt; die Image-Variable bild im Konstruktor:

```
bild = Image.FromFile(bilddatei);
```

wobei bilddatei als Konstruktorparameter von der Main-Methode erhalten wird:

```
public static void Main(string[] kzp) {
    if (kzp.Length == 0)
        System.Console.WriteLine("Benutzung: PinselProgramm Bilddateiname");
    else
→       System.Windows.Forms.Application.Run(new PinselProgramm(kzp[0])); }
```

Damit kann beim Aufrufen des Programms bestimmt werden, welches Bild bei der Auswahl des Textur-Pinsels verwendet werden soll. Der Pinsel kommt in der On-Paint-Methode zum Einsatz:

```
ereignis.Graphics.FillRectangle(pinsel, rechteck);
```

Abbildung 7.13: Inhalt einer Bilddatei

Wenn eine Bilddatei mit dem Inhalt von der Abbildung 7.13 angegeben wird, zeichnet dieser Aufruf mit dem Textur-Pinsel wie folgt:

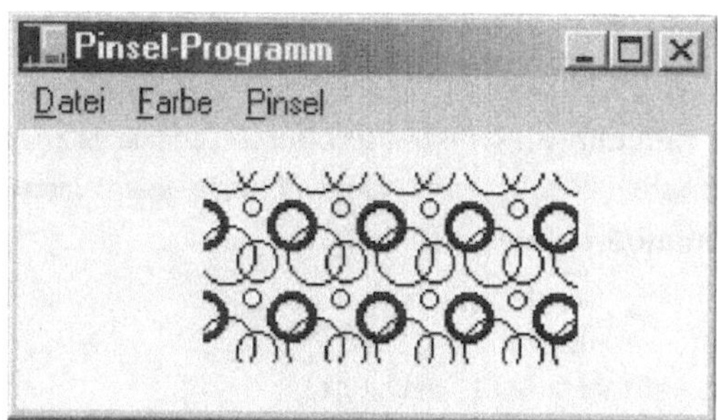

Abbildung 7.14: Textur-Pinsel

Es ist interessant, auch das Verhalten eines LinearGradientBrush-Obejkts (erzeugt in der Menümethode OnVerteilt) zu beobachten: Hier wird das mit der Maus gezogene Rechteck mit einem schrägen Farbverlauf (LinearGradientMode.BackwardDiagonal) zwischen gelb (Color.Yellow, wie im Konstruktor angegeben) und der zuvor ausgewählten Farbe bemalt.

Das vollständige PinselProgramm kann übers Internet (s. Seite XIV) geladen werden.

7.3.7. Linien und Texte

Die wichtigsten Methoden der Klasse *System.Drawing*.Graphics, mit denen man Linien und gefüllte Flächen zeichnen kann, sind folgende:

DrawArc	Bogen einer spezifizierten Ellipse
DrawBezier	kubische Bezier-Kurve
DrawBeziers	mehrere kubische Bezier-Kurven
DrawClosedCurve	geschlossene Kurve, die durch Punkte definiert wird
DrawCurve	Kurve, die durch Punkte definiert wird
DrawEllipse	Ellipse
DrawImage	Bild aus einem Image-Objekt
DrawLine	Linie
DrawPath	Linien und Kurven
DrawPie	Umriss eines Tortenstücks
DrawPolygon	Umriss eines Polygons
DrawRectangle	Umriss eines Rechtecks
DrawString	Schreibt eine Zeichenkette
FillEllipse	das Innere einer Ellipse (definiert durch ein Hüllrechteck)
FillPath	das Innere eines Pfads
FillPie	das Innere eines Tortenstücks
FillPolygon	das Innere eines Polygons (definiert durch Punkte)
FillRectangle	das Innere eines Rechtecks
FillRectangles	das Innere mehrerer Rechtecke
FillRegion	das Innere einer Fläche

Tabelle 7.15: Methoden von Graphics

Alle diese Methoden brauchen als erster Parameter einen Stift (ein Pen-Objekt); weitere Parameter (Rectangle, Point, **int** oder **float**) bestimmen den umhüllenden Quadrat der zu zeichnenden Linie oder Fläche:

```
g.DrawRectangle (stift, rechteck);
g.DrawEllipse(stift, rechteck);
g.DrawLine( stift, anfangspunkt, endpunkt);
g.DrawArc(stift, rechteck, anfangswinkel, winkellänge);
```

Ein Beispiel für die Benutzung von DrawEllipse befindet sich auch im Kapitel 7.2.2. auf Seite 214.

Um auf eine Fläche mit Hilfe der Graphics-Methode DrawString einen Text zu schreiben, braucht man ein Font-Objekt (mit den Eigenschaften **string** schriftart und **int** größe), einen Pinsel und einen Rechteck:

```
g.DrawString(text, new Font(schriftart, größe), pinsel, rechteck);
```

8. Sprachübergreifende Kommunikation

Eine Stärke von C♯ ist die gemeinsame Basis .NET mit anderen Sprachen wie C++,
Visual Basic oder JScript. Sie ermöglicht eine sprachübergreifende Kommunikation:
Eine Klasse, die in C♯ geschrieben wurde, kann sehr einfach Methoden einer Klasse
aufrufen, die in C++ entwickelt wurde, oder ein VB-Programm kann auf die Leistung
einer C♯-Klasse zugreifen.

Der Weg hierzu liegt in der Entwicklung von *Komponenten* (die wenig bis gar nichts
mit der Java-Klasse Component zu tun haben).

8.1. Komponenten in C♯

Eine einfache Komponente in C♯ besteht aus einer Klasse in einem Namensraum:

```
using System;                                          // (8.1)
namespace CisKomponente {
    public class Mitgliedsverzeichnis {
        private string[] namen;
        int anzahl;
        public Mitgliedsverzeichnis(int maxAnzahl) {
            namen = new string[maxAnzahl];
            anzahl = -1; }
        public void Aufnehmen(string person) {
            anzahl++; namen[anzahl] = person; }
        public int Anzahl() {
            return anzahl; }
        public string Mitglied(int mitgliedsnummer) {
            return namen[mitgliedsnummer]; } } }
```

Hier haben wir nur eine Klasse Mitgliedsverzeichnis in den Namensraum CisKompo-
nente platziert: Ihre öffentlichen Methoden Aufnehmen (eines neuen Mitglieds), Anzahl
(der aufgenommenen Mitglieder) und Mitglied (mit angegebenen Mitgliedsnummer)
sind aus anderen Komponenten aufrufbar.

8.2. Komponenten in anderen Sprachen

Eine Komponente mit derselben Schnittstelle kann auch in einer anderen Sprache
wie C++, VB oder JScript geschrieben werden. Beispielsweise sieht sie in C++ folgendermaßen aus:

```
using <mscorlib.dll>;                                  // (8.2)
using namespace System;
namespace CppKomponente {
    __gc public class Mitgliedsverzeichnis { private:
        String* namen[]; int anzahl;
    public:
```

```
Mitgliedsverzeichnis(int maxAnzahl) {
    namen = new String*[maxAnzahl]; anzahl = -1; } ...
```
. // die Methoden werden ähnlich programmiert: **string** entspricht String*

Ähnlich einfach ist es, die Komponente in Visual Basic zu programmieren:

```
Option Explicit                                        // (8.3)
Option Strict
Imports System
Namespace VBKomponente
    Public Class Mitgliedsverzeichnis
    ... // weiter wie oben, in Visual Basic
```

8.3. Kunden in C♯

Diese Komponenten können nun aus einer anderen Komponente in C♯ (beispielsweise in einem Testprogramm) benutzt werden. Diese Komponente heißt dann
Kunde (*client*) der Komponente:

```
using System;                                          // (8.4)
using CisVerz = CisKomponente.Mitgliedsverzeichnis;
using CppVerz = CppKomponente.Mitgliedsverzeichnis;
using VBVerz = VBKomponente.Mitgliedsverzeichnis;
class Hauptprogramm {
    public static void Main(string[] kzp) {
        CisVerz cisVerz = new CisVerz(10); // Klasse, geschrieben in C#
        CppVerz cppVerz = new CppVerz(10); // Klasse, geschrieben in C++
        VBVerz vbVerz = new VBVerz(10); // Klasse, geschrieben in Visual Basic
        for (int i = 0; i < kzp.Length; i++) {
            cisVerz.aufnehmen(kzp[i]); // Methode, geschrieben in C#
            cppVerz.aufnehmen(kzp[i]); // Methode, geschrieben in C++
            vbVerz.aufnehmen(kzp[i]); } // Methode, geschrieben in Visual Basic
        Console.WriteLine("Mitglieder in C#:");
        for (int i = 0; i < cisVerz.Anzahl(); i++)
            Console.WriteLine(cisVerz.Mitglied(i));
        Console.WriteLine("Mitglieder in C++:");
        for (int i = 0; i < cppVerz.Anzahl(); i++)
            Console.WriteLine(cppVerz.Mitglied(i));
        Console.WriteLine("Mitglieder in Visual Basic:");
        for (int i = 0; i < vbVerz.Anzahl(); i++)
            Console.WriteLine(vbVerz.Mitglied(i)); } }
```

Hier werden also alle drei Komponenten (geschrieben in C♯, C++ und Visual Basic)
benutzt, um die in der Kommandozeile aufgelisteten Mitglieder aufzunehmen und
sie auf der Konsole aufzulisten.

8.4. Kunden in anderen Sprachen

Der Kunde kann auch in einer beliebigen anderen Sprache geschrieben werden, die
von .NET unterstützt wird. Beispielsweise kann sie in Visual Basic etwa folgendermaßen programmiert werden:

```
Imports System                                                    // (8.5)
Imports CisKomponente
Imports CppKomponente
Imports VBKomponente
Public Module modmain
    Sub Main()
        Dim CisVerz As New CisKomponente.Mitgliedsverzeichnis
        Dim CppVerz As New CppKomponente.Mitgliedsverzeichnis
        Dim VBVerz As New VBKomponente.Mitgliedsverzeichnis
        ... // Mitglieder eintragen
        Console.WriteLine("Mitglieder in Cis:");
        For Count = 0 To CisVerz.Anzahl - 1
            Console.WriteLine(CisVerz.Mitglied(i));
        Next
        ... // ähnlich für CppVerz und VBVerz
    End Sub
End Module
```

In C++ oder JScript kann eine Kundenkomponente ähnlich formuliert werden.

8.5. Kunden in HTML

Eine der wichtigsten Vorteile von .NET ist, dass ein Programm (egal in welcher Sprache) in eine HTML-Seite eingebunden werden kann (ähnlich wie ein Applet in Java):

```
<%@ Page Language="C#" Description="ASP.NET Component Test" %>        // (8.6)
<%@ Import Namespace="CisKomponente"%> <%@ Import Namespace="CpKomponente"%>
<%@ Import Namespace="VBKomponente"%>
→ <html> <script language="C#" runat=server>
  void Page_Load(Object sender, EventArgs EvArgs) {
      String Out = ""; // Zeichenkette für Ausgabe
      Int32 Count = 0;
      Out = Out + "Strings from C# StringComponent<br>";
      CisKomponente.Verzeichnis cisVerz = new CisKomponente.Verzeichnis();
      CppKomponente.Verzeichnis cppVerz = new CppKomponente.Verzeichnis();
      VBKomponente.Verzeichnis vbVerz = new VBKomponente.Verzeichnis();
          ... // Mitglieder eintragen
      Out += "Mitglieder in C#:";
      for (int i = 0; i < cisVerz.Anzahl; i++) {
          Out = Out + cisVerz.Mitglied(i) + "<br>"; }
      Out += "<br>"; Out += "Mitglieder in C++:";
          ... // ähnlich für cppVerz und vbVerz
```

```
    Message.InnerHtml = Out; }
</script>
<body> <span id="Message" runat=server/> </body> </html>
```

Diese HTML-Seite enthält ein Script, das aus einem C♯-Programm besteht. Es wird auf dem Server übersetzt und ausgeführt; alles, was es über `Out` ausgibt, wird an die Stelle des Script in der HTML-Seite eingesetzt und übers Netz geschickt. Der Client (der Browser) erhält die auf diese Seite modifizierte HTML-Seite.

8.6. Externe Funktionen aufrufen

C♯ erlaubt, Funktionen direkt aus einer `.dll` (*native code*) aufzurufen. Hierzu dient das *Attribut* `[DllImport]` (s. Kapitel 4.8.2. auf Seite 108). Damit der Compiler den Aufruf übersetzen kann, muss die ihm die `.dll`-Datei in der Option `/r` genannt werden. Beispielsweise könnte die Windows-Funktion `MessageBox` in einem C♯-Programm folgendermaßen definiert werden:

```
[System.Runtime.InteropServices.DllImport("user32.dll")]                // (8.7)
public static extern int MessageBox(int h, string m, string c, int type);
public static int Main() {
    return MessageBox(0, "Hallo Welt!", " Windows-MessageBox", 0); }
```

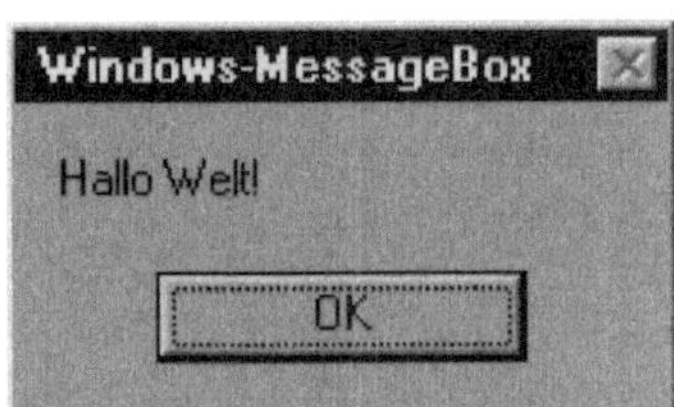

Abbildung 8.1: Windows-`MessageBox` in C♯

Das *Rangieren* (*marshaling*) konvertiert die Parameter und das Ergebnis zwischen C♯ und den Standard-.NET-Datentypen. Im obigen Beispiel werden die `string`-Parameter zum Windows-Typ `LPTStr` („long pointer to string") konvertiert. Diese Standardrangierung kann mit Hilfe des Attributs `MashalAs` (vor jedem betroffenen Parameter) überschrieben werden:

```
[System.Runtime.InteropServices.DllImport("user32.dll")]                // (8.8)
public static extern int MessageBoxW(int h,
    [MarshalAs(UnmanagedType.LPWStr)] string m,
    [MarshalAs(UnmanagedType.LPWStr)] string c, int type);
public static int Main() {
    return MessageBoxW(0, "Hallo Welt!", "Windows-MessageBox W", 0); }
```

Die veränderte Rangierung ist hier nötig, weil die `MessageBoxW`-Funktion mit den Parametern vom Typ `LPWStr` aufgerufen wird. Um das Ergebnis einer Methode zu rangieren, wird die `MashalAs`-Attribut vor die Methode (zusätzlich zu `DllImport`) gesetzt.

9. Die Bibliotheken der Plattform .NET

In diesem Abschnitt geben wir einen groben Überblick über die Bibliotheken, die das Rahmenwerk (*framework*) .NET einem C#-Programm standardmäßig zur Verfügung stellt. Jede dieser Bibliotheken enthält Typen (meistens Klassen), die für den beschriebenen Zweck benutzt werden können. Beim Gebrauch dieser Typen in einem Programm muss dem Compiler die Bibliotheksdatei (mit Dateinamenergänzung `.dll`) über die Option `/r` bekannt gegeben werden. Beispielsweise bei der Benutzung eines Typs aus der Bibliothek *System.Drawing* braucht der Compiler die Option `/r:System.Drawing.dll`.

9.1. Die Bibliothek *System*

Die Bibliothek *System* beinhaltet grundsätzliche Typen für die Sprachdefinition und den elementaren Gebrauch der Sprache:

- primitive Datentypen
- Ereignisse
- Ereignisbehandlung
- Schnittstellen
- Attribute
- Ausnahmen
- Konvertierung
- Parameterübergabe
- Mathematik
- lokaler und entfernter Methodenaufruf
- Verwaltung der Umgebung einer Anwendung
- Überwachung von verwalteten und unverwalteten Anwendungen

Die Struktur der Bibliothek spiegelt die Struktur der .NET-Komponenten wider. Außer diesen Typen enthält *System* eine ganze Reihe Unterbibliotheken.

In diesem Abschnitt wollen wir die wichtigsten Typen in der Bibliothek *System* vorstellen. Er ist hilfreich als Einstieg in die vollständige Dokumentation der Bibliothek. Sie befindet sich in den Dateien `cpref.*` (s. Kapitel 1.1.2. auf Seite 4).

9.1.1. Object

`Object` (abgekürzt **object**) ist die (implizite) Oberklasse aller Klassen. Jede Klasse erbt von ihr und kann u.A. folgende Methoden überschreiben:

- `ToString` – liefert die kulturabhängige **string**-Repräsentation des Objekts
- `Equals` – vergleicht zwei beliebige Objekte auf physikalische Gleichheit
- `GetHashCode` – für die Benutzung einer Assoziationstabelle (*hash table*)

- GetType – liefert ein Type-Objekt, das den Typ des aktuellen Objekts repräsentiert

Nützlich ist auch die geschützte, nicht überschreibbare Methode MemberwiseClone, mit der in der Unterklasse eine flache physikalische Kopie des Objekts erstellt werden kann (s. Kapitel 6.7.1. auf Seite 180). Falls flaches Kopieren unterbunden werden soll, muss die Klasse die Schnittstelle IClonable (mit der Methode Clone) implementieren.

9.1.2. Schnittstellen

In der Bibliothek *System* befinden sich einige Schnittstellen, die nützliche Methoden bereitstellen; andere Klassen implementieren diese Methoden. Die wichtigsten von ihnen sind folgende:

- IClonable definiert die Methode Clone, die für klonbare Klassen überschrieben werden kann. Sie kann als flache, tiefe oder logische Kopie (s. Kapitel 6.7.5. auf Seite 186) implementiert werden.
- IComparable definiert die allgemeine Vergleichsmethode CompareTo, mit der Objekte miteinander verglichen werden können.
- IConvertible definiert Methoden für die Konvertierung von Objekten zu den Basistypen wie ToByte, ToInt32 oder ToType.
- ICustomFormatter definiert die Methode Format, die von **string**.Format aufgerufen wird, um die **string**-Repräsentation des zu formatierenden Objekts zu erhalten (s. Kapitel 5.1.4. auf Seite 119).
- IFormattable definiert ToString mit einem IFormatProvider-Parameter für eigene Formatierung. Beispielsweise *System*.Enum implementiert sie, um Aufzählungswerte formatiert (mit dem Formatierungszeichen "G") ausgeben zu können.
- IFormatProvider liefert hierzu ihre Methode GetFormat. Klassen wie *System.Globalisation*.CultureInfo/DateFormatInfo/NumberFormatInfo implementieren sie.
- IDisposable definiert die Methode Dispose. Sie wird von Klassen implementiert, die freizugebende Ressourcen belegen. Hierzu gehören Klassen wie *System.Drawing*.Graphics/Image/Brush/Pen/Font (s. Kapitel 7.3. auf Seite 224) *System.IO*.Stream/BinaryReader/Writer, *System.ComponentModel*.Container/Component, *System.Web.UI*.Control usw.

9.1.3. Wertetypen

System.ValueType ist die Oberklasse folgender Klassen, die primitive Datentypen repräsentieren. Alle implementieren die Schnittstellen IComparable und IConvertible, und außer **char** und **bool** auch IFormattable, deren Methoden (z.B. CompareTo bzw. ToString) aufgerufen werden können:

Klasse	*Abkürzung*	*implementierte Schnittstellen*
Byte	**byte**	IComparable, IConvertible, IFormattable
SByte	**sbyte**	IComparable. IConvertible. IFormattable
Int16	**short**	IComparable, IConvertible, IFormattable
Int32	**int**	IComparable, IConvertible, IFormattable
Int64	**long**	IComparable. IConvertible. IFormattable
UInt16	**ushort**	IComparable, IConvertible, IFormattable
UInt32	**uint**	IComparable. IConvertible. IFormattable
UInt64	**ulong**	IComparable. IConvertible. IFormattable
Single	**float**	IComparable. IConvertible, IFormattable
Double	**double**	IComparable, IConvertible, IFormattable
Decimal	**decimal**	IComparable. IConvertible. IFormattable
Char	**char**	IComparable, IConvertible
Boolean	**bool**	IComparable, IConvertible
Enum	**enum**	IComparable. IConvertible, IFormattable

Tabelle 9.1: ValueType-Klassen

ValueType hat auch noch weitere nützliche Unterklassen:

* Objekte der Klasse DateTime (implementiert IComparable, IConvertible und IFormattable) stellen Datum- und Zeitpunktwerte dar. Ihre Methoden konvertieren
  solche Angaben (z.B. FromFileTime oder FromOADate holt das Erstellungsdatum
  einer Datei aus dem Betriebssystem bzw. eines OLE Automatisierungsobjekts),
  helfen Datumsangaben zu manipulieren (z.B. IsLeapYear berechnet, ob ein bestimmtes Jahr Schaltjahr ist oder der Operator + addiert ein TimeSpan-Objekt zu
  einem Datum), liefern die aktuelle Zeit und Datum (wie Now) usw.

* Objekte der Klasse TimeSpan (implementiert IComparable) repräsentieren einen
  Zeitraum; sie können z.B. auf ein DateTime-Objekt addiert werden.

* Die Struktur Guid bietet eine global (auch über Plattformen hinweg) gültige Ob-
  jektidentifikation.

* IntPtr und UIntPrt (implementieren ISerializable) sind plattformspezifische
  Ganzzahltypen.

* Die Klasse Void stellt den Ergebnistyp **void** dar.

* Ein Objekt der Klasse ArgIterator stellt eine Parameterliste mit variabler Länge
  dar. Mit Methoden dieser Struktur wie GetNextArg können die einzelnen Parameter gelesen werden.

System.Enum ist die abstrakte Oberklasse aller **enum**-Typen. Die Bibliothek *System* enthält folgende Enum-Unterklassen:

* AttributeTargets mit Werten All, Assembly, Class, Constructor, Delegate, E-
  num, Event, Field, Interface, Method, Module, Parameter, Property, ReturnVa-
  lue, Struct

- `DayOfWeek` mit Werten `Monday`, `Tuesday`, `Wednesday`, `Thursday`, `Friday`, `Saturday`, `Sunday`
- `PlatformID` mit Werten `Win32NT` (für Windows NT 3.1 und Nachfolger), `Win32S` (16-bit Windows), `Win32Windows` (für Windows95 und Nachfolger).
- `TypeCode` – **enum**-Werte für alle primitiven Typen (wie `Int32` usw.) sowie `DateTime`, `DBNull`, `Empty` und `Object`
- `UriHostNameType`, `UriPartial` und `LoaderOptimization` sind weitere Enum-Typen.

Weitere spezielle `ValueType`-Untertypen sind `RuntimeArgumentHandle`, `RuntimeField-Handle`, `RuntimeMethodHandle`, `RuntimeTypeHandle` und `TypedReference`.

9.1.4. Weitere Typen

- Die Klasse `Array` (implementiert `IClonable`, `IEnumerable`, `ICollection` und `IList`)ist die Darstellung jeder Reihung (s. Kapitel 2.4.5. auf Seite 50). Ihre Methoden entsprechen den Zugriffen auf eine Reihung.
- Objekte der Klasse `String` (implementiert `IComparable`, `IConvertible`, `IClonable`, `IEnumerable`) stellen unveränderbare Zeichenketten dar, da sie keine verändernden Methoden exportiert. Sie kann mit dem Schlüsselwort **string** dargestellt werden (s. Kapitel 5.3.3. auf Seite 126).
- Die Klasse `TimeZone` stellt Zeitzonen und die Umschaltung zwischen Sommer- und Winterzeit dar.
- `DBNull` (implementiert `ISerializable` und `IConvertible`) stellt die Abwesenheit eines Wertes dar, typischerweise in einer Datenbankanwendung.
- Die Klasse `Type` ist eine Unterklasse von *System.Reflection*.`MemberInfo`, mit denen Reflexion ausgeführt wird (s. Kapitel 5.6. auf Seite 142).

9.1.5. Delegate

Die Klasse `Delegate` und `MulticastDelegate` sind Oberklassen aller Delegate (s. Kapitel 4.5. auf Seite 95). Ihre Methoden entsprechen den Zugriffen auf ein Delegat.

Ihre Unterklasse `EventHandler` wird benutzt, um Ereignisbehandlungsmethoden zu definieren (s. Kapitel 4.6. auf Seite 102).

Auch die speziellen Delegatklassen `AssemblyLoadEventHandler`, `AsyncCallback`, `CrossAppDomainDelegate`, `EventHandler`, `ResolveEventHandler` und `UnhandledExceptionEventHandler` wurden in die Bibliothek *System* platziert.

Zu dieser Gruppe gehören auch die Klasse `EventArgs` und ihre Unterklassen `AssemblyLoadEventArgs`, `ResolveEventArgs` und `UnhandledExceptionEventArgs`, die als Parametertypen für Delegate verwendet werden.

9.1.6. Ausnahmeklassen

Die Bibliothek *System* enthält eine breite Hierarchie von Ausnahmeklassen:

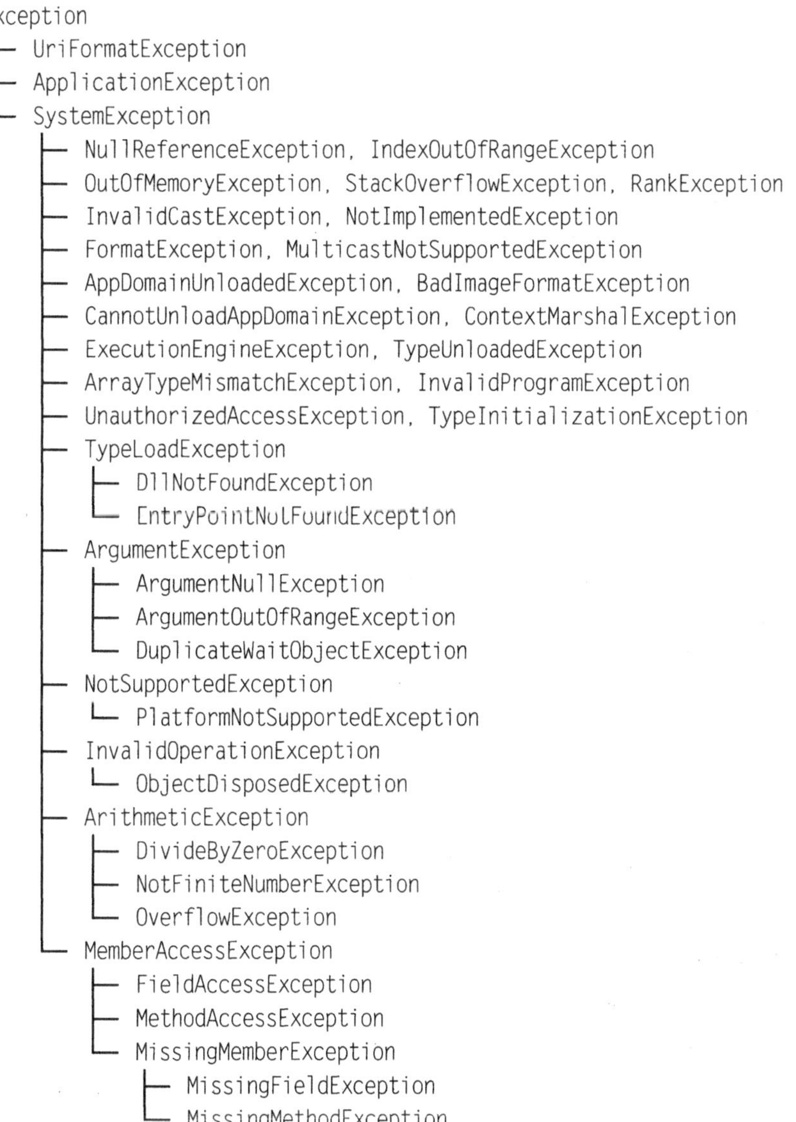

```
Exception
├── UriFormatException
├── ApplicationException
└── SystemException
        ├── NullReferenceException, IndexOutOfRangeException
        ├── OutOfMemoryException, StackOverflowException, RankException
        ├── InvalidCastException, NotImplementedException
        ├── FormatException, MulticastNotSupportedException
        ├── AppDomainUnloadedException, BadImageFormatException
        ├── CannotUnloadAppDomainException, ContextMarshalException
        ├── ExecutionEngineException, TypeUnloadedException
        ├── ArrayTypeMismatchException, InvalidProgramException
        ├── UnauthorizedAccessException, TypeInitializationException
        ├── TypeLoadException
        │       ├── DllNotFoundException
        │       └── EntryPointNotFoundException
        ├── ArgumentException
        │       ├── ArgumentNullException
        │       ├── ArgumentOutOfRangeException
        │       └── DuplicateWaitObjectException
        ├── NotSupportedException
        │       └── PlatformNotSupportedException
        ├── InvalidOperationException
        │       └── ObjectDisposedException
        ├── ArithmeticException
        │       ├── DivideByZeroException
        │       ├── NotFiniteNumberException
        │       └── OverflowException
        └── MemberAccessException
                ├── FieldAccessException
                ├── MethodAccessException
                └── MissingMemberException
                        ├── MissingFieldException
                        └── MissingMethodException
```

Exception ist die Oberklasse aller Ausnahmen. SystemException ist die Oberklasse
aller Ausnahmen (außer UriFormatException und ApplicationException), die in der
Bibliothek *System* ausgelöst werden. Die wichtigsten von ihnen sind:

- Die Ausnahme ArgumentException wird ausgelöst, wenn aktuelle Parameter eines
  Aufrufs ungültig sind.
- Ein Objekt der Ausnahmeklasse ArgumentNullException wird ausgeworfen, wenn
  null als aktueller Parameter übergeben wurde und sie nicht angenommen werden kann.

- Die Ausnahme `ArgumentOutOfRangeException` wird ausgelöst, wenn der Wert eines aktuellen Parameters außerhalb der erlaubten Grenzen liegt.
- Eine Ausnahme `ArithmeticException` bedeutet, dass der Wert einer Eingabe oder einer arithmetischen Operation unendlich ist oder nicht durch den Ergebnistyp dargestellt werden kann.
- Die Ausnahme `DivideByZeroException` wird ausgelöst bei Division durch 0.
- Die Ausnahme `NotFiniteNumberException` bedeutet: Das Ergebnis einer Operation ist unendlich.
- `OverflowException` wird ausgelöst, wenn eine Operation einen arithmetischen Überlauf verursacht.
- `ArrayTypeMismatchException` wird bei einer Zuweisung auf eine Reihung mit ungültigen Typen ausgelöst. (s. Kovarianzproblem im Kapitel 3.3.4. auf Seite 67)
- `IndexOutOfRangeException` wird ausgelöst, wenn ein Zugriff auf eine Reihung mit Index außerhalb der Reihungsgrenzen stattgefunden hat.
- `StackOverflowException` bedeutet, dass die Anzahl der Aufrufe die Kapazität des Stapels (typisch für endlose Rekursion) übersteigt.
- `FormatException` indiziert, dass das Format eines aktuellen Parameters mit den Erwartungen der aufgerufenen Methode nicht übereinstimmt.
- `InvalidCastException` wird ausgelöst, wenn das referierte Objekt nicht in den angegebenen Typ konvertiert werden kann.
- `NullReferenceException` wird ausgelöst beim Zugriff auf ein Element mit einer **null**-Referenz (wird vom den Operator . verursacht).
- `OutOfMemoryException` bedeutet, dass die Anzahl der **new**-Aufrufe die Kapazität der Halde übersteigt.
- `RankException` besagt, dass die Anzahl der Dimensionen einer Reihung als aktueller Parameter nicht mit dem formalen Parameter übereinstimmt.

9.1.7. Attributklassen

System.Attribute ist die Oberklasse aller Attribute (s. Kapitel 4.8. auf Seite 106). Die Bibliothek *System* enthält eine Reihe Standardattribute:

- `AttributeUsageAttribute` wird bei der Vereinbarung einer Attributklasse verwendet. (s. Kapitel 4.8.3. auf Seite 109)
- `ObsoleteAttribute` deutet darauf hin, dass das benutze Bibliothekelement nicht mehr lange unterstützt wird.
- `ParamArrayAttribute` indiziert, dass eine Reihung von Parametern in der aufgerufenen Methode wie eine variable Anzahl von Parametern behandelt wird.
- Mit `SerializableAttribute` müssen Klassen versehen werden, deren Objekte in einen Strom ausgegeben werden sollen.

Weitere Attribute aus der Bibliothek *System* sind CLSCompliantAttribute, ContextStaticAttribute, FlagsAttribute, LoaderOptimizationAttribute, MTAThreadAttribute, NonSerializedAttribute, STAThreadAttribute sowie ThreadStaticAttribute.

9.1.8. Die Klasse Console

Die *versiegelte* (sealed, d.h. nicht erweiterbare) Klasse bietet Zugriff auf die Ströme *Standardeingabe*, *Standardausgabe* und *Fehlerausgabe* des Betriebssystems. Die Ströme können über die **static readonly** Eigenschaften In, Out und Error (vom Typ *System.IO*.TextReader bzw. -Writer) direkt erreicht werden. Im Alltag ist es einfacher, die folgenden **static**-Methoden zu benutzen:

- Read – liest das nächste Zeichen aus dem Standardstrom In (normalerweise der Tastaturpuffer)
- ReadLine – liest die nächste Zeile (Zeichenkette bis Zeilenende)
- Write – schreibt Daten auf den Standardstrom Out (normalerweise die Konsole). Diese überladene Methode kann mit folgenden Parametern aufgerufen werden: **double, float, int, bool, char, char[]**, Object, **string, ulong, uint, long**. Darüber hinaus ist mit einem zusätzlichen ersten **string**-Parameter auch Formatierung möglich.
- WriteLine – dasselbe wie Write, ergänzt zum Schluss mit einem Zeilenende-Zeichen

Diese Methoden können nicht nur mit den Standardströmen benutzt werden: Die **static**-Methoden SetIn, SetOut und SetError lenken die Standardströme auf andere TextReader- bzw. TextWriter-Objekte (z.B. Dateien, Drucker, Internet-Verbindung usw.) um.

Der (plattformabhängige) Zeilenwechsel kann durch das Setzen der NewLine-Eigenschaft der Out- und Error-Eigenschaften verändert werden. Beispielsweise bewirkt die Programmzeile

```
System.Console.Error.NewLine = "\r\n\r\n";
```

dass auf der Fehlerausgabe doppelter Zeilenwechsel erfolgt.

9.1.9. Weitere selbständige Klassen

Eine Reihe weiterer Klassen der Bibliothek stehen eigenständig und nicht in einer Klassenhierarchie. Die wichtigsten von diesen sind folgende:

- Die Klasse Math enthält statische Methoden für trigonometrische (wie Sin, Cos, Tan, Sinh, Cosh, Tanh, Acos, Asin, Atan), logarithmische (wie Log, Log10, Exp, Pow), und andere (Abs, Ceiling, Floor, Max, Min, Round, Sign, Sqrt) allgemeine mathematische Funktionen und Konstanten (wie E und PI). Die überladenen Methoden stehen für die Benutzung mit Standard-Datentypen zur Verfügung.

242 · 9. Die Bibliotheken der Plattform .NET

- Die Klasse Random bietet einen Pseudo-Zufallszahlgenerator: Die von den Methoden Next und NextDouble) gelieferten Zahlenfolgen erfüllen bestimmte statistische Voraussetzungen.
- Die Klasse Version (implementiert IClonable und IComparable) repräsentiert die Versionsnummer des Übersetzungsergebnisses (*assembly*) in *CLR* (*Common Language Runtime*). Sie besteht aus vier Zahlen: Major, Minor, Build und Revision.
- Die Klasse OperatingSystem (implementiert IClonable) stellt Information (wie Platform oder Version) über eine Version des Betriebssystems zur Verfügung.
- Die Klasse GC (wie *garbage collection*) stellt Methoden (wie Collect, WaitForPendingFinalizers, SuppresFinalize usw.) zur Verfügung, mit deren Hilfe das Verhalten der automatischen Speicherbereinigung und der Aufruf der Destruktoren gesteuert werden kann.
- Die Klasse Buffer liefert die primitive Kopiermethode BlockCopy sowie ByteLength, GetByte und SetByte, mit denen ein Array-Objekt bearbeitet werden kann.
- Die Klasse Environment liefert statische Eigenschaften und Methoden wie CommandLine, CurrentDirectory, GetEnvironmentVariable(s), UserDomainName usw. mit denen die Umgebung des laufenden Programms erkundet werden kann.
- BitConverter konvertiert Reihungen aus Bytes zu primitiven Typen und umgekehrt.
- Die Klasse CharEnumerator (implementiert IEnumerator und ICloneable) wird im Hintergrund benötigt, wenn **foreach** für ein **string**-Objekt benutzt wird.
- Die Klasse Convert liefert Konvertierungsmethoden für die folgenden Typen:

nach / *von*	Boolean	Char	Byte	SByte	Int16	Int32	Int64	UInt16	UInt32	UInt64
Byte	+	+	+	+	+	+	+	+	+	+
SByte	+	+	+	+	+	+	+	+	+	+
Int16	+	+	+	+	+	+	+	+	+	+
Int32	+	+	+	+	+	+	+	+	+	+
Int64	+		+	+	+	+	+	+	+	+
UInt16	+	+	+	+	+	+	+	+	+	+
UInt32	+		+	+	+	+	+	+	+	+
UInt64	+		+	+	+	+	+	+	+	+
Single			+	+	+	+	+	+	+	+
Double			+	+	+	+	+	+	+	+
Decimal			+	+	+	+	+	+	+	+
String	+	+	+	+	+	+	+	+	+	+
Object			+	+	+	+	+	+	+	+
Char						+			+	
Boolean		+	+		+	+	+	+	+	+
DateTime										

nach / *von*	Single	Double	Decimal	String	Object	DateTime
Byte	+	+	+	+	+	
SByte	+	+	+	+	+	
Int16	+	+	+	+	+	
Int32	+	+	+	+	+	
Int64	+	+	+	+	+	
Uint16	+	+	+	+	+	
Uint32	+	+	+	+	+	
Uint64	+	+	+	+	+	
Single	+	+	+	+	+	
Double	+	+	+	+	+	
Decimal	+	+	+	+	+	
String	+	+	+	+	+	+
Object	+	+	+	+	+	
Char				+	+	
Boolean				I	+	
DateTime				+		

Tabelle 9.2: Konvertierungsmethoden in Convert

Die abstrakte Klasse MarshalByRefObject wird erweitert, wenn in einer verteilten Anwendung Objekte per Referenz überreicht werden sollen. Innerhalb von *System* wird sie durch die Klassen AppDomain, ContextBoundObject und Uri erweitert. Die letztere implementiert ISerializable und stellt konstante Internetadressen (*uniform resource identifier*) dar. Für veränderbare Internetadressen wird UriBuilder benutzt (ähnlich wie String und StringBuilder).

Weitere spezielle Klassen der Bibliothek *System* sind WeakReference (implementiert ISerializable), Activator, AppDomainSetup (implementiert IAppDomainSetup) und LocalDataStoreSlot.

9.2. Unterbibliotheken im *System*

Die Unterbibliotheken von *System* bilden folgende Hierarchie (mit Kapitelangaben):

Threading 2.2.12.	*Diagnostics*
Reflection 4.8.4., 6.6.3.	└─ *SymbolStore*
└─ *Emit*	*Management*
Text 5.1.2.	└─ *Instrumentation*
└─ *RegularExpressions* 5.1.5.	*Net*
Collections 5.3.	└─ *Sockets*
└─ *Specialized*	*CodeDOM*
IO 5.4.	└─ *Compiler*
└─ *IsolatedStorage*	*ComponentModel*
EnterpriseServices	└─ *Design*
└─ *CompensatingResourceManager*	└─ *Serialization*

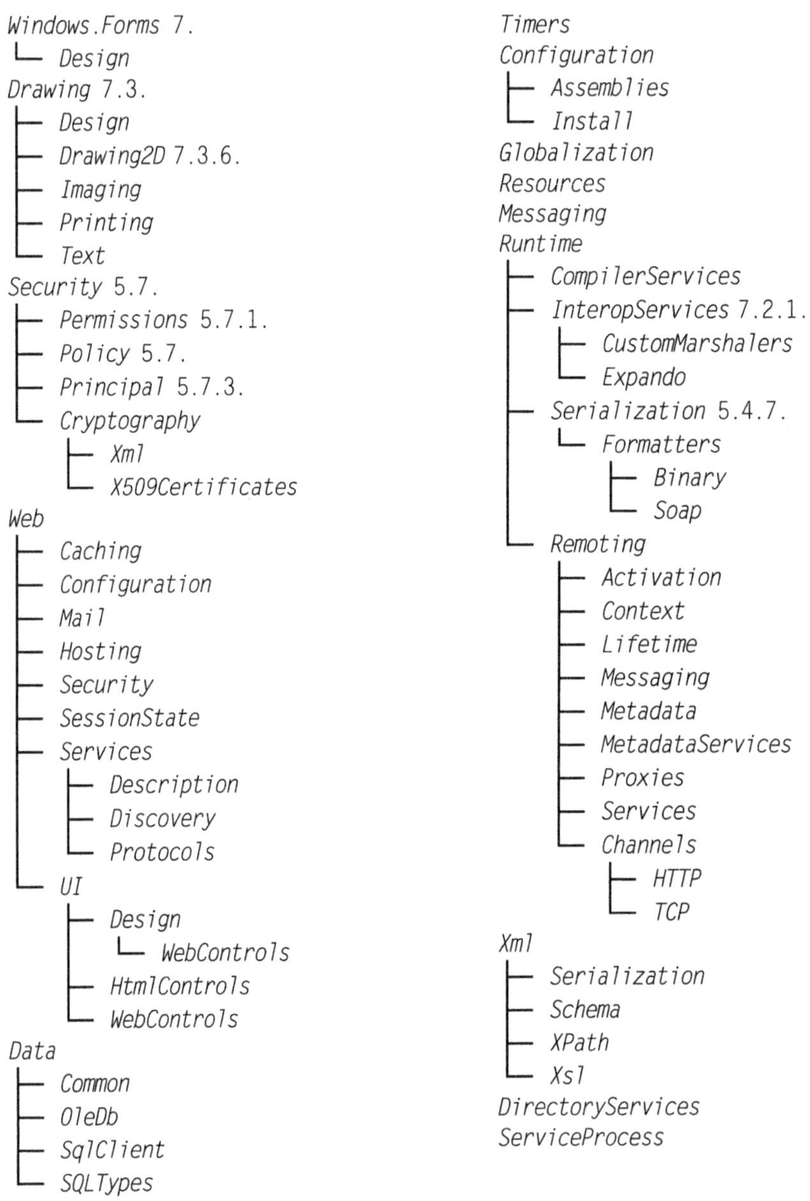

Im Einzelnen werden diese Bibliotheken zu folgenden Zwecken benutzt.

9.2.1. Dienstklassen für den Alltagsgebrauch

System.Collections – Behälterklassen wie Listen, Warteschlangen, Reihungen, Assoziativtabellen (*hash table*) und Wörterbücher (*dictionary*). Einige von ihnen wurden in den Kapiteln 4.5.4. (auf Seite 99) und 5.3. (auf Seite 124) untersucht. Die Elementklassen `CollectionBase` (implementiert die Schnittstellen `IList`, `ICollection`, und `IEnumerable`) und `ReadonlyCollectionBase` (`ICollection` und `IEnumerable`) sind für die typisierten Behälter.

System.Collections.Specialized – Spezialisierte, insbesondere typisierte Behälterklassen, z.B. `StringCollection`, `StringDictionary` und `NameValueCollection` für **string**

System.ComponentModel – für Implementierung und Lizenzierung von Komponenten

System.ComponentModel.Design – Hilfsklassen für den Entwurf von Komponenten

System.Globalization – Klassen für Internationalisierung, d.h. für Zeichensätze (Unicode), Kalender, Zeitumstellung, kulturelle Besonderheiten u.ä.

System.IO – Klassen für synchrones und asynchrones Schreiben und Lesen von Datenströmen und Dateien; Erzeugen, Löschen, Manipulation und Überwachen von Verzeichnissen und Dateien sowie ihrer Attribute; Schreiben und Lesen von einzelnen Bytes, Multibytes, Zeichen, Datentypen oder Blöcken; wahlfreier Zugriff zu Dateien; Optimierung der Leistung (`MemoryStream` und `BufferedStream`). Viele von ihnen wurden im Kapitel 5.4. auf Seite 197 vorgestellt.

System.IO.IsolatedStorage – Klassen für Speicherung von Daten ohne die Leistung des Dateisystems in Anspruch zu nehmen (z.B. für *caching* oder *paging*)

System.Reflection – für Zugriff zur Laufzeit auf Elemente (Daten, Methoden, Konstruktoren) von Objekten und Klassen, für die dynamische Erzeugung von Klassen, Aufrufen von Methoden; in den Kapiteln 4.8.4. (auf Seite 110) und 6.6.3. (auf Seite 176) sowie im Programm (7.2) auf Seite 212 gibt es Beispiele dafür.

System.Reflection.Emit – Dienstklassen für die Bibliothek *System.Reflection*

System.Threading – für nebenläufige Programmierung. Die Klasse `ThreadPool` verwaltet *Vorgangsgruppen* (*thread group*), die Klasse `Timer` für die Aktivierung eines Vorgangs nach dem Ablauf einer bestimmten Zeit, die Klasse `Mutex` für die Synchronisierung von Vorgängen mit gegenseitigen Ausschluss. Scheduler, Benachrichtigung bei `wait`, Sackgassenauflösung (s. Kapitel 5.5. auf Seite 138).

System.Timers – für das Auslösen von zeitgesteuerten Ereignissen

9.2.2. Benutzeroberflächen

System.Windows.Forms – für die Erstellung von Windows-Anwendungen, die die Möglichkeiten der Benutzeroberfläche von Windows benutzen (s. Kapitel 7. ab Seite 211)

System.Windows.Forms.Design – Klassen für den Entwurf von Windows-Formularen

System.Drawing – Klassen für GDI+ (s. Kapitel 7.3. ab Seite 224)

System.Drawing.Design – Klassen für den Entwurf von Benutzerschnittstellen und Zeichnen

System.Drawing.Drawing2D – Klassen für fortschrittliche 2-dimensionale und Vektor-grafik-Funktionalität: Pinsel, geometrische Transformation (Matrix) u.ä. (s. Kapitel 7.3.6. ab Seite 228)

System.Drawing.Imaging – Klassen für fortschrittliche GDI+-Bilddarstellung, Kodierung zwischen verschiedenen Formaten, Metadateien

System.Drawing.Printing – Klassen für Drucken von Dokumenten unter GDI+

System.Drawing.Text – Klassen für GDI+-Typographie mit Schriftarten (*font*)

System.Resources – Klassen für die Verwaltung von Ressource-Dateien

System.Text – für die Repräsentierung von Zeichensätzen in ASCII, Unicode, UTF-7, und UTF-8 sowie die Klasse StringBuilder (s. Kapitel 5.1.2. ab Seite 113)

System.Text.RegularExpressions – Zugriff auf die Maschine in .NET, die reguläre Ausdrücke verarbeitet (s. Kapitel 5.1.5. ab Seite 121)

9.2.3. Laufzeit- und Betriebssystem

System.Configuration – für die Entwicklung von Werkzeugen für die Konfigurierung eines Systems

System.Configuration.Assemblies – Konfigurierung eines Übersetzungsergebnisses (*assembly*)

System.Configuration.Install – für Komponenten, die während der Installierung und Deinstallierung eines Anwendungsprozesses ausgeführt werden

System.Data – Klassen für die ADO.NET-Architektur. Sie dienen für die Entwicklung von Komponenten, die Daten aus verschiedenen Datenquellen (z.B. Datenbank oder Internet) verwalten.

System.Data.SqlClient - Klassen für den „SQL Server managed provider"

System.Data.SqlTypes - Klassen für native Datentypen innerhalb des SQL Server, eine sicherere und schnellere Alternative gegenüber anderen Datentypen, für die Vermeidung von Konvertierungsfehler durch Genauigkeitsverlust

System.Diagnostics – Klassen für Spurverfolgung (*debug*) für das Starten von Systemprozessen, Schreiben und Lesen von Ereignislogbüchern, Überwachen der Systemleistung u.ä.

System.Diagnostics.SymbolStore – Dienstklassen für *System.Diagnostics*

System.DirectoryServices – Zugriff zum „Active Directory" für den verwalteten Code. Zur Zeit sind folgende Anbieter von Active Directory berücksichtigt: IIS (*Internet Information Server*), LDAP (*Lightweight Directory Access Protocol*), NDS (*Novell NetWare Directory Service*) und WinNT

System.Runtime.InteropServices – Klassen für das Einhüllen von COM-Diensten und Funktionen, die als Maschinencode vorliegen (*native function*)

System.Runtime.InteropServices.Expando – die Schnittstelle IExpando für dynamische Manipulation von Reflexions-Objekten

System.Runtime.Remoting – Klassen für die Entwicklung lose oder eng gekoppelter verteilter Anwendungen, für die Veröffentlichung und Benutzung von entfernten (*remote*) Objekten und Proxies

System.Runtime.Remoting.Channels.TCP – Klassen für das Protokolls TCP

System.Runtime.Remoting.Channels.HTTP – Klassen für das Protokoll HTTP

System.Runtime.Serialization – für die Serialisierung und Wiederherstellung von Objekten in Strömen (s. Kapitel 5.4. auf Seite 128)

System.Runtime.Serialization.Formatters – Dienstklassen für die Serialisierung

System.Runtime.Serialization.Formatters.Binary – die Klasse BinaryFormatter (s. Kapitel 5.4.7. auf Seite 136)

System.Runtime.Serialization.Formatters.Soap – die Klasse SoapFormatter

System.Security – Zugriff auf das .NET-Sicherheitssystem (s. Kapitel 5.7. auf Seite 147)

System.Security.Cryptography – kryptografische Dienste, einschließlich sicherer Kodierung und Dekodierung von Daten sowie anderer Operationen wie Hashing, Zufallszahlgenerierung, Botschaftsauthentisierung und digitale Signaturen

System.Security.Cryptography.X509Certificates – die Klasse X509Certificate

System.Security.Permissions – für die Steuerung des Zugriffs auf Ressourcen, die Genehmigung benötigen

System.Security.Policy – konfigurierbarer Satz von Regeln, die aufgrund des Ursprungs bestimmen, welche Erlaubnisse ein Programm oder ein Übersetzungsergebnis braucht

System.Security.Principal – Klassen für die Sicherheitsmechanismen Identität (*identity*) und Beauftragung (*principal*)

System.ServiceProcess – für die Installation und Ausführung von Systemdiensten, d.h. von langlaufenden Prozessen ohne Benutzerschnittstelle (die typischerweise beim Hochfahren des Systems gestartet werden)

9.2.4. Verteilte Programme

System.Net – Programmierungsschnittstelle für gebräuchliche Netzwerkprotokolle

System.Net.Sockets – Klassen für die verwaltete Implementierung der Windows-Sockets-Schnittstelle für Entwickler, die eine enge Steuerung des Netzwerkzugriffs brauchen

System.Web – Klassen für die Kommunikation zwischen Browser und Server; Arbeit mit Cookies, Dateitransfer, Information über Ausnahmen und Steuerung des Ausgabepuffers (*cache*). Die Klasse HTTPRequest bietet ausführliche Information über die laufende http-Anfrage an, die Klasse HTTPResponse verwaltet http-Ausgabe für einen Kunden; HTTPServerUtility bietet Zugriff zu Dienstprogrammen und Prozessen auf der Serverseite.

System.Web.Caching – Klassen für das Web-Caching, das von Web-Anwendungen benutzt werden kann

System.Web.Configuration – Klassen für die Konfigurierung von ASP.NET

System.Web.Security – Klassen für die Implementierung von ASP+-Sicherheit in Web-Server-Anwendungen

System.Web.Services – Klassen für die Entwicklung und Benutzung von Web Services, d.h. programmierbare Einheiten auf dem Web Server, die über den Standard Internet Protokoll zu erreichen sind

System.Web.Services.Description – Klassen für die öffentliche Beschreibung eines Netzdienstes (*web service*) in SDL (*Service Description Language*)

System.Web.Services.Discovery – Klassen für die Lokalisierung der verfügbaren Netzdienste auf dem Web-Server durch Kunden über einen Prozess namens Discovery

System.Web.Services.Protocols – Protokolle für die Übertragung von Daten während der Kommunikation zwischen einem Kunden und dem Netzdienst selbst

System.Web.UI – Klassen für Benutzeroberflächen einer Netz-Anwendung

System.Web.UI.Design – Klassen für Entwurf von Formularen einer Netz-Anwendung

System.Web.UI.Design.WebControls – Klassen für Entwurf von Steuerelementen einer Netz-Anwendung

System.Web.UI.Design.WebControls.ListControls – Klassen für den Entwurf von Listen-Steuerelementen einer Netz-Anwendung

System.Web.UI.HtmlControls – Klassen für den Entwurf von Web-Steuerelementen, die von einem Web-Server bearbeitete werden

System.Web.UI.WebControls – Klassen für den Entwurf von Steuerelementen einer Web-Anwendung

System.Messaging - Klassen für die Verwaltung von Systembotschaften und ihrer Warteschlangen (*message queues*) in einem Netzwerk

System.Xml – Klassen für die folgenden, zur Zeit gängigen XML-Standards:
- XML 1.0 – einschließlich DTD (`XmlTextReader`)
- XML Bibliotheken – als Strom und als DOM
- XML Schemen
- XPath Ausdrücke (`XmlNavigator`)
- XSL/T Transformationen (`XslTransform`)
- DOM Ebene 2 Core (`XmlDocument`)
- SOAP 1.1 (einschließlich *Soap Contract Language* und *Soap Discovery*), die in XML Objektserialisierung benutzt wird

System.Xml.Serialization – Klassen für die Serialisierung von Objekten in XML-Dokumenten oder Strömen

System.Xml.Xsl – Klassen für Übersetzung von XML-Daten für XSL (*style sheet*)

9.2.5. Compilerbau

System.CodeDOM – Klassen für Elemente und Strukturen eines Quellprogramms

System.CodeDOM.Compiler – Klassen für die Übersetzung und Interpretation der Sprachelemente in verschiedenen Sprachen (wie C#, JScript und Visual Basic)

System.Runtime.CompilerServices – Klassen für Attribute, die zur Übersetzungszeit die unterschiedlichen Aspekte des Übersetzungsergebnisses (*assembly*) beschreiben

9.3. Firmenspezifische Bibliotheken

Microsoft stellt im Rahmenwerk .NET auch Bibliotheken zur Verfügung, die firmenintern verwendet werden:

Microsoft.CSharp – Die Klassen `Compiler`, `CompilerError` und `CSharpCodeProvider` ermöglichen den Bau eines C#-Compilers

Microsoft.JScript – die Klasse `JScriptCodeProvider` für den Bau des JScript-Compilers

Microsoft.VisualBasic – die Klasse `VBCodeProvider` für den Bau des Visual-Basic-Compilers

Microsoft.Vsa – Die Bibliothek bietet eine Reihe von Schnittstellen an, die für den Bau eines Skript-Interpreters implementiert werden.

Microsoft.Win32 – Die Klassen `Registry` und `RegistryKey` für die Kapselung des Betriebssystem-Registers

10. Eine Grammatik für C#

In diesem Kapitel listen wir eine (unvollständige) kontextfreie Grammatik „für den Alltagsgebrauch", also keine für Compilerbauer.

10.1. Die Notation

Unsere Notation bei der kontextfreien Grammatik ist folgende.

Auf der linken Seite einer grammatischen Regel steht ein nichtterminales Symbol, anschließend ein Doppelpunkt :, anschließend ein grammatischer Ausdruck. Der Ausdruck enthält nichtterminale Symbole, terminale Symbole (Elemente der Sprache, fettgedruckt) und kontextfreie Operationen. Diese sind:

- : Definition (links davon das nichtterminale Symbol)
- | Alternative
- [ ] Option
- { } Wiederholung
- + mindestens eins (aus mehreren Optionen oder der Wiederholung)

Die terminalen Symbole haben wir fett gedruckt. Diejenigen, die durch Zeichen dargestellt werden, haben wir zusätzlich auch unterstrichen: . , ; : ! ~ * & ^ | && || ? ++ -- -/ % << >> < > <= >= == != = += -= *= /= %= &= |= ^= <<= >>= ( ). Dadurch können sie von den kontextfreien Operationen : | [ ] { } und + zu unterscheidet werden: : | [ ] { } und +. Die nichtterminalen Symbole haben wir nach dem Originalvorschlag von Microsoft englisch benannt.

Eine Hypertext-Version dieser Grammatik kann im Internet unter der Adresse

```
http://www.apsis.net/CSharp
```

gefunden werden.

Die Wurzel der Grammatik ist „compilation-unit". Die nichtterminalen Symbole „identifier" und „literal" haben wir wie terminale Symbole behandelt (d.h. nicht definiert).

10.2. Die Regeln

Wir geben den Regelsatz doppelt an: Ein einer (willkürlichen) logischen Reihenfolge und in alphabetischer Reihenfolge.

10.2.1. Logische Reihenfolge

compilation-unit: {using-directive} {namespace-member-declaration} using-directive: **using** identifier **=** namespace-or-type-name **;** | **using** namespace-name **;**

namespace-member-declaration: namespace-declaration | type-declaration

namespace-declaration: **namespace** {identifier **.**} **{** {using-directive} {namespace-member-declaration} **}** [**;**]

type-declaration: class-declaration | struct-declaration | interface-declaration | enum-declaration | delegate-declaration

class-declaration: [attributes] {class-modifier} **class** class-name [class-base] **{** {class-member-declaration} **}** [**;**]

class-modifier: element-modifier | **abstract** | **sealed**

element-modifier: **new** | access-constraint

access-constraint: **public** | **protected** | **internal** | **private**

class-name: identifier

class-base: **:** class-or-interface-type { **,** interface-type }

class-or-interface-type: class-type | interface-type

class-member-declaration: constant-declaration | field-declaration | method-declaration | property-declaration | event-declaration | indexer-declaration | operator-declaration | constructor-declaration | destructor-declaration | static-constructor-declaration | type-declaration

constant-declaration: [attributes] {element-modifier} **const** type constant-declarator { **,** constant-declarator} **;**

field-declaration: [attributes] {field-modifier} type variable-declarator { **,** variable-declarator} **;**

field-modifier: element-modifier | **static** | **readonly**

method-declaration: [attributes] {method-modifier} return-type member-name **(** [formal-parameter-list] **)** method-body

method-modifier: element-modifier | **static** | **virtual** | **override** | **abstract** | **extern**

return-type: type | **void**

member-name: [interface-type **.**] identifier

method-body: block | **;**

formal-parameter-list: parameter-array | fixed-parameter { **,** fixed-parameter} [**,** parameter-array]

fixed-parameter: [attributes] [parameter-modifier] type identifier

parameter-modifier: **ref** | **out**

parameter-array: [attributes] **params** array-type identifier

property-declaration: [attributes] {property-modifier} type member-name **{** accessor-declarations **}**

accessor-declarations: [get-accessor-declaration]+[set-accessor-declaration]
property-modifier: element-modifier | **static** | **virtual** | **override** | **abstract**
get-accessor-declaration: [attributes] **get** accessor-body
set-accessor-declaration: [attributes] **set** accessor-body
accessor-body: block | ;

event-declaration: [attributes] {event-modifier} **event** type field-or-property
event-modifier: element-modifier | **static**
field-or-property: variable-declarator {, variable-declarator} ; | member-name { accessor-declarations }

indexer-declaration: [attributes] {indexer-modifier} type [interface-type .] **this** [formal-parameter-list] { accessor-declarations }
indexer-modifier: element-modifier | **virtual** | **override** | **abstract**

operator-declaration: [attributes] operator-modifiers operator-declarator block
operator-modifiers: **public static** | **static public**
operator-declarator: unary-operator-declarator | binary-operator-declarator | conversion-operator-declarator
unary-operator-declarator: type **operator** overloadable-unary-operator (type identifier)
overloadable-unary-operator: + | - | ! | ~ | crementator | **true** | **false**
crementator: ++ | --
binary-operator-declarator: type **operator** overloadable-binary-operator (type identifier , type identifier)
overloadable-binary-operator: + | - | * | / | % | & | | | ^ | << | >> | == | != | > | < | >= | <=
conversion-operator-declarator: plicity **operator** type (type identifier)
plicity: **implicit** | **explicit**

constructor-declaration: [attributes] {access-constraint} constructor-declarator block
constructor-declarator: class-name ([formal-parameter-list]) [constructor-initializer]
constructor-initializer: : base-or-this ([argument-list])
base-or-this: **base** | **this**
destructor-declaration: [attributes] ~ class-name ( ) block
static-constructor-declaration: [attributes] **static** class-name ( ) block
struct-declaration: [attributes] {element-modifier} **struct** identifier [: interface-type {, interface-type}] { {class-member-declaration} } [;]

interface-declaration: [attributes] {element-modifier} **interface** identifier [: interface-type {, interface-type}] [{ {interface-member-declaration} } ;]

interface-member-declaration: interface-method-declaration | interface-property-
   declaration | interface-event-declaration | interface-indexer-declaration
interface-method-declaration: [attributes] [new] return-type identifier ([formal-
   parameter-list]) ;
interface-property-declaration: [attributes] [new] type identifier { interface-accessors }
interface-accessors: [attributes] get ; [[attributes] set ;] | [attributes] set ; [[attribu-
   tes] get ;]
interface-event-declaration: [attributes] [new] event type identifier ;
interface-indexer-declaration: [attributes] [new] type this [formal-parameter-list] {
   interface-accessors }

enum-declaration: [attributes] {element-modifier} enum identifier [: integral-type] e-
   num-body [;]
enum-body: { [enum-member-declaration {, enum-member-declaration}] }
enum-member-declaration: [attributes] identifier [= constant-expression]
constant-expression: expression

delegate-declaration: [attributes] {element-modifier} delegate return-type identifier (
   [formal-parameter-list]) ;

attributes: attribute {, attribute}
attribute: type-name ([positional-argument-list]+[named-argument-list]+[positional-
   argument-list , named-argument-list])
positional-argument-list: positional-argument {, positional-argument}
positional-argument: expression
named-argument-list: named-argument {, named-argument}
named-argument: identifier = expression

type: value-type | reference-type
value-type: type-name | integral-type | float | double | decimal | bool
integral-type: sbyte | byte | short | ushort | int | uint | long | ulong | char
reference-type: class-type | interface-type | array-type | delegate-type
class-type: type-name | object | string
interface-type: type-name
array-type: non-array-type {[{,}]}+
non-array-type: type
delegate-type: type-name
variable-reference: expression
namespace-or-type-name: identifier {. identifier}
namespace-name: namespace-or-type-name
type-name: namespace-or-type-name

expression: conditional-or-expression [? expression : expression] | assignment
assignment: unary-expression assignment-operator expression
assignment-operator: = | += | -= | *= | /= | %= | &= | |= | ^= | <<= | >>=
conditional-or-expression: conditional-and-expression {|| conditional-and-
    expression}
conditional-and-expression: inclusive-or-expression {&& inclusive-or-expression}
inclusive-or-expression: exclusive-or-expression {| exclusive-or-expression}
exclusive-or-expression: and-expression {^ and-expression}
and-expression: equality-expression {& equality-expression}
equality-expression: relational-expression {equality-operator relational-expression}
equality-operator: == | !=
relational-expression: shift-expression {relational-operator shift-expression} [is refe-
    rence-type]
relational-operator: < | > | <= | >=
shift-expression: additive-expression {shift-operator additive-expression}
shift-operator: << | >>
additive-expression: multiplicative-expression {additive-operator multiplicative-
    expression}
additive-operator: + | -
multiplicative-expression: unary-expression {multiplicative-operator unary-
    expression}
multiplicative-operator: * | / | %
unary-expression: {+ | - | ! | ~ | * | & | crementator | (type) } primary-
    expression
primary-expression: literal | identifier | (expression) | primary-expression . iden-
    tifier | predefined-type . identifier | invocation-expression | primary-expression
    [expression {, expression}] | this | base . identifier | base [expression {, ex-
    pression}] | primary-expression crementator | new-expression | typeof (type
) | sizeof (type) | checked (expression) | unchecked (expression)
predefined-type: bool | byte | char | decimal | double | float | int | long | ob-
    ject | sbyte | short | string | uint | ulong | ushort
invocation-expression: primary-expression ([argument-list])
argument-list: argument {, argument}
argument: expression | [ref | out] variable-reference
new-expression: object-creation-expression | array-creation-expression | new delega-
    te-type (expression)
object-creation-expression: new type ([argument-list])
array-creation-expression: new non-array-type [expression {, expression}] {[{,}]}
    [array-initializer] | new array-type array-initializer
array-initializer: { {variable-initializer ,} [variable-initializer]] }

statement: labeled-statement | declaration-statement | embedded-statement

embedded-statement: block | [statement-expression] ; | selection-statement | iteration-statement | jump-statement | try-statement | check-statement | lock-statement | using-statement

block: { {statement} }

labeled-statement: identifier : statement

declaration-statement: local-variable-declaration ; | local-constant-declaration ;

local-variable-declaration: type variable-declarator {, variable-declarator}

variable-declarator: identifier [= variable-initializer]

variable-initializer: expression | array-initializer

local-constant-declaration: **const** type constant-declarator {, constant-declarator}

constant-declarator: identifier = constant-expression

statement-expression: invocation-expression | object-creation-expression | assignment | primary-expression crementator | crementator primary-expression

selection-statement: | if-statement | switch-statement

if-statement: **if** (boolean-expression) embedded-statement [**else** embedded-statement]

boolean-expression: expression

switch-statement: **switch** (expression) { { switch-section } }

switch-section: { switch-label } { statement }

switch-label: **case** constant-expression : | **default** :

iteration-statement: **while** (boolean-expression) embedded-statement | **do** embedded-statement **while** (boolean-expression) ; | **for** ([for-initializer] ; [boolean-expression] ; [for-iterator]) embedded-statement | **foreach** (type identifier **in** expression) embedded-statement

for-initializer: local-variable-declaration | statement-expression { , statement-expression }

for-iterator: statement-expression { , statement-expression }

jump-statement: **break** ; | **continue** : | **return** [expression] : | **throw** [expression] : | **goto** identifier : | **goto case** constant-expression : | **goto default** :

try-statement: **try** block [catch-clauses+[**finally** block]

catch-clauses: **catch** [(class-type [identifier])] block

check-statement: [**checked**]+[**unchecked**] block

lock-statement: **lock** (expression) embedded-statement

using-statement: **using** (local-variable-declaration { **catch** (class-type [identifier]) block } expression) embedded-statement

10.2.2. Alphabetische Reihenfolge

access-constraint: `public` | `protected` | `internal` | `private`

accessor-body: block | `;`

accessor-declarations: [get-accessor-declaration]+[set-accessor-declaration]

additive-expression: multiplicative-expression {additive-operator multiplicative-expression}

additive-operator: `+` | `-`

and-expression: equality-expression {`&` equality-expression}

argument: expression | [`ref` | `out`] variable-reference

argument-list: argument {`,` argument}

array-creation-expression: `new` non-array-type `[` expression {`,` expression} `]` {`[` {`,`} `]`} [array-initializer] | `new` array-type array-initializer

array-initializer: `{` {variable-initializer `,`} [variable-initializer]] `}`

array-type: non-array-type {`[` {`,`} `]`}+

assignment: unary-expression assignment-operator expression

assignment-operator: `=` | `+=` | `-=` | `*=` | `/=` | `%=` | `&=` | `|=` | `^=` | `<<=` | `>>=`

attribute: type-name `(` [positional-argument-list]+[named-argument-list]+[positional-argument-list `,` named-argument-list] `)`

attributes: attribute {`,` attribute}

base-or-this: `base` | `this`

binary-operator-declarator: type `operator` overloadable-binary-operator `(` type identifier `,` type identifier `)`

block: `{` {statement} `}`

catch-clauses: `catch` [`(` class-type [identifier] `)`] block

check-statement: [`checked`]+[`unchecked`] block

class-base: `:` class-or-interface-type { `,` interface-type }

class-declaration: [attributes] {class-modifier} `class` class-name [class-base] `{` {class-member-declaration} `}` [`;`]

class-member-declaration: constant-declaration | field-declaration | method-declaration | property-declaration | event-declaration | indexer-declaration | operator-declaration | constructor-declaration | destructor-declaration | static-constructor-declaration | type-declaration

class-modifier: element-modifier | `abstract` | `sealed`

class-name: identifier

class-or-interface-type: class-type | interface-type

class-type: type-name | `object` | `string`

compilation-unit: {using-directive} {namespace-member-declaration}

conditional-and-expression: inclusive-or-expression {`&&` inclusive-or-expression}

conditional-or-expression: conditional-and-expression {`||` conditional-and-expression}

constant-declaration: [attributes] {element-modifier} **const** type constant-declarator {,
constant-declarator} ;

constant-declarator: identifier = constant-expression

constant-expression: expression

constructor-declaration: [attributes] {access-constraint} constructor-declarator block

constructor-declarator: class-name ([formal-parameter-list]) [constructor-initializer]

constructor-initializer: : base-or-this ([argument-list])

conversion-operator-declarator: plicity **operator** type (type identifier)

crementator: ++ | --

declaration-statement: local-variable-declaration ; | local-constant-declaration ;

delegate-declaration: [attributes] {element-modifier} **delegate** return-type identifier (
[formal-parameter-list]) ;

delegate-type: type-name

destructor-declaration: [attributes] ~ class-name ( ) block

element-modifier: **new** | access-constraint

embedded-statement: block | [statement-expression] ; | selection-statement | iterati-
on-statement | jump-statement | try-statement | check-statement | lock-
statement | using-statement

enum-body: { [enum-member-declaration {, enum-member-declaration}] }

enum-declaration: [attributes] {element-modifier} **enum** identifier [: integral-type] e-
num-body [;]

enum-member-declaration: [attributes] identifier [= constant-expression]

equality-expression: relational-expression {equality-operator relational-expression}

equality-operator: == | !=

event-declaration: [attributes] {event-modifier} **event** type field-or-property

event-modifier: element-modifier | **static**

exclusive-or-expression: and-expression {^ and-expression}

expression: conditional-or-expression [? expression : expression] | assignment

field-declaration: [attributes] {field-modifier} type variable-declarator {, variable-
declarator} ;

field-modifier: element-modifier | **static** | **readonly**

field-or-property: variable-declarator {, variable-declarator} ; | member-name { ac-
cessor-declarations }

fixed-parameter: [attributes] [parameter-modifier] type identifier

for-initializer: local-variable-declaration | statement-expression { , statement-
expression }

for-iterator: statement-expression { , statement-expression }

formal-parameter-list: parameter-array | fixed-parameter {, fixed-parameter} [, para-
meter-array]

get-accessor-declaration: [attributes] **get** accessor-body

if-statement: **if** (boolean-expression) embedded-statement [**else** embedded-statement]

inclusive-or-expression: exclusive-or-expression {| exclusive-or-expression}

indexer-declaration: [attributes] {indexer-modifier} type [interface-type .] **this** [formal-parameter-list] { accessor-declarations }

indexer-modifier: element-modifier | **virtual** | **override** | **abstract**

integral-type: **sbyte** | **byte** | **short** | **ushort** | **int** | **uint** | **long** | **ulong** | **char**

interface-accessors: [attributes] **get** ; [[attributes] **set** ;] | [attributes] **set** ; [[attributes] **get** ;]

interface-declaration: [attributes] {element-modifier} **interface** identifier [: interface-type {, interface-type}] [{ {interface-member-declaration} } ;]

interface-event-declaration: [attributes] [**new**] **event** type identifier ;

interface-indexer-declaration: [attributes] [**new**] type **this** [formal-parameter-list] { interface-accessors }

interface-member-declaration: interface-method-declaration | interface-property-declaration | interface-event-declaration | interface-indexer-declaration

interface-method-declaration: [attributes] [**new**] return-type identifier ([formal-parameter-list]) ;

interface-property-declaration: [attributes] [**new**] type identifier { interface-accessors }

interface-type: type-name

invocation-expression: primary-expression ([argument-list])

iteration-statement: **while** (boolean-expression) embedded-statement | **do** embedded-statement **while** (boolean-expression) ; | **for** ([for-initializer] ; [boolean-expression] ; [for-iterator]) embedded-statement | **foreach** (type identifier **in** expression) embedded-statement

jump-statement: **break** ; | **continue** ; | **return** [expression] ; | **throw** [expression] ; | **goto** identifier ; | **goto case** constant-expression ; | **goto default** ;

labeled-statement: identifier : statement

local-constant-declaration: **const** type constant-declarator {, constant-declarator}

local-variable-declaration: type variable-declarator {, variable-declarator}

lock-statement: **lock** (expression) embedded-statement

member-name: [interface-type .] identifier

method-body: block | ;

method-declaration: [attributes] {method-modifier} return-type member-name ([formal-parameter-list]) method-body

method-modifier: element-modifier | **static** | **virtual** | **override** | **abstract** | **extern**

multiplicative-expression: unary-expression { multiplicative-operator unary-expression }

multiplicative-operator: * | / | %

named-argument: identifier = expression

named-argument-list: named-argument {, named-argument}

namespace-declaration: namespace {identifier .} { {using-directive} {namespace-member-declaration} } [;]

namespace-member-declaration: namespace-declaration | type-declaration

namespace-name: namespace-or-type-name

namespace-or-type-name: identifier {. identifier}

new-expression: object-creation-expression | array-creation-expression | new delegate-type (expression)

non-array-type: type

object-creation-expression: new type ([argument-list])

operator-declaration: [attributes] operator-modifiers operator-declarator block

operator-declarator: unary-operator-declarator | binary-operator-declarator | conversion-operator-declarator

operator-modifiers: public static | static public

overloadable-binary-operator: + | - | * | / | % | & | | | ^ | << | >> | == | != | > | < | >= | <=

overloadable-unary-operator: + | - | ! | ~ | crementator | true | false

parameter-array: [attributes] params array-type identifier

parameter-modifier: ref | out

plicity: implicit | explicit

positional-argument: expression

positional-argument-list: positional-argument {, positional-argument}

predefined-type: bool | byte | char | decimal | double | float | int | long | object | sbyte | short | string | uint | ulong | ushort

primary-expression: literal | identifier | (expression) | primary-expression . identifier | predefined-type . identifier | invocation-expression | primary-expression [expression {, expression}] | this | base . identifier | base [expression {, expression}] | primary-expression crementator | new-expression | typeof (type) | sizeof (type) | checked (expression) | unchecked (expression)

property-declaration: [attributes] {property-modifier} type member-name { accessor-declarations }

property-modifier: element-modifier | static | virtual | override | abstract

reference-type: class-type | interface-type | array-type | delegate-type

relational-expression: shift-expression {relational-operator shift-expression} [is reference-type]

relational-operator: < | > | <= | >=

return-type: type | void

selection-statement: | if-statement | switch-statement

set-accessor-declaration: [attributes] set accessor-body

shift-expression: additive-expression {shift-operator additive-expression}

shift operator: << | >>

statement: labeled-statement | declaration-statement | embedded-statement

statement-expression: invocation-expression | object-creation-expression | assignment | primary-expression crementator | crementator primary-expression

static-constructor-declaration: [attributes] **static** class-name **( )** block

struct-declaration: [attributes] {element-modifier} **struct** identifier [**:** interface-type {**,** interface-type}] **{** {class-member-declaration} **}** [**;**]

switch-label: **case** constant-expression **:** | **default :**

switch-section: { switch-label } { statement }

switch-statement: **switch (** expression **) {** { switch-section } **}**

try-statement: **try** block [catch-clauses+[**finally** block]

type: value-type | reference-type

type-declaration: class-declaration | struct-declaration | interface-declaration | enum-declaration | delegate-declaration

type-name: namespace-or-type-name

unary-expression: {**+** | **-** | **!** | **~** | ***** | **&** | crementator | **(** type **)** } primary-expression

unary-operator-declarator: type **operator** overloadable-unary-operator **(** type identifier **)**

using-directive: **using** identifier **=** namespace-or-type-name **;** | **using** namespace-name **;**

using-statement: **using (** local-variable-declaration { **catch (** class-type [identifier] **)** block } expression **)** embedded-statement

value-type: type-name | integral-type | **float** | **double** | **decimal** | **bool**

variable-declarator: identifier [**=** variable-initializer]

variable-initializer: expression | array-initializer

variable-reference: expression

Literaturverzeichnis

[Dud]   Informatik Sachlexikon (Duden)

[IEEE]   IEEE Standard for Binary Floating-Point Arithmetic, ANSI/IEEE Standard
            754-1985 (IEEE, New York).

[Gam]   *Gamma* u.a.: Design Patterns, Eddison-Wesley, Reading 1994

[Gun]   *Gunnerson*: C# – Die neue Sprache für Microsofts .NET.Plattform, Galileo
            Computing, 2000

[Kes]   *Kessler, Solymosi*: Ohne Glauben kein Wissen (Schwengeler, 1995)

[Kn]   *Knuth*: The Art of Computer Programing (Addison-Wesley, 1981)

[Mey]   *Meyer*: Objektorientierte Softwareentwicklung (Hanser Verlag, 1990)

[Mey2]   *Meyer*: Eiffel: The Language (Prentice Hall, 1992)

[Rum]   *Rumbaugh, Jacobson, Booch*: The Unified Modeling Language, Revision
            Task Force, (Object Modeling Group, 1998)

[SolAda]   *Solymosi*: Objekte von Anfang an – in Ada (Technische Fachhochschule
            Berlin, 1998)

[SolAlg]   *Solymosi*: Algorithmen und Datenstrukturen (Vieweg, 2000)

[SolAut]   *Solymosi*: Synthese von analysierenden Automaten auf Grund von for-
            malen Grammatiken (Arbeitsberichte des IMMD, Erlangen, 1978)

[SolC]   *Solymosi*: Objektorientiertes Plug and Play in C++ (Vieweg, 1997)

[SolJ]   *Solymosi, Schmiedecke*: Programmieren in Java (Vieweg, 2000)

[SolPas]   *Solymosi*: Objektorientierte Programmierung von oben – in Object Pas-
            cal (Technische Fachhochschule Berlin, 1996)

[Wil]   *Wille*: Presenting C#, SAMS Publishing, 2000

Programmverzeichnis

Kap.	Nr.	Quellprogramm	Ziel
2.2	(2.2)	EineKlasse.cs	Klasse und Methode
2.2.3	(2.3)	Programm.cs	ausführbares Programm
	(2.4)	HalloWelt.cs	Programm mit Konsolausgabe
	(2.5)	HalloMitUsing.cs	Bibliothek importieren
2.2.6	(2.6)	ParameterUebergabe.cs	call by value/reference
	(2.7)	Referenz.cs	Variablenübergabe per Referenz
	(2.8)	Vertausch.cs	**ref**-Parameter
	(2.9)	Divid.cs	**out**-Parameter
	(2.10)	VariableParameter.cs	**params**-Parameter
2.2.11	(2.13)	UnsicheresProgramm.cs	**unsafe** Methode
2.3.1	(2.17)	Verzweigung.cs	**if**
2.3.2	(2.18)	FallMitInt.cs	**case** mit **int**
	(2.19)	FallMitAufzaehlung.cs	**case** mit **enum**
	(2.20)	FallMitString.cs	**case** mit **string**
2.3.3	(2.21,29)	Fakultaet.cs	Zählschleife, Rekursion
2.4.3	(2.36)	ZahlenreiheUmkehren.cs	**foreach** mit Reihung
2.4.4	(2.37)	Kommandozeilenparameter.cs	Ausgeben der Kzp
	(2.38)	Addieren.cs	Addieren zweier Kzp
2.4.5	(2.39,40)	ReihungSort.cs	Array.Sort
3.1.1	(3.1)	Programm.cs	Klassen und Strukturen
	(3.2)	Punkt.cs	Punkt als Struktur
3.2.3	(3.4)	Klassenkonstruktoren.cs	Klassenkonstruktor
3.3.1	(3.6,11) 19,21,22)	Punkt3D.cs	Punkt als Klasse
3.3.6	(3.15)	Abwaertskompatibel.cs	reference type cast
3.3.8	(3.17)	NichtPolymorph.cs	virtuelle Methoden
	(3.18)	Polymorph.cs	Polymorphie
3.3.9	(3.19)	AbstraktKonkret.cs	abstrakte Methoden
3.3.10	(3.24-25)	IPunkt.cs	Explizite Implementierung
3.4.1	(3.26)	Konsolausgabe.cs	alias
3.4.2	(3.27)	Namensraum.cs	**namespace**
	(3.28)	Benutzer.cs	Benutzung eines Namensraums
4.1.1	(4.2)	Person.cs	Eigenschaft
	(4.3)	IntelligentePerson.cs	Eigenschaft mit Ausgabe
4.1.2	(4.5-6)	GeomForm.cs	Polymorphe Eigenschaft
4.2.2	(4.7)	Komplex.cs	Operatoren
4.3.1	(4.8)	IndizierteKlasse.cs	Indizierung

4.3.2	(4.10)	DateiUmkehren.cs	Verwendung der Indizierung
4.3.3	(4.12)	Text.cs	Indizierte Eigenschaft
4.4	(4.14)	Dezimalzahl.cs	Eigene Konvertierung
4.5.3	(4.17)	Sort.cs	Rückruf
4.5.3	(4.18-20)	BehaelterMitDelegat.cs	Iterator
4.5.4	(4.21)	Gruss.cs	Mehrfachdelegat
4.6.1	(4.22)	ListeMitLauscher.cs	Delegat als Ereignis
4.6.2	(4.23)	ListeMitEreignis.cs	EventHandler
4.7	(4.25-26)	Versionen.cs	Versionen
4.8	(4.27-28)	Attribut.cs	Attribute
5.1	(5.1)	WorteGottes.cs	Zeichenketten
5.1.3	(5.3)	Formatierung.cs	Formatierung
5.1.4	(5.4)	Binaerformatierbar.cs	Benutzerdefinierte Formatierung
	(5.5)	IntFormate.cs	Formatierung für int
5.1.5	(5.6)	HRefSuchen.cs	reguläre Ausdrücke
	(5.7)	DatumUebersetzen.cs	reguläre Ausdrücke
5.1.6	(5.8)	Waehrung.cs	Kultur
5.3.3	(5.9)	Woerter.cs	Aufzähler
5.4.5	(5.10)	Stroeme.cs	Datei verlängern
5.4.6	(5.11)	Spiegelung.cs	Polymorphe Ströme
5.4.7	(5.12)	ListeInDatei.cs	Objektströme
5.5.1	(5.13)	Hauptvorgang.cs	Nebenläufige Vorgänge
	(5.14)	ZeitVorgang.cs	Nebenläufiger Vorgang
5.5.2	(5.15-17)	MacDonalds.cs	Erzeuger/Verbraucher
5.6.1	(5.18)	MethodeAusfuehren.cs	Reflexion
5.6.2	(5.19)	Enum.cs	Aufzählungsklasse
5.7.4	(5.20)	Sicherheitsmechanismen.cs	Sicherheitsmechanismen
6.1.8	(6.2)	Stapel.cs	Schnittstelle des Stapels
6.1.9	(6.3)	Rohr.cs	Schnittstelle der Warteschlange
6.1.10	(6.4)	Folge.cs	Gemeinsame Schnittstelle
6.3.1	(6.5)	StapelReihung.cs	Stapel als Reihung
6.3.2	(6.6)	StapelFlex.cs	Stapel als flexible Reihung
6.3.3	(6.7)	RohrReihung.cs	Stapel als Warteschlange
6.4.1	(6.9)	StapelListe.cs	Stapel als verkettete Liste
	(6.10)	RohrListe.cs	Warteschlange als Liste
6.4.2	(6.11)	StapelMitErben.cs	Stapel als Erweiterung
6.5.2	(6.12)	StapelMitErwerben.cs	Stapel als Ausprägung
6.6.3	(6.15)	GenStapelReihung.cs	Generischer Stapel
6.6.4	(6.17)	Mehrfachvererbung.cs	Mehrfachvererbung
	(6.18)	GenStapelReihungErw.cs	

6.7.2-11	(6.19-37)	`ErwStapelReihung.cs`	Stapel mit iterativen Methoden
6.7.2-5	(6.21,28)	`ErwRohrReihung.cs`	Warteschlange mit Iteration
6.7.3	(6.22,27)	`ErwStapelListe.cs`	Stapel als Liste mit Iteration
	(6.23,29)	`ErwRohrListe.cs`	Warteschlange mit Iteration
6.7.8	(6.31-33)	`ErwStapelListeRek.cs`	Rekursive Liste
	(6.34)	`ErwStapelReihungRek.cs`	Rekursive Reihung
6.7.9	(6.35)	`PersStapelReihung.cs`	Persistenz
6.7.12	(6.39)	`StapelMitIterator.cs`	Iterator
6.7.13	(6.40)	`Erw/ErwFolge.cs`	Schnittstelle mit iterativen
		`Erw/StapelReihung.cs`	Methoden
	(6.41)	`Erw/ErwStapelReihung.cs`	Erben und Implementieren
6.8.1-2	(6.42-43)	`Erw/EntwRohr.cs`	Entwurfsmuster
		`Erw/EntwRohrReihung.cs`	Schablonenmethode
		`Erw/RohrReihung.cs`	
		`Erw/EntwStapel.cs`	
		`Erw/EntwStapelReihung.cs`	
6.8.2	(6.44)	`Erw/EntwRohrListe.cs`	Implementierung der
		`Erw/RohrListe.cs`	Schablonenmethode
6.8.3	(6.45)	`Erw/ZweiRohre.cs`	Kompatibilität
		`Erw/ErwRohrReihung.cs`	
		`Erw/ErwRohrListe.cs`	
6.8.5	(6.46)	`Erw/EntwRohr.cs`	Entwurfsmuster Fassade
		`Erw/EntwRohrReihung.cs`	
	(6.47)	`Erw/RohrFassade.cs`	
	(6.48)	`Folgen.cs`	
6.8.6	(6.49-50)	`Fabrik.cs`	Entwurfsmuster Fabrikmethode
7.1	(7.1)	`WindowsAnwendung.cs`	Windows-Anwendung
	(7.2)	`Schritt.cs`	Reflexion
7.2	(7.3)	`Schritt1.cs`	Windows-Formular
	(7.4)	`Schritt2.cs`	Formulareigenschaften
7.2.1	(7.5)	`Schritt3.cs`	Mausereignis
7.2.2	(7.6)	`Schritt4.cs`	OnPaint
7.2.3	(7.7)	`Schritt5.cs`	Menüs
7.2.4	(7.8)	`Schritt6.cs`	Menüereignisse
7.2.5	(7.9)	`Schritt7.cs`	Dialogfenster
7.2.6	(7.10)	`Schritt8.cs`	Dialog
7.2.7	(7.11)	`Schritt9.cs`	Formularelemente
8.1	(8.1)	`Mitgliedsverzeichnis.cs`	Komponente
8.3	(8.3)	`Hauptprogramm.cs`	Kunde
8.7	(8.7)	`Meldungsfenster.cs`	Windows-Funktion

Wörterbuch

Dieses Buch wurde bewusst in Deutsch geschrieben, um der Veramerikanisierung der Informatikersprache und dem allgemeinen Kulturverfall entgegenzuwirken. Dies schließt auch die (etwas risikobehaftete) Übersetzung von Begriffen ein.

Im Folgenden wird – wie im Buch benutzt – ein Vorschlag für die Eindeutschung der Begriffe vorgestellt. Die allgemein weniger üblichen, in diesem Buch benutzten Begriffe wurden mit dem Zeichen ▢ markiert; diese sollen als Vorschläge betrachtet werden. Die Begriffe, die für die Sprache C♯ charakteristisch sind, wurden mit dem Zeichen ♯ gekennzeichnet.

Englisch-deutsch

abstract abstrakt, aufgeschoben ▢

access Zugriff

accessor ♯ Zugreifer

add hinzufügen

aggregate erwerben ▢

alias Pseudonym

application Anwendung

array Reihung

assembly ♯ Modul ▢

blank Leerstelle

Boolean logisch

box(ing) ♯ einhüllen ▢

call Aufruf(en)

call back zurückrufen, Rückruf ▢

call by reference Referenzübergabe

call by value Wertübergabe

case Fallunterscheidung

character Zeichen

checked geprüft

client Kunde

clone klonen

collection Sammlung

command line option Kommandozeilenoption

compilation ♯ Übersetzungseinheit

concatenate zusammenfügen

conditional compilation bedingtes Übersetzen

conditional method ♯ bedingte Methode

container Behälter

container class Behälterklasse

contract Vertrag

control Steuerung

control structure Steuerstruktur

conversion Konvertierung

current aktuell

deadlock Sackgasse, Systemverklemmung

debug Fehler entfernen

default vorbesetzt, implizit

delegate ♯ Delegat ▢

design Entwurf

design pattern Entwurfsmuster

dll dynamische Nachladebibliothek

dummy Attrappe ▢

early binding frühe Bindung

empty leer

encapsulate kapseln

enumerator Aufzähler

equality Gleichheit

escape sequence Fluchtsymbolfolge

event Ereignis

exception Ausnahme

executable ausführbare(s) Datei/Programm

exclusion Ausschluss

extension Erweiterung

external extern

factory method Fabrikmethode 📖

fakulty Fakultät

field Element 📖

FIFO Warteschlange, Rohr 📖

finite automaton endlicher Automat

fixed point Fixkomma

flex array flexible Reihung

floating point Fließkomma

floating point type Bruchtyp

flush Puffer entleeren

font Schriftart

for Zählschleife

form Formular

framework Rahmenwerk

function pointer Funktionszeiger

garbage collection automatische Speicherbereinigung

generic class Klassenschablone 📖

generic generisch

get lesen

goto Sprung

hash table Assoziationstabelle

heap Halde

heir Erbe

hide verdecken, überdecken

identifier Bezeichner

identity Gleichheit

implementation Implementierung

indexed property ‡ indizierte Eigenschaft

indexer ‡ Indizierung

inheritance Vererbung

initialize vorbesetzen, initialisieren

inner class geschachtelte (innere) Klasse

input stream Eingabestrom

input/output Ein/Ausgabe

insert einfügen

instance constructor Objektkonstruktor 📖

instantiate ausprägen

integer Ganzzahl(typ)

interface Schnittstelle

interrupt Unterbrechung

invoke aufrufen

IO EA

jagged array ‡ gezackte Reihung 📖

JIT-Compiler, just-in-time-compiler Laufzeitübersetzer

keyword Schlüsselwort, reserviertes Wort

label Beschriftung

late binding späte Bindung

library Bibliothek

LIFO Stapel

light-weight class leichtgewichtige Klasse, Struktur

light-weight process Vorgang 📖

listener Lauscher 📖

main Hauptprogramm

managed ‡ verwaltet 📖

marshal ‡ rangieren 📖

member Element 📖

memory management Speicherverwaltung

message box Meldungsfenster

mid-check-cycle rumpfgesteuerte Schleife 📖

multidimensional mehrdimensional

multiple inheritance Mehrfachvererbung

mutual exclusion gegenseitiger Ausschluss

name space ‡ Namensraum, Bibliothek 📖

named parameter benannter Parameter

NaN (not-a-number) Unzahl 📖

narrowing conversion einschränkende Konvertierung

not-a-number (*NaN*) Unzahl 📖
notify benachrichtigen
obsolete veraltet
offset Abstand
output Ausgabe
overflow Überlauf
overload überladen
override überschreiben
package Paket
pad polstern 📖
parse zerlegen 📖
peek hineinschauen 📖
permission ‡ Genehmigung
picture format Bildformat 📖
pipe Rohr 📖
pointer Zeiger
policy ‡ Regelung 📖
polymorphismus Polymorphie
post-check-cycle fußgesteuerte
    Schleife 📖
postcondition Nachbedingung
pre-check-cycle kopfgesteuerte Schleife
    📖
precision Genauigkeit
precondition Vorbedingung
prefix präfix
preprocessor Präprozessor
primitive type primitiver Typ,
    Basistyp 📖
principal ‡ Beauftragter
property ‡ Eigenschaft
protected geschützt
public öffentlich
punktuator Trennzeichen
queue Warteschlange, Rohr 📖
radix Wurzel
random number Zufallszahl
rank Rang
read-only schreibgeschützt
reference Referenz
reflect spiegeln

reflexion Quelltext-Spiegelung 📖
remote access Fernzugriff
remove entfernen
reset zurücksetzen
resource Betriebsmittel, Resource
return type Ergebnistyp
runtime Laufzeit
sealed ‡ versiegelt
security Sicherheit
seek suchen
selection Auswahl
serialize serialisieren
server Lieferant 📖, Bediener 📖
set setzen, schreiben
shift operator Verschiebungsoperator
side effect Nebeneffekt
split spalten
stack Stapel
statement Anweisung
static statisch
static constructor ‡
    Klassenkonstruktor 📖
stream Strom
string Zeichenkette
structure Struktur
subclass Unterklasse
substring Teilkette 📖
superclass Oberklasse
switch Fallunterscheidung
template Schablone
template method Schablonenmethode
thread Vorgang 📖
trace Spurverfolgung
trim zurechtschneiden
type cast (erzwungene 📖)
    Typkonvertierung,
    Aufwärtskompatibilität 📖
type system unification ‡
    Typsytemvereinheitlichung
unchecked ungeprüft
unsafe unsicher

update aktualisieren
user Benutzer
virtual virtuell
visibility Sichtbarkeit

Deutsch-englisch

Abbruchbedingung *break condition*
Abstand *offset*
abstrakt *abstract*
Abwärtskompatibilität 📖 *explicit type cast*
aktualisieren *update*
aktuell *current*
Anweisung *statement*
Anwendung *application*
Attrappe 📖 *dummy*
aufgeschoben 📖 *abstract*
Aufruf *call*
aufrufen *invoke, call*
Aufwärtskompatibilität 📖 *implicit type cast*
Aufzähler *enumerator*
ausführbare(s) Datei/Programm *executable*
Ausgabe *output*
Ausgabestrom *output stream*
Ausnahme *exception*
ausprägen *instantiate*
Ausschluss *exclusion*
Auswahl *selection*
automatische Speicherbereinigung *garbage collection*
Basistyp 📖 *primitive type*
Beauftragter 📖 *principal* ♯
Bediener 📖 *server*
bedingte Methode *conditional method*
bedingtes Übersetzen *conditional compilation*
bedingungsgesteuerte Schleife *conditional cycle*

Bedingungsoperator *condition operator*
Behälter *container*
Behälterklasse *container class*
benachrichtigen *notify*
benannter Parameter *named parameter*
Benutzer *user*
Beschriftung *label*
Betriebsmittel *resource*
Bezeichner *identifier*
Bibliothek *library, assembly* ♯
Bildformat 📖 *picture format*
Bruchtyp *floating point type*
Delegat 📖 *delegate* ♯
dynamische Nachladebibliothek *dll*
EA *IO*
Eigenschaft *property* ♯
einfügen *insert*
Eingabestrom *input stream*
einhüllen 📖 *box(ing)* ♯
einschränkende Konvertierung *narrowing conversion*
Element 📖 *field, member*
endlicher Automat *finite automaton*
entfernen *remove*
Entwurf *design*
Entwurfsmuster *design pattern*
Erbe *heir*
Ereignis *event*
Ergebnistyp *return type*
erweiternde Konvertierung *widening conversion*
Erweiterung *extension*
erwerben 📖 *aggregate*

erzwungene Aufwärtskompatibilität
   📖 *type casting*

extern *external*

Fabrikmethode *factory method*

Fakultät *fakulty*

Fallunterscheidung *case, switch*

fern *remote*

Fernzugriff *remote access*

Filterstrom *filter stream*

Fixkomma *fixed point*

flexible Reihung *flex array*

Fließkomma floating *point*

Fluchtsymbolfolge *escape sequence*

Formular *Form*

Fortsetzungsbedingung *condition for
   continuation*

frühe Bindung *early binding*

Funktionszeiger *function pointer*

fußgesteuerte Schleife 📖 *post-check-
   cycle*

Ganzzahl(typ) *integer (type)*

gegenseitiger Ausschluss *mutual
   exclusion*

Genauigkeit *precision*

Genehmigung *permission* ‡

generisch *generic*

geprüft *checked*

geschachtelte Klasse *inner class*

geschützt *protected*

gezackte Reihung 📖 *jagged array* ‡

Gleichheit *equality*

Halde *heap*

Hauptprogramm *main*

hinzufügen *add*

Hüllenklasse 📖 *wrapping class*

Implementierung *implementation*

implizit *default, implicit*

indizierte Eigenschaft *indexed
   property* ‡

Indizierung 📖 *indexer* ‡

innere Klasse *inner class*

kapseln *encapsulate*

Klassenkonstruktur 📖 *static
   constructor* ‡

Klassenschablone *generic class*

klonen *clone*

Kommandozeilenoption *command
   line option*

Konvertierung *conversion*

kopfgesteuerte Schleife 📖 *pre-check-
   cycle*

Kunde *client*

Laufzeit *runtime*

Laufzeitübersetzer *JIT-Compiler, just-
   in-time-compiler*

Lauscher 📖 *listener*

leer *empty*

Leerstelle *blank*

lesen *get, read*

Lieferant 📖 *server*

logisch *Boolean*

mehrdimensional *multidimensional*

Mehrfachvererbung *multiple
   inheritance*

Modul 📖 *assembly* ‡

monomorph 📖 *not polymorph*

Nachbedingung *postcondition*

Nebeneffekt *side effect*

nebenläufiger Vorgang 📖 *thread*

Oberklasse *superclass*

Objektkonstruktor 📖 *instance
   constructor*

Paket *package*

paralleler Prozess *process*

Persistenzmethode 📖 *persistency
   method*

polstern 📖 *pad*

Polymorphie *polymorphismus*

präfix *prefix*

Präprozessor *preprocessor*

primitiver Typ *primitive type*

Prozess *process, thread*

Quelltext-Spiegelung 📖 *reflexion*
Rahmenwerk *framework*
rangieren 📖 *marshal* #
Referenz *reference*
Regelung 📖 *policy* #
Reihung *array*
reserviertes Wort 📖 *keyword*
Rohr 📖 *pipe, queue*
Rückruf 📖 *call back*
rumpfgesteuerte Schleife 📖 *mid check cycle*
Sackgasse *deadlock*
Sammlung *collection*
Schablone *template*
Schablonenmethode *template method*
Schlüsselwort *keyword*
Schnittstelle *interface*
schreibgeschützt *read-only*
Schriftart *font*
serialisieren *serialize*
Sicherheit *Security*
Sichtbarkeit *visibility*
spalten *split*
späte Bindung *late binding*
Speicherverwaltung *memory management*
spiegeln *reflect*
Spiegelung *reflexion*
Sprung *goto*
Spurverfolgung *trace*
Stapel *stack, LIFO*
statisch *static*
Steuerstruktur *control structure*
Steuerung *control*
Strom *stream*
Struktur *structure*
Systemverklemmung *deadlock*
Teilkette 📖 *substring*
Trennzeichen *punktuator*
Typkonvertierung *type cast*

Typsytemvereinheitlichung *type system unification* #
überdecken *hide*
überladen *overload*
Überlauf *overflow*
überschreiben *override*
übersetzen *compile*
Übersetzungseinheit *compilation, assembly* #
ungeprüft *unchecked*
unsicher *unsafe*
Unterbrechung *interrupt*
Unterklasse *subclass*
Unzahl NaN, *not-a-number*
veraltet *obsolete*
verdecken *hide*
Vererbung *inheritance*
Verschiebungsoperator *shift operator*
versiegelt *sealed* #
Vertrag *contract*
verwaltet 📖 *managed* #
Verzweigung *branch*
virtuell *virtual*
Vorbedingung *precondition*
vorbesetzen *initialize*
vorbesetzt *default*
Vorgang 📖 *thread*
Vorwärtsvereinbarung *foward declaration*
Warteschlange *queue*
Wertübergabe *call by value*
Wurzel *radix*
Zählschleife *for*
Zeichen *character*
Zeichenkette *string*
Zeiger *pointer*
Zugreifer 📖, Zugriff *access*
zurückrufen 📖 *call back*
zurücksetzen *reset*
zusammenfügen *concatenate*
Zusicherung *assurance*

Sachwortverzeichnis

Im Sachwortverzeichnis setzen wir die Schlüsselwörter (wie **abstract**) von C♯ fett (**abstract**), die Elemente von Standardbibliotheken (wie Application) kursiv (*Application*). Anschließend werden die Seitenzahlen angegeben, wo der Begriff definiert, erläutert oder substanziell erwähnt wird.

Weitere Titel aus dem Programm

Dietmar Abts, Wilhelm Mülder
Grundkurs Wirtschaftsinformatik
Eine kompakte und praxisorientierte Einführung
3., überarb. u. akt. Aufl. 2001. XVI, 384 S. Br. DM 34,00/€ 17,00
ISBN 3-528-25503-X

Rechnersysteme - Software - Lokale Rechnernetze - Datenfernübertragung
- Datenbanken - Bürokommunikation - Software-Entwicklung - Betriebliche
Informationssysteme - Informationsmanagement

Der Leser erhält eine praxisbezogene Einführung in wesentliche Teilge-
biete der Wirtschaftsinformatik. Jedes Kapitel des Buches ist identisch aufgebaut, enthält einen Übungsteil mit Lösungshinweisen und kann gezielt
bearbeitet werden. Als roter Faden zieht sich ein Fallbeispiel durch sämtli-
che Kapitel.

René Steiner
Theorie und Praxis relationaler Datenbanken
Eine grundlegende Einführung
für Studenten und Datenbankentwickler
4., verb. u. erw. Aufl. 2000. X, 172 S. Geb. DM 59,80/€ 29,90
ISBN 3-528-35427-5

Generelle Aspekte von Datenbanken, verschiedene Komponenten
eines Datenbanksystems und deren Verwendungszwecke - Beschreibung der Datenstrukturierung und der Datenverwaltung in Tabellen-
form - Implementierung einer Datenbasis in ein Datenbanksystem
und Schritte zur „fertigen Applikation" - Aufgaben des Datenbank-
administrators beim Datenbankbetrieb - Grundlagen von SQL -
Einsatz bei der Programmierung von Transaktionen und Abfragen -
Lösungen zu den Aufgaben der vorherigen Kapitel

Abraham-Lincoln-Straße 46
65189 Wiesbaden
Fax 0611.7878-400
www.vieweg.de

Stand 1.7.2001. Änderungen vorbehalten.
Erhältlich im Buchhandel oder im Verlag.
Die genannten €-Preise sind gültig ab 1.1.2002.

Weitere Titel aus dem Programm

Dietmar Herrmann
Effektiv Programmieren in C und C++
Eine aktuelle Einführung mit Beispielen aus Mathematik,
Naturwissenschaften und Technik
5., überarb. u. verb. Aufl. 2001. XVI, 478 S. Br. DM 59,80/€ 29,90
ISBN 3-528-44655-2

Jürgen Radel
Visual Basic für technische Anwendungen
Grundlagen, Beispiele und Projekte für Schule und Studium
2., überarb. u. erw. Aufl. 2000. X, 250 S. Br. DM 59,00/€ 29,50
ISBN 3-528-15584-1

Andreas Solymosi, Ulrich Grude
Grundkurs Algorithmen und Datenstrukturen
Eine Einführung in die praktische Informatik mit Java
2000. XII, 194 S. mit 83 Abb. u. 33 Tab. Br. DM 39,80/€ 19,90
ISBN 3-528-05743-2
Begriffsbildung - Komplexität - Rekursion - Suchen - Sortierverfahren
- Baumstrukturen - Ausgeglichene Bäume - Algorithmenklassen

Otto Rauh
Objektorientierte Programmierung in JAVA
Eine leicht verständliche Einführung
2., überarb. u. erw. Aufl. 2000. XIV, 254 S. Br. DM 49,80/€ 24,90
ISBN 3-528-15721-6

vieweg
Abraham-Lincoln-Straße 46
65189 Wiesbaden
Fax 0611.7878-400
www.vieweg.de

Stand 1.7.2001. Änderungen vorbehalten.
Erhältlich im Buchhandel oder im Verlag.
Die genannten €-Preise sind gültig ab 1.1.2002.